余長義・周子敬・陳德進・鄭榕鈺・羅淑玟 第二版

Calculus
微積分

東華書局

國家圖書館出版品預行編目資料

微積分 / 余長義等著. -- 2版. -- 臺北市 : 臺灣東華,
 2018.06

348 面 ; 19x26 公分

ISBN 978-957-483-940-7（平裝）

1. 微積分

314.1   107008166

微積分

著　　者	余長義・周子敬・陳德進
	鄭榕鈺・羅淑玟
發 行 人	陳錦煌
出 版 者	臺灣東華書局股份有限公司
地　　址	臺北市重慶南路一段一四七號三樓
電　　話	(02) 2311-4027
傳　　眞	(02) 2311-6615
劃撥帳號	00064813
網　　址	www.tunghua.com.tw
讀者服務	service@tunghua.com.tw
門　　市	臺北市重慶南路一段一四七號一樓
電　　話	(02) 2371-9320

2025 24 23 22 21　TS　8 7 6 5 4

ISBN　　978-957-483-940-7

版權所有 ・ 翻印必究

二版序

　　本書自發行迄今，已經收到許多建議與指正，這些回饋促成本書修訂的契機，此次修訂的重點如下：

1. 初版內容勘誤，使讀者更能準確瞭解微積分的內涵，以提昇讀者學習微積分的效果。
2. 初版排版調整，使讀者更能迅速掌握微積分的關聯性，以促進讀者熟悉微積分的來龍去脈。
3. 初版內容潤飾，使微積分更平易近人，以提高讀者學習微積分的興趣。

　　雖然經過作者們仔細校稿，文中難免有疏忽或遺漏之處，尚祈各方先進以及讀者們多多指教，感激備至！

謹序
2018 年 5 月

初版序

　　微積分影響的層面與日俱增,如何讓初學者容易進入其堂奧,是筆者編撰此書的目的,筆者來自不同的領域,且教授微積分多年,從不同的角度剖析微積分,不僅使內容更為扎實,且其解說更為生動,並且具有下列特點:

1. 涵蓋各領域所需的基礎
2. 措辭簡單、易懂且生活化
3. 各章節具連貫性
4. 豐富的邏輯推理

　　因此非常適合初學者。此書籍因初次付印,文中難免有疏忽或遺漏之處,尚祈各方先進以及讀者們隨時指正,感激備至!

謹序
2010 年 5 月

目 錄

二版序	iii
初版序	iv

第一章　函　數　1

1.1　實　數	1
1.2　函數的意義	5
1.3　函數的圖形	11
1.4　函數的運算	16

第二章　極限與連續　21

2.1　極限的直觀意義及性質	21
2.2　單邊極限	26
2.3　無窮極限與無限遠處的極限	30
2.4　連　續	40

第三章　微分法則及其應用　47

3.1　導函數	47
3.2　求導函數的法則	53
3.3　連鎖法則	63
3.4　隱函數的微分	66
3.5　函數的極值	69
3.6　單調性及凹性	72
3.7　相對極值	78
3.8　函數的圖形	82
3.9　微分應用	87
3.10　微分與增量	89

第四章　指數函數與對數函數　　95

4.1　反函數及其導數　　95
4.2　指數函數及其導函數　　100
4.3　對數函數　　104
4.4　對數函數之導函數　　108
4.5　羅比達定理　　114
4.6　相關導數與最佳化問題　　119

第五章　積分觀念與性質　　125

5.1　反導函數　　125
5.2　不定積分　　130
5.3　定積分　　133

第六章　積分技巧　　137

6.1　變數代換法　　138
6.2　分部積分法　　142
6.3　有理函數部分分式積分　　145

第七章　廣義積分　　153

7.1　第一類廣義積分　　153
7.2　第二類廣義積分　　161

第八章　多變數函數及其偏導數　　169

8.1　認識多變數函數　　169
8.2　兩個變數函數的極限與連續性　　172
8.3　偏導數與可微分　　176
8.4　連鎖法則　　182
8.5　切平面與全微分　　187
8.6　方向導數　　191

8.7	兩個變數函數的極大值與極小值	196
8.8	拉格朗日乘數方法	204

第九章　多重積分　211

9.1	長方形區域的二重積分	211
9.2	疊積分	216
9.3	非長方形區域的二重積分	221
9.4	極坐標的二重積分	229
9.5	曲面面積	233
9.6	三重積分	235
9.7	多重積分的變數變換	241

第十章　無窮數列與無窮級數　255

10.1	無窮數列	255
10.2	無窮級數	265
10.3	正項級數	272
10.4	交錯級數	283
10.5	冪級數	289
10.6	泰勒級數	295

附　錄　307

附錄 1	三角函數及其導函數	307
附錄 2	反三角函數及其導函數	313
附錄 3	三角函數的幾何意義	319
附錄 4	三角積分法	326
附錄 5	三角代換法	336

第一章

函 數

1.1 實 數

微積分是建立在實數系的一門學問,所以要瞭解微積分就必須先瞭解實數系的形成。

自然數是在計算物品個數時,自然唸出來的數目 1, 2, 3, 4, … 而自然數所成的集合以 $\mathbb{N}$ 表示,即 $\mathbb{N} = \{1, 2, 3, 4, \cdots\}$。自然數也稱為**正整數**。人們在交易時有借貸關係,因而產生負整數。例如 A 向 B 借 100 元,則 A 有 -100 元,因此負整數集合為 $\{-1, -2, -3, -4, \cdots\}$。所有正整數、負整數和 0 所成的集合,形成整數集合 $\mathbb{Z} = \{\cdots -3, -2, -1, 0, 1, 2, 3, \cdots\}$。但是,在現實生活中,整數還是不夠用。例如分東西時,一個物品要平分給數個人,每個人可分得多少?於是產生了分數。分數又稱為**有理數**,凡是可用分數形式表示的數所成的集合以 $\mathbb{Q}$ 表示,即

$$\mathbb{Q} = \{\frac{b}{a} \mid a, b \in \mathbb{Z}, a \neq 0\}$$

我們可以將數用一直線上的點表示,首先在此一直線上取一定點稱為**原點**(即 0),而在原點右方之數為正數,並取一單位長定為 1。若某數位在原點右方 5 個單位長,則此數即為 5。反之,在原點左方之數為負數。例如 $-4\frac{2}{3}$ 位在原點左方 $4\frac{2}{3}$ 個單位長。在數線上之點亦有未能與有理數對應之點,則此點所對應的數稱為**無理數**。所有有理數與無理數所成的集合稱為實數集合,以 $\mathbb{R}$ 表示。故以上之數系,彼此之間的包含關係為:

$$\mathbb{N} \subset \mathbb{Z} \subset \mathbb{Q} \subset \mathbb{R}$$

對於任兩個實數 a、b 且 $a < b$，介於 a、b 之間的實數有無限多個。我們可以**區間**來表示。

開區間　　$(a, b) = \{x \mid a < x < b\}$

閉區間　　$[a, b] = \{x \mid a \leq x \leq b\}$

半開區間　$(a, b] = \{x \mid a < x \leq b\}$

　　　　　　$[a, b) = \{x \mid a \leq x < b\}$

此外，**無限區間**有下列幾種：

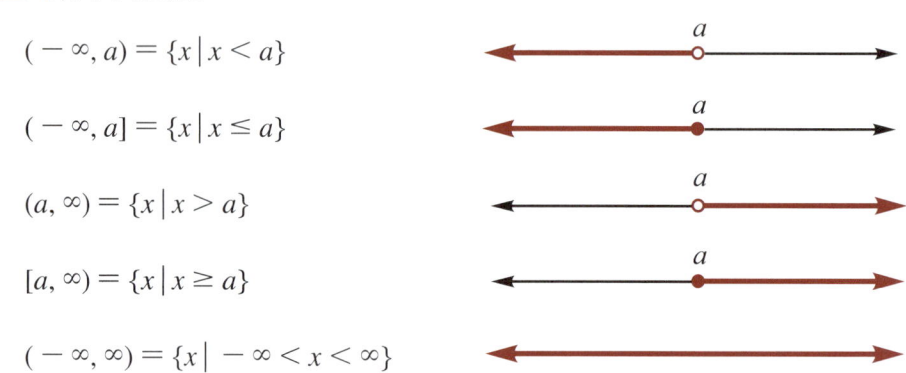

$$(-\infty, a) = \{x \mid x < a\}$$

$$(-\infty, a] = \{x \mid x \leq a\}$$

$$(a, \infty) = \{x \mid x > a\}$$

$$[a, \infty) = \{x \mid x \geq a\}$$

$$(-\infty, \infty) = \{x \mid -\infty < x < \infty\}$$

在微積分中，常須解**不等式**，以下為不等式的性質：

設 $a, b, c, d \in \mathbb{R}$

1. **三一律**：$a < b$、$a = b$ 或 $a > b$ 恰有一關係成立。
2. **遞移律**：若 $a < b$ 且 $b < c$，則 $a < c$
3. **加法律**：若 $c \in \mathbb{R}$，則 $a < b \Leftrightarrow a + c < b + c$
4. **乘法律**：若 $c > 0$，則 $a < b \Leftrightarrow ac < bc$
　　　　　　若 $c < 0$，則 $a < b \Leftrightarrow ac > bc$

例題 1　求 $3 - 4x > 2x + 9$ 之解集合，並在數線上畫出解集合的圖形。

解　$3 - 4x > 2x + 9$
　　　$3 - 9 > 2x + 4x$
　　　$6x < -6$

$x < -1$

∴ 解集合為 $(-\infty, -1)$。

例題 2 求 $2x^2 - 3x - 2 \leq 0$ 之解集合。

解 $2x^2 - 3x - 2 = 0$ 之解為 $-\frac{1}{2}$ 及 2。而 $-\frac{1}{2}$ 及 2 將數線分為三個區間：

$$(-\infty, -\frac{1}{2}) \cdot (-\frac{1}{2}, 2) \text{ 及 } (2, \infty)$$

故 $2x^2 - 3x - 2$ 之正負如下圖：

```
    +      0      −      0      +
 ─────────┼─────────────┼─────────
         −1/2           2
```

∴ 解集合為 $[-\frac{1}{2}, 2]$。

例題 3 求 $\dfrac{x-4}{x+2} \geq 0$ 之解集合。

解 由分數的性質可知，除了 $q \neq 0$ 外，$\dfrac{p}{q} \geq 0$ 與 $pq \geq 0$ 同義。故先解 $(x-4)(x+2) \geq 0$，所得之解集合去掉 $\{-2\}$ 即為所求，因 $(x-4)(x+2) = 0$ 的解為 -2 及 4，而 -2 及 4 將數線分為三個區間：

$$(-\infty, -2) \cdot (-2, 4) \text{ 及 } (4, \infty)$$

故 $\dfrac{x-4}{x+2}$ 之正負如下圖：

```
    +     ND      −      0      +
 ─────────┼─────────────┼─────────
         −2             4
```

ND：表示無定義

∴ 解集合為 $(-\infty, -2) \cup [4, \infty)$。

對於任一實數 a，絕對值 $|a| = \begin{cases} a, & \text{若 } a \geq 0 \\ -a, & \text{若 } a < 0 \end{cases}$。

絕對值的性質如下：

設 $a \cdot b \in \mathbb{R}$

1. $|a| = |-a|$
2. $|ab| = |a||b|$
3. $\left|\dfrac{a}{b}\right| = \dfrac{|a|}{|b|}$ $(b \neq 0)$
4. $|a \pm b| \leq |a| + |b|$

例題 4 求 $|2x - 1| < 3$ 之解。

解 $|2x - 1| < 3 \Leftrightarrow 0 \leq 2x - 1 < 3$ 或 $0 < -(2x - 1) < 3$
$\Leftrightarrow -3 < 2x - 1 < 3 \Leftrightarrow -2 < 2x < 4 \Leftrightarrow -1 < x < 2$。

例題 5 求 $|x - 1| + |x + 1| \geq 4$ 之解。

解 (i) 若 $x \geq 1 \Rightarrow (x - 1) + (x + 1) \geq 4 \Rightarrow 2x \geq 4 \Rightarrow x \geq 2$。
(ii) 若 $-1 \leq x < 1 \Rightarrow (1 - x) + (x + 1) \geq 4 \Rightarrow 2 \geq 4$（矛盾）。
(iii) 若 $x < -1 \Rightarrow (1 - x) - (x + 1) \geq 4 \Rightarrow -2x \geq 4 \Rightarrow x \leq -2$。
由 (i)、(ii)、(iii) 得 $x \leq -2$ 或 $x \geq 2$。
∴ 解集合為 $(-\infty, -2] \cup [2, \infty)$。

習題 1.1

1. 在數線上畫出下列集合的圖形。
   (1) $(-1, 4)$
   (2) $[2, \infty)$
   (3) $[3, 6)$
   (4) $(-\infty, 5)$
   (5) $(2, 4) \cup (5, 7)$
   (6) $(-3, 0) \cup (0, 2) \cup (2, 5)$

2. 用區間表示下列圖形。

   (1)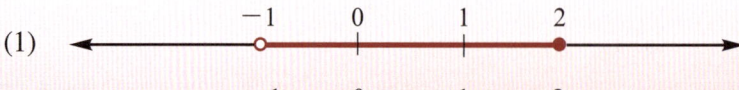

   (2)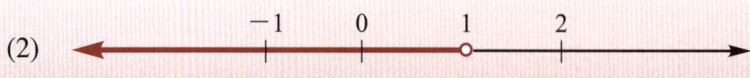

   (3)

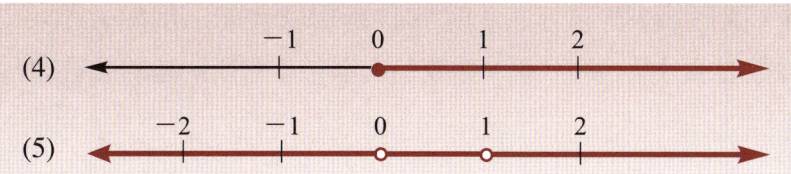

3. 求下列不等式之解。
   (1) $6x - 1 \geq 3x + 5$
   (2) $3 - x < 4x + 8$
   (3) $x^2 + 4x + 6 \leq 0$
   (4) $2x^2 - x - 6 > 0$
   (5) $\dfrac{x-1}{x+2} < 1$
   (6) $\dfrac{3x+2}{2x-1} \geq 0$
   (7) $|x+1| < 2$
   (8) $1 < |2x+1| < 3$
   (9) $2|x-2| - |x+1| > 1$

1.2　函數的意義

函數的觀念是數學中最基本的觀念之一，在微積分裡扮演著一個不可或缺的角色。

在很多實際情況下，一個變量可能和另一個變量有關係。例如：計程車車資與所跑哩程數有關係。單位時間內產品的成本與產量多寡有關係。成年人的身高與體重有關係等等，討論一個變量與另一個變量的關係，用數學模式來處理的式子，就是**函數** (function)。

定義 1.1

設 A、B 為兩個非空的集合，對於 A 中的任一個元素 x 在 B 中恰有一個元素 y 與之對應，此對應方式可表為 $f: A \to B$，並稱 **f 為由 A 映至 B 的函數**。集合 A 稱為函數 f 的**定義域** (domain)，記作 D_f，集合 B 稱為函數 f 的**對應域**，元素 y 稱為元素 x 在 f 之下的函數值，記作 $y = f(x)$，另外 x 亦可稱為函數 f 之**自變數** (independent variable)，而 y 稱為**應變數** (dependent variable)，所有應變數（即函數值）所成的集合為**值域** (range)，以 R_f 表之。即 $D_f = \{x \mid \text{使 } f(x) \text{ 有意義之 } x\}$，$R_f = \{f(x) \mid x \in D_f\}$。

函數可以表格、圖形……等表示，但通常以數學式表示，例如 $f(x) = x^3 + 5x + 1$。當值域是實數的部分集合時，稱 *f 為實值函數*。本書所討論的函數即為實值函數。

例題 1 設 $f(x) = 2x^3 - 3x^2 + 5x - 6$，求 $f(2)$、$f(-1)$ 及 $f(x^2)$。

解 $f(2) = 2 \cdot 2^3 - 3 \cdot 2^2 + 5 \cdot 2 - 6 = 8$

$f(-1) = 2(-1)^3 - 3(-1)^2 + 5(-1) - 6 = -16$

$f(x^2) = 2(x^2)^3 - 3(x^2)^2 + 5(x^2) - 6 = 2x^6 - 3x^4 + 5x^2 - 6$。

例題 2 設 $f(x) = \sqrt{x^2 - 1}$，$g(x) = \dfrac{1}{x+2}$，試分別求 f 和 g 的定義域及值域。

解 為了讓 $f(x)$ 有意義，根號內的數應大於或等於 0，

即　$x^2 - 1 \geq 0 \Rightarrow x \geq 1$ 或 $x \leq -1$

故　$D_f = (-\infty, -1] \cup [1, \infty)$

又　$x^2 - 1 \geq 0$　$\therefore f(x) = \sqrt{x^2 - 1} \geq 0$

故　$R_f = [0, \infty)$

函數 f 的圖形如圖 1.1 所示。

至於 $g(x)$，除了使分母為 0 的數以外均有意義，

即　$x + 2 \neq 0 \Rightarrow x \neq -2$

故　$D_g = (-\infty, -2) \cup (-2, \infty)$

又　$g(x) = \dfrac{1}{x+2} \neq 0$

故　$R_g = (-\infty, 0) \cup (0, \infty)$。

函數 g 的圖形如圖 1.2 所示。

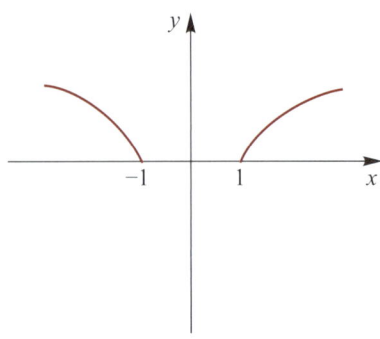

圖 1.1　函數 $f(x) = \sqrt{x^2 - 1}$ 的圖形

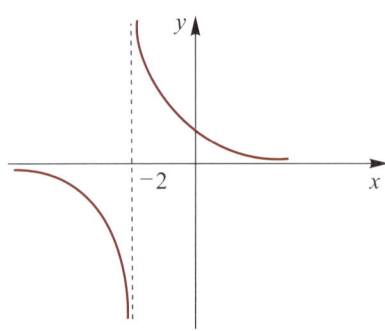

圖 1.2　函數 $g(x) = \dfrac{1}{x+2}$ 的圖形

定義 1.2

設 $f: A \to B$，若 $a \neq b \Rightarrow f(a) \neq f(b)$，$\forall a \cdot b \in A$，則稱 f 為**一對一函數** (one-to-one function)。

在判斷 f 是否為一對一函數時，可利用定義 1.2 之同義命題，即若由 $f(a) = f(b) \Rightarrow a = b$，表示 f 為一對一函數。

例題 3 判斷下列函數，何者為一對一函數？

(1) $f_1(x) = \dfrac{1}{x}$ (2) $f_2(x) = |x|$ (3) $f_3(x) = 2x^3 + 1$ (4) $f_4(x) = \sqrt{x}$

解 (1) $f_1(a) = f_1(b) \Rightarrow \dfrac{1}{a} = \dfrac{1}{b} \Rightarrow a = b$

∴ f_1 為一對一函數

(2) $f_2(a) = f_2(b) \Rightarrow |a| = |b| \Rightarrow a = \pm b$

∴ f_2 不為一對一函數

(3) $f_3(a) = f_3(b) \Rightarrow 2a^3 + 1 = 2b^3 + 1 \Rightarrow 2a^3 = 2b^3 \Rightarrow a^3 = b^3 \Rightarrow a = b$

∴ f_3 為一對一函數

(4) $f_4(a) = f_4(b) \Rightarrow \sqrt{a} = \sqrt{b} \Rightarrow a = b$

∴ f_4 為一對一函數。

定義 1.3

若 $f: A \to B$ 滿足 $\forall y \in B \cdot \exists x \in A$，使得 $f(x) = y$，則稱 f 為**映成函數** (onto function)。

例題 4 函數 $f: \mathbb{R} \to \mathbb{R}$ 定義為 $f(x) = \sqrt[3]{4x+3}$，則 f 是否為映成函數？

解 $\forall y \in \mathbb{R} \cdot \exists \dfrac{y^3 - 3}{4} \in \mathbb{R}$，使得

$$f\left(\frac{y^3-3}{4}\right)=\sqrt[3]{4\cdot\frac{y^3-3}{4}+3}=\sqrt[3]{y^3}=y$$

∴ f 為映成函數。

例題 5 若 $f: \{1, 2, 3, 4, 5\} \to \{a, b, c\}$ 之對應規則為

x	1	2	3	4	5
$f(x)$	a	b	b	a	b

則 f 是否為一對一函數？是否為映成函數？

解 ∵ $1 \neq 4$，但 $f(1) = f(4) = a$

∴ f 不是一對一函數

又 c 為對應域中之元素，但找不到 f 定義域中之元素與之對應，

∴ f 也不是映成函數。

定義 1.4

若 $f(-x) = -f(x)$，$\forall x$、$-x \in D_f$，則稱 f 為**奇函數** (odd function)。
若 $f(-x) = f(x)$，$\forall x$、$-x \in D_f$，則稱 f 為**偶函數** (even function)。

例題 6 試判斷下列各函數是奇函數、偶函數或既非奇函數亦非偶函數。

(1) $f_1(x) = 2x^4 - 3x^2 + 5$ (2) $f_2(x) = \sqrt[3]{x^3 + 5x}$

(3) $f_3(x) = \dfrac{1}{x-1}$ (4) $f_4(x) = |2x - 3|$

(5) $f_5(x) = 5|x| - 1$

解 (1) $f_1(-x) = 2(-x)^4 - 3(-x)^2 + 5 = 2x^4 - 3x^2 + 5 = f_1(x)$

∴ $f_1(x)$ 為偶函數

(2) $f_2(-x) = \sqrt[3]{(-x)^3 + 5(-x)} = \sqrt[3]{-x^3 - 5x} = \sqrt[3]{-(x^3 + 5x)}$

$= -\sqrt[3]{x^3 + 5x} = -f_2(x)$

∴ $f_2(x)$ 為奇函數

(3) $f_3(-x) = \dfrac{1}{(-x)-1} = \dfrac{1}{-x-1} = -\dfrac{1}{x+1} \neq f_3(x)$

且 $f_3(-x) \neq -f_3(x)$ ∴ $f_3(x)$ 既非奇函數亦非偶函數

(4) $f_4(-x) = |2(-x)-3| = |-2x-3| = |2x+3| \neq f_4(x)$

且 $f_4(-x) \neq -f_4(x)$ ∴ $f_4(x)$ 既非奇函數亦非偶函數

(5) $f_5(-x) = 5|-x|-1 = 5|x|-1 = f_5(x)$

∴ $f_5(x)$ 為偶函數。

下列是微積分中常見的函數：

1. **冪次函數**：其形式為 $f(x) = x^n$，$n \in \mathbb{R}$，例如

$$f(x) = x^5 \text{ , } g(x) = x^{-2} = \frac{1}{x^2} \text{ , } h(x) = x^{\frac{1}{3}} = \sqrt[3]{x}$$

等都是**冪次函數**。

2. **多項函數**：其形式為 $f(x) = a_n x^n + a_{n-1} x^{n-1} + \cdots + a_1 x + a_0$。其中 n 為非負的整數，而 $a_0, a_1, \cdots, a_n$ 均為常數，若 $a_n \neq 0$，則稱 $f(x)$ 為 n 次多項函數或 n 次多項式。$f(x) = a_1 x + a_0$，$a_1 \neq 0$，稱為**一次函數**或**線性函數**。$f(x) = x$ 稱為**恆等函數**。$f(x) = a_0$，$a_0 \neq 0$，稱為**零次函數**或**常數函數**。$f(x) = 0$ 稱為**零函數**或**零多項式**。

3. **有理函數**：其形式為 $Q(x) = \frac{g(x)}{h(x)}$，其中 $g(x)$、$h(x)$ 均為多項式且 $h(x) \neq 0$。

4. **根函數**：$R(x) = \sqrt{f(x)}$，其中 $f(x)$ 為不小於 0 的函數。

5. **絕對值函數**：$f(x) = |x|$ 表示在數線上實數 x 與原點之距離。

6. **高斯函數**：$f(x) = [\![x]\!]$ 表示不大於 x 之最大整數，$[\![\ ]\!]$ 為高斯符號。

習題 1.2

1. 若 $f(x) = \sqrt{x-2} + 2x$，求 $f(2)$、$f(6)$ 及 $f(\frac{2}{x})$。

2. 若 $f(x) = \frac{1}{x+4}$，求 $\frac{f(1+h) - f(1)}{h}$。

3. $f(x) = \begin{cases} 1-x, & x < 0 \\ x^2, & 0 \leq x < 2 \\ 2x+1, & x \geq 2 \end{cases}$，求 $f(-1)$、$f(1)$ 及 $f(3)$。

4. 設 $f(x) = ax^2 + bx + c$，已知 $f(0) = 3$，$f(1) = 5$，$f(-1) = 1$，求 a、b、c 之值。
5. 求下列各函數的定義域與值域。

   (1) $f_1(x) = 2x^2 + 3$ 　　　　　　　(2) $f_2(x) = \sqrt{9 - x^2}$

   (3) $f_3(x) = |x - 1| + 2$ 　　　　　(4) $f_4(x) = \dfrac{|x|}{x}$

   (5) $f_5(x) = [\![x]\!]$，$[\![x]\!]$ 表示不大於 x 之最大整數。

   (6) $f_6(x) = \begin{cases} -1, & -3 \leq x < 0 \\ 0, & x = 0 \\ 1, & 0 < x \leq 7 \end{cases}$

6. 判斷下列各函數是否為一對一函數？

   (1) $f_1(x) = 1 - 2x$ 　　　　　　　(2) $f_2(x) = \sqrt{1 - x^2}$

   (3) $f_3(x) = \dfrac{|x|}{x}$ 　　　　　　　　(4) $f_4(x) = \sqrt[3]{x}$

   (5) $f_5(x) = \dfrac{2}{x + 1}$

7. 設 $f: \mathbb{R} \to \mathbb{R}$ 定義為 $f(x) = x^2 + 6x + 12$。

   (1) 判斷 f 是否為一對一？是否為映成？

   (2) 若 f 非一對一亦非映成，重新定義 f 之定義域及值域，使其為一對一且映成。

8. 下列各函數何者為奇函數？何者為偶函數？何者既非奇函數亦非偶函數？

   (1) $f_1(x) = \sqrt[3]{4x^2 + 1}$ 　　　　　(2) $f_2(x) = \dfrac{x}{x^4 + 2x^2 + 3}$

   (3) $f_3(x) = 2x + 1$ 　　　　　　　(4) $f_4(x) = x|x|$

   (5) $f_5(x) = |3x - 4|$

9. 若 f 為定義域包含 x 與 $-x$ 之任一函數。試證：

   (1) $f(x) + f(-x)$ 為一偶函數。

   (2) $f(x) - f(-x)$ 為一奇函數。

   (3) $f(x)$ 可表為一奇函數和一偶函數之和。

10. 試判斷下列敘述是奇函數？偶函數？或兩者皆非？

    (1) 兩個奇函數的和。

    (2) 兩個偶函數的和。

    (3) 兩個奇函數的積。

(4) 兩個偶函數的積。

(5) 一個奇函數及一個偶函數的和。

(6) 一個奇函數及一個偶函數的積。

11. 為了研究動物的學習指數，一學者從事「老鼠穿越迷宮」的實驗。假設老鼠第 n 次穿過迷宮所花的時間函數大約為 $f(n) = 3 + \dfrac{12}{n}$ 分鐘，求：

    (1) 函數 f 之定義域。

    (2) 老鼠第 3 次穿越迷宮花了幾分鐘？

    (3) 老鼠在第幾次以後的穿越時間會少於 4 分鐘？

    (4) 根據函數 f，老鼠穿越迷宮的次數越多，其穿越的時間有何變化？老鼠有可能以少於 3 分鐘的時間穿越迷宮嗎？

1.3　函數的圖形

若函數可以數學式表示，則在坐標平面上表示，將使其更一目瞭然。故本節將討論函數圖形。

定義 1.5

函數 f 之圖形，即為由定義域 D_f 中所有元素 x 及其函數值 $f(x)$ 所構成之二元序對 $(x, f(x))$ 所成的集合。

在描繪函數 f 之圖形時，通常以橫坐標表示自變數 x，以縱坐標表示應變數 $f(x)$，故欲判斷坐標平面上的圖形是否為函數圖形，可以無數條垂直 x 軸的直線與之相交，若每條直線與此圖形至多只有一個交點，則此圖即為函數圖形。又若以無數條垂直 y 軸的直線與此函數圖形相交，而每條直線與此圖形至多只有一個交點，則此函數為一對一函數。此即為以圖來判斷是否為函數圖形及是否為一對一函數（如圖 1.3 所示）。

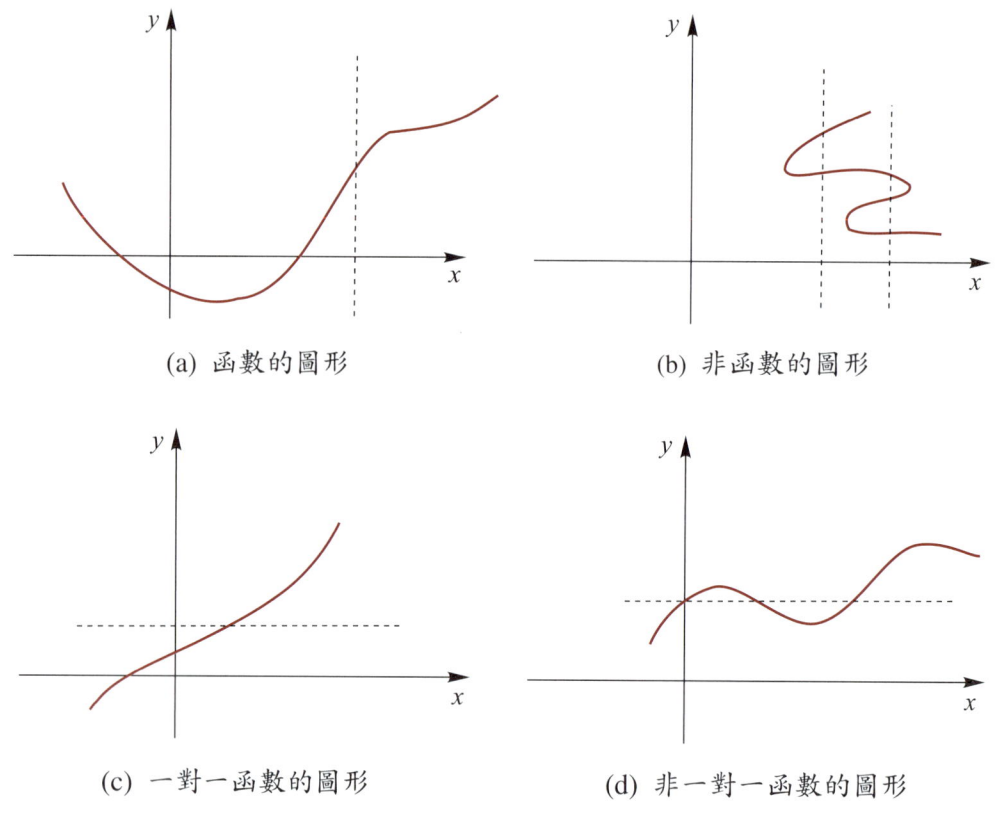

(a) 函數的圖形　　(b) 非函數的圖形

(c) 一對一函數的圖形　　(d) 非一對一函數的圖形

圖 1.3

根據奇函數與偶函數的定義（參見 p.8 定義 1.4）可得奇函數的圖形對稱於原點，偶函數的圖形對稱於 y 軸。

製作函數圖形的步驟如下：

1. 先決定此函數的定義域。
2. 找出 x 截距及 y 截距。
3. 標出有特性的點（如極大點、極小點、反曲點……等，這些在後面的章節將會介紹）。
4. 將標出的點以平滑的曲線連接起來。

例題 1　試繪 $f(x) = x^2 + 1$ 的圖形。

解　函數 f 的定義域為 $\mathbb{R}$。

令 $f(x) = 0$，由於 $x^2 + 1 = 0$ 無實數解，故無 x 截距；因 $f(0) = 1$，所以 y 截距為 1。

又 $x^2 + 1 \geq 1$，$\forall x \in \mathbb{R}$，$\therefore$ $(0, 1)$ 為 f 之極小點。

函數圖形的特性在學習微積分後可容易求得，現先多取幾點再以平滑曲線連接（如圖 1.4 所示）。

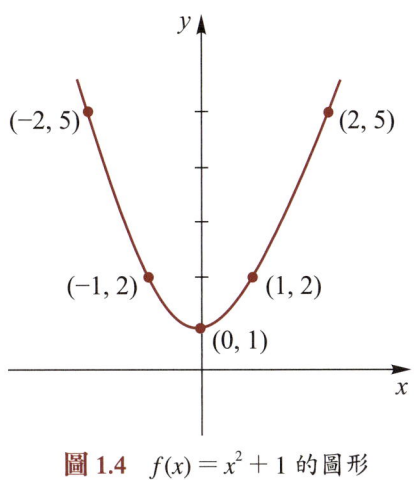

圖 1.4 $f(x) = x^2 + 1$ 的圖形

例題 2 一私人停車場收費規則為每滿半小時 30 元，未滿半小時的部分以 30 元計。試繪製 2 個小時內的停車收費圖。

解 設 $f(t)$ 代表 t 小時的收費金額（圖 1.5）。

$$f(t) = \begin{cases} 0, & t = 0 \\ 30, & 0 < t \leq 0.5 \\ 60, & 0.5 < t \leq 1 \\ 90, & 1 < t \leq 1.5 \\ 120, & 1.5 < t \leq 2 \end{cases}$$

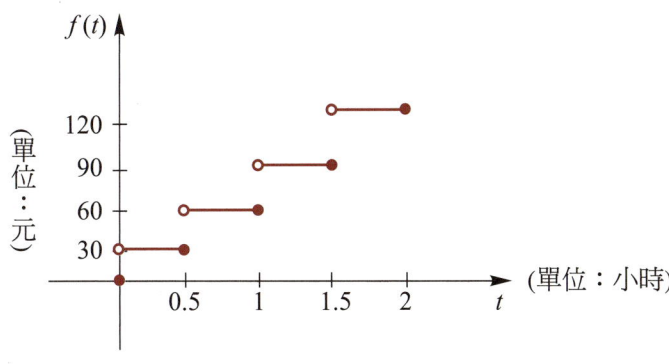

圖 1.5 收費函數 $f(t)$ 的圖形

例題 3 試作 $f(x)=\begin{cases} x+2, & -2 \leq x < 0 \\ -\sqrt{4-x^2}, & 0 \leq x \leq 2 \end{cases}$ 的圖形。

解 (1) $-2 \leq x < 0$ 時，$f(x)$ 的圖形為直線 $y = x + 2$ 的一部分。

(2) $0 \leq x \leq 2$，$y = -\sqrt{4-x^2}$ 表示 $y \leq 0$ 且 $x^2 + y^2 = 4$，故圖形為圓心在原點、半徑為 2 之圓的右下四分之一部分（圖 1.6）。

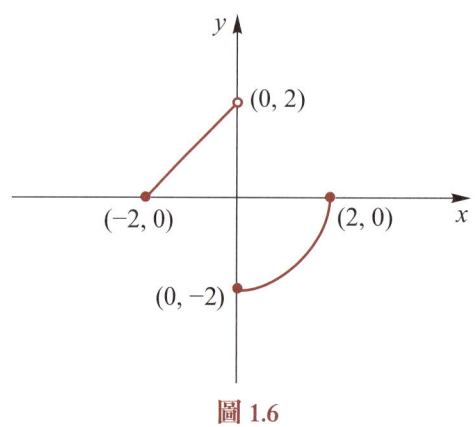

圖 1.6

例題 4 試作 $f(x)=\begin{cases} x+1, & x \geq 1 \\ 0, & -1 < x < 1 \\ 1-x, & x \leq -1 \end{cases}$ 的圖形。

解 (1) $x \geq 1$ 時，$f(x)$ 的圖形為直線 $y = x + 1$ 之一部分。

(2) $-1 < x < 1$ 時，$f(x)$ 的圖形為直線 $y = 0$ 之一部分。

(3) $x \leq -1$ 時，$f(x)$ 的圖形為直線 $y = 1 - x$ 之一部分（圖 1.7）。

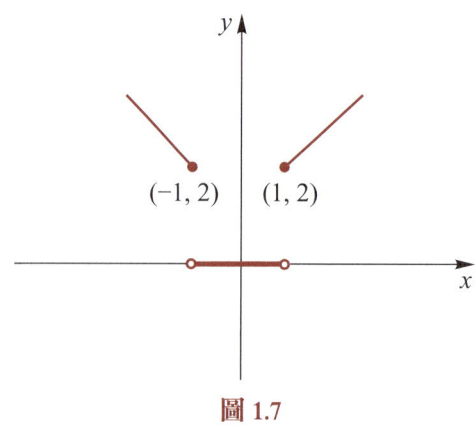

圖 1.7

習題 1.3

1. 下列各圖形何者為函數圖形？

(1)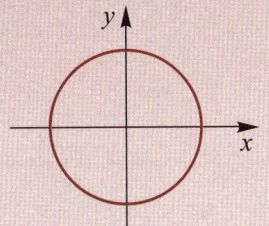

(2)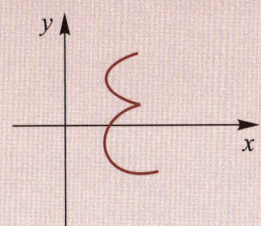

(3)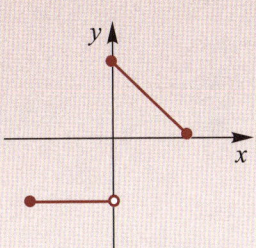

(4)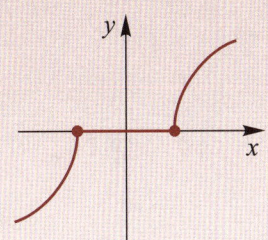

2. 依據下列各圖形，判斷函數是否為一對一函數？

(1)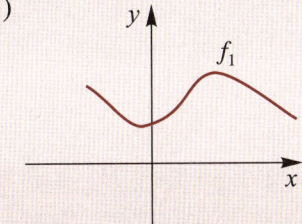

(2)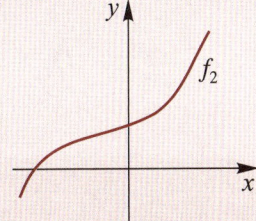

(3)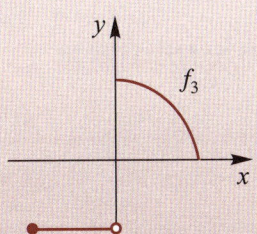

(4)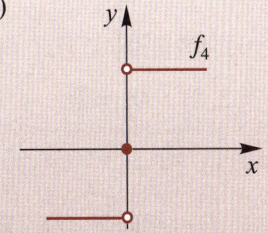

3. 畫出下列各函數之圖形。

(1) $f_1(x) = \begin{cases} \dfrac{1}{x}, & 1 < x \leq 5 \\ \sqrt{x-1}, & 5 < x \leq 10 \end{cases}$

(2) $f_2(x) = \begin{cases} x^2 - 1, & x < 1 \\ 1, & x = 1 \\ 2x - 1, & x > 1 \end{cases}$

(3) $f_3(x) = x + |x|$

(4) $f_4(x) = x - |x|$

(5) $f_5(x) = x + [\![x]\!]$

(6) $f_6(x) = x - [\![x]\!]$，$[\![\ ]\!]$ 為高斯符號

1.4 函數的運算

兩個函數經過運算仍為函數。而兩個函數的運算包括**加**、**減**、**乘**、**除**及**合成**等。

定義 1.6

設 f、g 為兩函數，$f+g$、$f-g$、$f \cdot g$ 及 $\dfrac{f}{g}$ 分別稱為 f 與 g 的**和**、**差**、**積**和**商**，其定義為：

(1) $(f+g)(x) = f(x) + g(x)$　　(2) $(f-g)(x) = f(x) - g(x)$

(3) $(f \cdot g)(x) = f(x) \cdot g(x)$　　(4) $\left(\dfrac{f}{g}\right)(x) = \dfrac{f(x)}{g(x)}$

由以上定義可得

$$D_{f+g} = D_{f-g} = D_{f \cdot g} = D_f \cap D_g$$

但

$$D_{\frac{f}{g}} = D_f \cap D_g \cap \{x \mid g(x) \neq 0\}$$

例題 1 若 $f(x) = \sqrt{4-x^2}$，$g(x) = \sqrt[3]{x+1}$，試求 $f+g$、$f-g$、$f \cdot g$ 及 $\dfrac{f}{g}$，並寫出它們的定義域。

解 ∵ 不小於 0 的數開偶次方才有意義，但任何實數開奇次方均有意義

∴ $D_f = [-2, 2]$，$D_g = \mathbb{R}$

∴ $D_{f+g} = D_{f-g} = D_{f \cdot g} = [-2, 2] \cap \mathbb{R} = [-2, 2]$

$$D_{\frac{f}{g}} = [-2, 2] \cap \mathbb{R} \cap \{x \mid \sqrt[3]{x+1} \neq 0\}$$
$$= [-2, 2] \cap \{x \mid x \neq -1\} = [-2, -1) \cup (-1, 2]$$

$$(f+g)(x) = \sqrt{4-x^2} + \sqrt[3]{x+1}$$
$$(f-g)(x) = \sqrt{4-x^2} - \sqrt[3]{x+1}$$
$$(f \cdot g)(x) = \sqrt{4-x^2} \cdot \sqrt[3]{x+1}$$
$$\left(\dfrac{f}{g}\right)(x) = \dfrac{\sqrt{4-x^2}}{\sqrt[3]{x+1}}$$

例題 ② $f(x) = x^2$，$g(x) = \dfrac{x}{x^3-1}$，試求 $f+g$、$f-g$、g^2 及 $\dfrac{g}{f}$，並寫出它們的定義域。

解 任何實數的平方還是實數，$\therefore D_f = \mathbb{R}$
欲使 $g(x)$ 之分母不為 0，即 $x^3 - 1 \neq 0$，$\therefore x \neq 1$
$\therefore D_g = (-\infty, 1) \cup (1, \infty)$

$$D_{f+g} = D_{f-g} = D_f \cap D_g = (-\infty, 1) \cup (1, \infty)$$
$$D_{g^2} = D_g \cap D_g = D_g = (-\infty, 1) \cup (1, \infty)$$

$$D_{\frac{g}{f}} = D_f \cap D_g \cap \{x \mid f(x) \neq 0\}$$
$$= (-\infty, 0) \cup (0, 1) \cup (1, \infty)$$

$$(f+g)(x) = x^2 + \dfrac{x}{x^3-1}$$

$$(f-g)(x) = x^2 - \dfrac{x}{x^3-1}$$

$$g^2(x) = [g(x)]^2 = \dfrac{x^2}{(x^3-1)^2}$$

$$\left(\dfrac{g}{f}\right)(x) = \dfrac{\frac{x}{x^3-1}}{x^2} = \dfrac{1}{x(x^3-1)}$$

例題 ③ 某皮包製造廠，如果每個月生產 x 個皮包所需成本為 $100{,}000 + 300x - 0.03x^2$（單位：元），而該廠每個月銷售 x 個皮包之收益為 $1{,}300x - 0.04x^2$（單位：元），求該廠每個月生產並銷售 x 個皮包可獲得之利潤為多少？

解 設 $C(x)$ 表示每月生產 x 個皮包之成本
$R(x)$ 表示每月銷售 x 個皮包之收益
$P(x)$ 表示每月銷售 x 個皮包之利潤
則 $C(x) = 100{,}000 + 300x - 0.03x^2$
$R(x) = 1{,}300x - 0.04x^2$
$\therefore P(x) = R(x) - C(x) = -100{,}000 + 1{,}000x - 0.01x^2$

考慮一函數 $y=\left(x+\dfrac{1}{x}\right)^4$。如果令 $y=f(u)=u^4$ 且 $u=g(x)=x+\dfrac{1}{x}$，則依代入之過程，我們可得到原來的函數，亦即

$$y=f(u)=f(g(x))=\left(x+\dfrac{1}{x}\right)^4$$

此一過程稱為 f 與 g 兩個函數的合成。

定義 1.7

給予兩個函數 f 與 g，則 f 與 g 的合成函數，記作 $f \circ g$，且定義為 $(f \circ g)(x) = f(g(x))$，而 $D_{f \circ g} = \{x \mid x \in D_g \text{ 且 } g(x) \in D_f\}$。

例題 4 設 $f(x)=\sqrt{x}$，$g(x)=\dfrac{1}{x^2-1}$，求 $f \circ g$、$g \circ f$ 及其定義域。

解 $\because D_f=[0, \infty)$，$D_g=(-\infty, -1) \cup (-1, 1) \cup (1, \infty)$

$\therefore D_{f \circ g} = \{x \mid x \neq \pm 1 \text{ 且 } \dfrac{1}{x^2-1} \geq 0\}$

$\qquad = \{x \mid x \neq \pm 1 \text{ 且 } |x| \geq 1\}$

$\qquad = (-\infty, -1) \cup (1, \infty)$

$D_{g \circ f} = \{x \mid x \geq 0 \text{ 且 } (\sqrt{x})^2 - 1 \neq 0\}$

$\qquad = \{x \mid x \geq 0 \text{ 且 } x \neq 1\}$

$\qquad = [0, 1) \cup (1, \infty)$

$$(f \circ g)(x) = f(g(x)) = f\left(\dfrac{1}{x^2-1}\right) = \sqrt{\dfrac{1}{x^2-1}}$$

$$(g \circ f)(x) = g(f(x)) = g(\sqrt{x}) = \dfrac{1}{(\sqrt{x})^2 - 1} = \dfrac{1}{x-1}$$

由此例可知 $f \circ g \neq g \circ f$。

例題 5 設 $f(x) = 1-x$，$g(x) = x^2$，$h(x) = \dfrac{1}{x}$，求

(1) $(f \circ g \circ h)(2)$　　(2) $(h \circ g \circ f)(2)$。

解 (1) $(f \circ g \circ h)(2) = f(g(h(2))) = f(g(\frac{1}{2})) = f(\frac{1}{4}) = \frac{3}{4}$

(2) $(h \circ g \circ f)(2) = h(g(f(2))) = h(g(-1)) = h(1) = 1$

例題 6 設 $h(x) = \dfrac{3}{x-1} + 5(x-1)^2$，求滿足 $f(g(x)) = h(x)$ 的函數 f 與 g。

解 設 $f(x) = \dfrac{3}{x} + 5x^2$，$g(x) = x - 1$

則得 $(f \circ g)(x) = f(g(x)) = f(x-1) = \dfrac{3}{x-1} + 5(x-1)^2 = h(x)$

例題 7 定價 200,000 元之傢俱，現在正在促銷，A 方案為先減 10,000 元，再打七折，B 方案為先打七折再減 10,000 元，哪一方案對顧客而言較划算？又若 $f(x) = x - 10,000$，$g(x) = 0.7x$，哪一方案為 $f(g(x))$？哪一方案為 $g(f(x))$？x 為定價。

解 A 方案：$(200,000 - 10,000) \times 0.7 = 133,000$
B 方案：$200,000 \times 0.7 - 10,000 = 130,000$
B 方案對顧客而言較划算，A 方案為 $g(f(x))$，B 方案為 $f(g(x))$。

定義 1.8

f 和 g 為兩個函數，若 $f(g(x)) = x$，$\forall x \in D_g$，且 $g(f(x)) = x$，$\forall x \in D_f$，則 g 與 f 互為**反函數**，記作 $g = f^{-1}$ 或 $f = g^{-1}$。

f 為一對一且映成函數，才有反函數 f^{-1} 且 $D_f = R_{f^{-1}}$，$R_f = D_{f^{-1}}$，f 與 f^{-1} 之圖形對稱於直線 $y = x$。欲求 f 之反函數 f^{-1}，可令 $y = f(x)$。解得 $x = g(y)$，則 g 即為 f 之反函數 f^{-1}。

例題 8 求下列各函數之反函數。

(1) $f(x) = \dfrac{1}{x}$　(2) $g(x) = 5x + 3$　(3) $h(x) = \sqrt{2x - 7}$

解 (1) $y=\dfrac{1}{x} \Rightarrow x=f^{-1}(y)=\dfrac{1}{y}$ $\therefore f^{-1}(x)=\dfrac{1}{x}$

(2) $y=5x+3 \Rightarrow x=g^{-1}(y)=\dfrac{y-3}{5}$ $\therefore g^{-1}(x)=\dfrac{1}{5}(x-3)$

(3) $y=\sqrt{2x-7} \Rightarrow x=h^{-1}(y)=\dfrac{y^2+7}{2}$ $\therefore h^{-1}(x)=\dfrac{1}{2}(x^2+7)$

習題 1.4

1. $f(x)=\dfrac{x}{x-2}$，$g(x)=\sqrt{x}$。求 $f+g$、$f \cdot g$、$\dfrac{f}{g}$、$f \circ g$、$g \circ f$ 及其定義域。

2. $f(x)=\sqrt{x^2-1}$，$g(x)=\dfrac{1}{x+3}$。求 $f-g$、f^2、$\dfrac{g}{f}$、$f \circ f$、$g \circ g$ 及其定義域。

3. 已知函數 f 與 g 之對應規則如下：

x	1	2	3	4
$f(x)$	4	1	3	2

x	1	2	3	4
$g(x)$	3	1	4	2

試求 $(f \circ g)(1)$、$(f \circ g)(3)$、$(g \circ f)(2)$ 及 $(g \circ f)(4)$，並求 f^{-1}、g^{-1} 之對應規則。

4. $F(x)=(x^2+5x+9)^7$，求二函數 f、g，使得 $F=f \circ g$。

5. $G(x)=\dfrac{(2x-1)^3}{(2x-1)^3-1}$，求三函數 f、g、h，使得 $G=f \circ g \circ h$。

6. $H(x)=\sqrt{|x|-1}$，求三函數 f、g、h，使得 $H=f \circ g \circ h$。

7. 求下列各函數之反函數。

(1) $f_1(x)=\dfrac{2}{3x-4}$ 　　　　　　　　(2) $f_2(x)=(5x-2)^3$

(3) $f_3(x)=\sqrt[3]{x+1}$ 　　　　　　　　(4) $f_4(x)=\sqrt{4-x^2}$，$D_{f_4}=[0,2]$

8. 下列各小題以 $f(g(x))=x$ 和 $g(f(x))=x$ 來驗證 f 和 g 互為反函數。

(1) $f(x)=2x-3$，$g(x)=\dfrac{x+3}{2}$。

(2) $f(x)=\dfrac{x+1}{2x+1}$，$g(x)=\dfrac{1-x}{2x-1}$。

9. 設 $f(\dfrac{1}{x})=\dfrac{4+3x}{4-2x}$，求 $f(x)$。

第二章

極限與連續

2.1 極限的直觀意義及性質

在求圓面積時，發現圓面積介於圓內接正 2^n 邊形面積與圓外切正 2^n 邊形面積之間，當 n 愈來愈大時，圓內接正 2^n 邊形愈大愈逼近圓（參見圖 2.1），同時，圓外切正 2^n 邊形愈小也愈逼近圓（參見圖 2.2），此即為極限的一個例子。

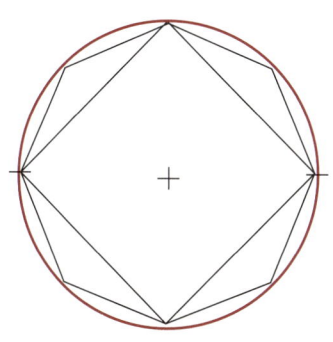 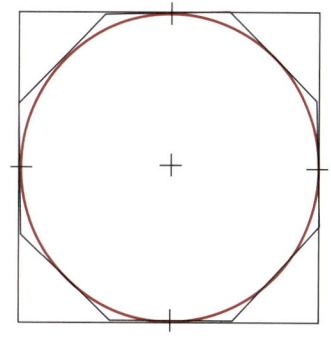

圖 2.1 圓內接正 2^n 邊形與圓　　**圖 2.2** 圓外切正 2^n 邊形與圓

以下亦為極限的例子。

例題 ① 設 $f(x)=\dfrac{x^2-1}{x-1}$，當 x 很接近 1 時，$f(x)$ 的值會如何？

解

x	0.900	0.990	0.999	$\cdots \to 1 \leftarrow \cdots$	1.001	1.01	1.1
$f(x)$	1.900	1.990	1.999	無定義	2.001	2.01	2.1

$\cdots \to 2 \leftarrow \cdots$

$f(1)$ 無定義，但 x 很接近 1 時，$f(x)$ 很接近 2。

定義 2.1　極限的直觀意義

當 x 由左右兩側愈接近 c 但 $x \neq c$ 時，$f(x)$ 也愈來愈接近常數 L，亦可表示成

$$x \to c \Rightarrow f(x) \to L$$

則稱 f 在 c 處之極限為 L，並記作 $\lim\limits_{x \to c} f(x) = L$。

例題 2　求 $\lim\limits_{x \to 2}(3x-5)$。

解　$x \to 2$ 時，$3x - 5 \to 3 \cdot 2 - 5 = 1$

$\therefore \lim\limits_{x \to 2}(3x-5) = 1$

例題 3　求 $\lim\limits_{x \to 1} [\![x]\!]$。

解　x 由比 1 小而趨近於 1 時，$\because [\![x]\!] = 0$，$\therefore [\![x]\!]$ 值趨近於 0。x 由比 1 大而趨近於 1 時，$\because [\![x]\!] = 1$，$\therefore [\![x]\!]$ 值趨近於 1。

$\therefore x \to 1$ 時，$[\![x]\!]$ 並非趨近於一個固定值，故 $\lim\limits_{x \to 1} [\![x]\!]$ 不存在。

圖 2.3 和圖 2.4 分別為函數在某一點之極限存在與不存在的例子。

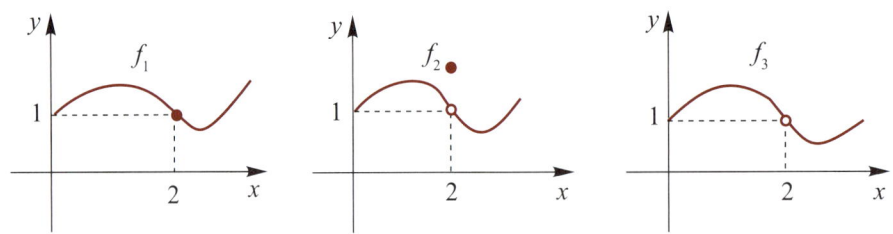

$$\lim_{x \to 2} f_1(x) = \lim_{x \to 2} f_2(x) = \lim_{x \to 2} f_3(x) = 1$$

圖 2.3

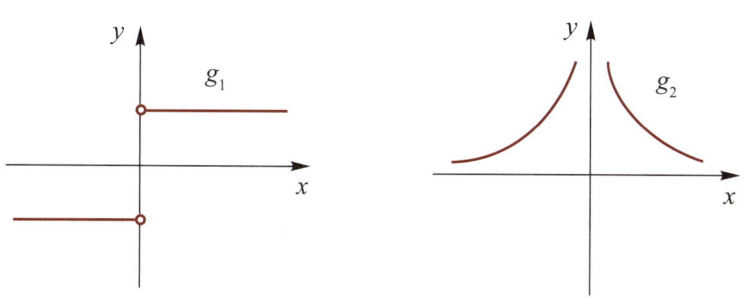

$\lim_{x \to 0} g_1(x)$ 與 $\lim_{x \to 0} g_2(x)$ 均不存在

圖 2.4

以下為極限的基本性質。

定理 2.1

若 $\lim_{x \to c} f(x)$、$\lim_{x \to c} g(x)$ 均存在，且 $k \in \mathbb{R}$，則：

(1) $\lim_{x \to c} k = k$

(2) $\lim_{x \to c} x = c$

(3) $\lim_{x \to c} [k f(x)] = k [\lim_{x \to c} f(x)]$

(4) $\lim_{x \to c} [f(x) \pm g(x)] = [\lim_{x \to c} f(x)] \pm [\lim_{x \to c} g(x)]$

(5) $\lim_{x \to c} [f(x) g(x)] = [\lim_{x \to c} f(x)][\lim_{x \to c} g(x)]$

(6) $\lim_{x \to c} \left[\dfrac{f(x)}{g(x)} \right] = \dfrac{\lim_{x \to c} f(x)}{\lim_{x \to c} g(x)}$（須 $\lim_{x \to c} g(x) \neq 0$ 時才成立）

(7) $\lim_{x \to c} [f(x)]^n = [\lim_{x \to c} f(x)]^n$ $(n \in \mathbb{N})$

(8) $\lim_{x \to c} \sqrt[n]{f(x)} = \sqrt[n]{\lim_{x \to c} f(x)}$（若 n 為偶數，必須在 $\lim_{x \to c} f(x) > 0$ 時才成立）

定理 2.2

(1) 若 $p(x)$ 為多項式函數，則 $\lim_{x \to c} p(x) = p(c)$。

(2) 若 $r(x) = \dfrac{q(x)}{p(x)}$ 為有理函數，則 $\lim_{x \to c} r(x) = \dfrac{q(c)}{p(c)}$（必須在 $p(c) \neq 0$ 時才成立）。

例題 4 求 $\lim_{x \to 1}(2x^2+5x-3)$。

解 $\lim_{x \to 1}(2x^2+5x-3) = 2 \cdot 1^2 + 5 \cdot 1 - 3 = 4$

例題 5 求 $\lim_{x \to 0}\dfrac{x^2+2}{x+1}$。

解 $\lim_{x \to 0}\dfrac{x^2+2}{x+1} = \dfrac{0^2+2}{0+1} = 2$

例題 6 求 $\lim_{x \to -1}\dfrac{x^3+1}{x+1}$。

解 $\lim_{x \to -1}\dfrac{x^3+1}{x+1} = \lim_{x \to -1}\dfrac{(x+1)(x^2-x+1)}{x+1}$
$= \lim_{x \to -1}(x^2-x+1) = (-1)^2 - (-1) + 1 = 3$

例題 7 求 $\lim_{x \to 2}\dfrac{\sqrt{x+2}-2}{x-2}$。

解 $\lim_{x \to 2}\dfrac{\sqrt{x+2}-2}{x-2} = \lim_{x \to 2}\dfrac{(\sqrt{x+2}-2)(\sqrt{x+2}+2)}{(x-2)(\sqrt{x+2}+2)}$
$= \lim_{x \to 2}\dfrac{(x+2)-4}{(x-2)(\sqrt{x+2}+2)} = \lim_{x \to 2}\dfrac{1}{\sqrt{x+2}+2}$
$= \dfrac{1}{\sqrt{4}+2} = \dfrac{1}{4}$

例題 8 求 $\lim_{x \to 2}\dfrac{\dfrac{1}{x}-\dfrac{1}{2}}{x-2}$。

解 $\lim_{x \to 2}\dfrac{\dfrac{1}{x}-\dfrac{1}{2}}{x-2} = \lim_{x \to 2}\dfrac{\dfrac{2-x}{2x}}{x-2} = \lim_{x \to 2}\dfrac{-1}{2x} = -\dfrac{1}{4}$

定理 2.3　夾擠定理 (Squeeze Theorem)

若 $g(x) \leq f(x) \leq h(x)$，$\forall x \in I \setminus \{c\}$，（$I$ 為含 c 之開區間，但 c 可能不滿足上述不等式），且

$$\lim_{x \to c} g(x) = \lim_{x \to c} h(x) = L$$

則 $\lim_{x \to c} f(x) = L$。（參見圖 2.5）

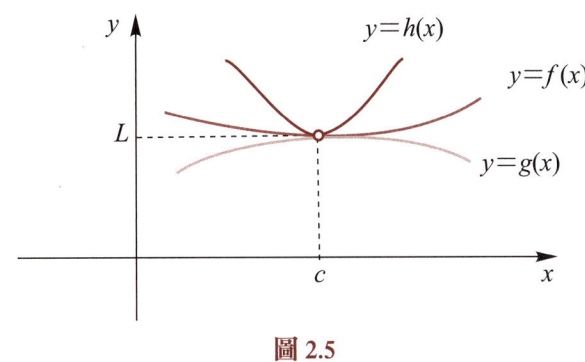

圖 2.5

當不易直接求得 $\lim_{x \to c} f(x)$ 時，可考慮採用此定理。

例題 9　利用夾擠定理求 $\lim_{x \to 0} x^2 \left\lfloor \dfrac{1}{x} \right\rfloor$。

解　$\because \dfrac{1}{x} - 1 < \left\lfloor \dfrac{1}{x} \right\rfloor \leq \dfrac{1}{x}$ $(x \neq 0)$

又 $x^2 > 0$

$\therefore x^2 \left(\dfrac{1}{x} - 1 \right) < x^2 \left\lfloor \dfrac{1}{x} \right\rfloor \leq x^2 \cdot \dfrac{1}{x}$

即 $x - x^2 < x^2 \left\lfloor \dfrac{1}{x} \right\rfloor \leq x$

又 $\lim_{x \to 0} (x - x^2) = \lim_{x \to 0} x = 0$

故由夾擠定理可得 $\lim_{x \to 0} x^2 \left\lfloor \dfrac{1}{x} \right\rfloor = 0$。

習題 2.1

求 1～11 題中的極限。

1. $\lim_{x \to 1} [(2x^2 - x + 1)(x^3 + 2x^2 - 2)]$
2. $\lim_{x \to 0} (3x^2 + 5x - 1)^7$
3. $\lim_{t \to 0} \dfrac{3t + 1}{t^2 - t}$
4. $\lim_{t \to 2} \sqrt{3t^3 - 2t^2}$
5. $\lim_{t \to 2} \dfrac{t^2 - t - 2}{t^2 - 4}$
6. $\lim_{y \to 64} (2\sqrt{y} - 3\sqrt[3]{y})$
7. $\lim_{y \to 64} \dfrac{\sqrt{y} - 8}{\sqrt[3]{y} - 4}$
8. $\lim_{s \to 1} \dfrac{\dfrac{1}{2s-1} - 1}{s - 1}$
9. $\lim_{s \to 2} \left(\dfrac{s^2}{s-2} - \dfrac{2s}{s-2} \right)$
10. $\lim_{r \to 0} \dfrac{\sqrt{r+9} - 3}{r}$
11. $\lim_{r \to 1} \left(\dfrac{1}{(r-1)\sqrt{r}} - \dfrac{1}{r-1} \right)$

在 12～15 題中,若 $\lim_{x \to 1} f(x) = 2$,$\lim_{x \to 1} g(x) = -1$,求各極限。

12. $\lim_{x \to 1} \dfrac{f(x) + 2g(x)}{f(x) - g(x)}$
13. $\lim_{x \to 1} \sqrt{f^3(x) - g(x)}$
14. $\lim_{x \to 1} [f(x) + 3g(x)]^2$
15. $\lim_{x \to 1} \dfrac{f^2(x) - 4g^2(x)}{f(x) + 2g(x)}$

16. 舉例說明 $\lim_{x \to c} \left[\dfrac{f(x)}{g(x)} \right]$ 存在,但 $\lim_{x \to c} f(x)$、$\lim_{x \to c} g(x)$ 未必存在。

 (註:習題 2.2 第 17 題為 $\lim_{x \to c} [f(x) g(x)]$ 存在,但 $\lim_{x \to c} f(x)$、$\lim_{x \to c} g(x)$ 不存在的例子。)

17. 利用夾擠定理證明 $\lim_{x \to 0} \dfrac{x^2}{1 + (1 - x^4)^{\frac{5}{2}}} = 0$。

2.2 單邊極限

f 在 c 點之極限不存在,有可能是當 x 由 c 點的左右兩側接近 c 時,$f(x)$ 的值並非愈來愈接近某一個常數,而是愈來愈大到 ∞,或愈來愈小到 $-\infty$,或一直上

下擺動。另一種可能則為 x 分別由左、右邊接近 c 時，$f(x)$ 趨近於不同的常數，此時應討論**單邊極限**。

定義 2.2

當 x 從左側趨近於 c 但 $x \neq c$ 時，$f(x)$ 趨近於 L_1，亦可表示成 $x \to c^- \Rightarrow f(x) \to L_1$，則稱 **$f$ 在 c 處之左極限**為 L_1。

當 x 從右側趨近於 c 但 $x \neq c$ 時，$f(x)$ 趨近於 L_2，亦可表示成 $x \to c^+ \Rightarrow f(x) \to L_2$，則稱 **$f$ 在 c 處之右極限**為 L_2。

當 $L_1 = L_2 = L$ 時，則稱 **f 在 c 處之極限**存在。

例題 1 $f(x) = \begin{cases} 3x-1, & x < 1 \\ x^2+1, & x > 1 \end{cases}$，求 $\lim\limits_{x \to 1^-} f(x)$、$\lim\limits_{x \to 1^+} f(x)$ 及 $\lim\limits_{x \to 1} f(x)$。

解 $\lim\limits_{x \to 1^-} f(x) = \lim\limits_{x \to 1^-}(3x-1) = 3-1 = 2$

$\lim\limits_{x \to 1^+} f(x) = \lim\limits_{x \to 1^+}(x^2+1) = 1+1 = 2$

$\lim\limits_{x \to 1^-} f(x) = \lim\limits_{x \to 1^+} f(x) = 2$，$\therefore \lim\limits_{x \to 1} f(x) = 2$

例題 2 試證高斯函數 $f(x) = [\![x]\!]$ 在任何整數點的極限均不存在。

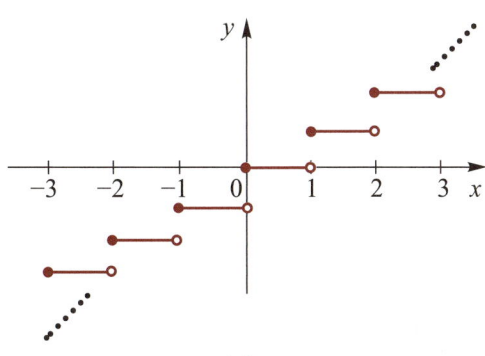

圖 2.6

解 $n \in \mathbb{Z}$，$\therefore \lim\limits_{x \to n^-} f(x) = \lim\limits_{x \to n^-} [\![x]\!] = [\![n^-]\!] = n-1$

$\lim\limits_{x \to n^+} f(x) = \lim\limits_{x \to n^+} [\![x]\!] = [\![n^+]\!] = n$

$\lim_{x \to n^-} [\![x]\!] \neq \lim_{x \to n^+} [\![x]\!]$，$\therefore \lim_{x \to n} [\![x]\!]$ 不存在。（參見圖 2.6）

例題 3 求 $\lim_{x \to 0} \dfrac{|x|}{x}$。

解 $\lim_{x \to 0^-} \dfrac{|x|}{x} = \lim_{x \to 0^-} \dfrac{(-x)}{x} = -1$

$\lim_{x \to 0^+} \dfrac{|x|}{x} = \lim_{x \to 0^+} \dfrac{x}{x} = 1$

$\lim_{x \to 0^-} \dfrac{|x|}{x} \neq \lim_{x \to 0^+} \dfrac{|x|}{x}$，$\therefore \lim_{x \to 0} \dfrac{|x|}{x}$ 不存在。

例題 4 $f(x) = \begin{cases} 3x+2, & x < 2 \\ x^2 + k, & x \geq 2 \end{cases}$，若 $\lim_{x \to 2} f(x)$ 存在，求 k 值。

解 $\lim_{x \to 2^-} f(x) = \lim_{x \to 2^-} (3x+2) = 3 \cdot 2 + 2 = 8$

$\lim_{x \to 2^+} f(x) = \lim_{x \to 2^+} (x^2 + k) = 4 + k$

$\lim_{x \to 2^-} f(x) = \lim_{x \to 2^+} f(x)$。即 $8 = 4 + k$，$\therefore k = 4$。

例題 5 求 $\lim_{x \to 1} \dfrac{[\![x]\!]}{x}$。

解 $\lim_{x \to 1^-} \dfrac{[\![x]\!]}{x} = \lim_{x \to 1^-} \dfrac{0}{x} = 0$

$\lim_{x \to 1^+} \dfrac{[\![x]\!]}{x} = \lim_{x \to 1^+} \dfrac{1}{x} = 1$

$\lim_{x \to 1^-} \dfrac{[\![x]\!]}{x} \neq \lim_{x \to 1^+} \dfrac{[\![x]\!]}{x}$，$\therefore \lim_{x \to 1} \dfrac{[\![x]\!]}{x}$ 不存在。

例題 6 求 $\lim_{x \to 1} ([\![2x+1]\!] - [\![x]\!])$。

解 $\because \lim_{x \to 1^-} ([\![2x+1]\!] - [\![x]\!]) = \lim_{x \to 1^-} [\![2x+1]\!] - \lim_{x \to 1^-} [\![x]\!]$

$\qquad\qquad\qquad\qquad\quad = [\![3^-]\!] - [\![1^-]\!] = 2 - 0 = 2$

$\lim_{x \to 1^+} ([\![2x+1]\!] - [\![x]\!]) = \lim_{x \to 1^+} [\![2x+1]\!] - \lim_{x \to 1^+} [\![x]\!]$

$\qquad\qquad\qquad\qquad\quad = [\![3^+]\!] - [\![1^+]\!] = 3 - 1 = 2$

$\therefore \lim_{x \to 1} ([\![2x+1]\!] - [\![x]\!]) = 2$。

習題 2.2

求 1～6 題之 $\lim_{x \to a} f(x)$（如果存在）。

1.

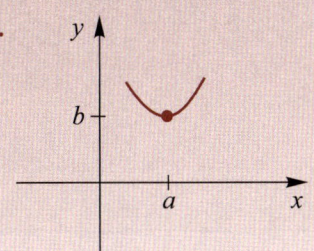

2.

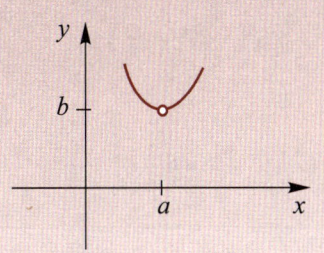

3.

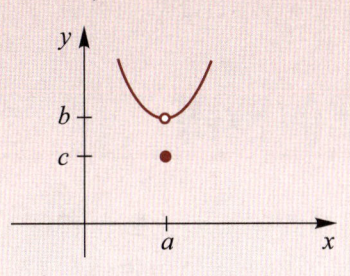

4.

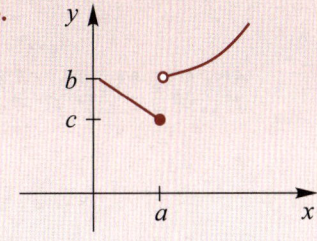

5.

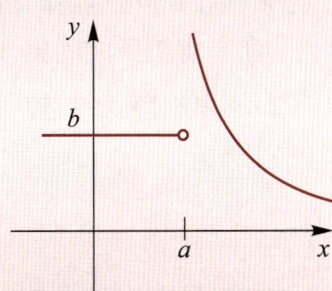

6.

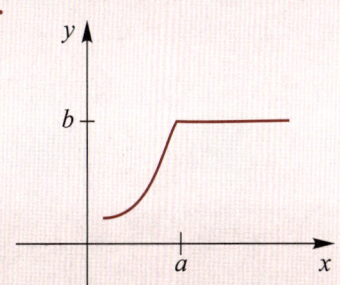

求 7～14 題之極限值。

7. $\lim\limits_{x \to 2^-} \dfrac{|x-2|}{x-2}$

8. $\lim\limits_{x \to 4^+} \dfrac{4-x}{2-\sqrt{x}}$

9. $\lim\limits_{x \to 1^-} \dfrac{x-\sqrt{x}}{x-1}$

10. $\lim\limits_{x \to 0^+} (x-\sqrt{x})$

11. $\lim\limits_{x \to 5} [\![\dfrac{x}{2}]\!]$

12. $\lim\limits_{x \to -1^+} ([\![x^2]\!] - [\![x]\!]^2)$

13. $\lim\limits_{x \to n} [\![x - [\![x]\!]]\!]$（$n$ 為整數）

14. $\lim\limits_{x \to 2^+} \dfrac{x-2}{\sqrt{x^2-4}}$

15. 若 $f(x) = \begin{cases} x^2 - x, & x < 2 \\ 1 + \dfrac{2}{x}, & x \geq 2 \end{cases}$，求 $\lim\limits_{x \to 2^-} f(x)$、$\lim\limits_{x \to 2^+} f(x)$ 及 $\lim\limits_{x \to 2} f(x)$。

16. 若 $f(x)=\begin{cases} 3x-1, & x \leq 0 \\ ax+b, & 0 < x < 1 \\ 2-x+x^2, & x \geq 1 \end{cases}$ 在 0，1 處之極限均存在，求 a、b 之值。

17. 若 $f(x)=\begin{cases} 2x+1, & x < 1 \\ 3x^2-1, & x \geq 1 \end{cases}$，$g(x)=\begin{cases} x^2+1, & x \leq 1 \\ 4x-1, & x > 1 \end{cases}$，求 $\lim\limits_{x \to 1} f(x)$、$\lim\limits_{x \to 1} g(x)$ 及 $\lim\limits_{x \to 1}[f(x)\,g(x)]$。

18. 利用夾擠定理，求 $\lim\limits_{x \to 0} x\left[\dfrac{1}{x}\right]$。

2.3　無窮極限與無限遠處的極限

「無窮」的概念自古困惑著數學家，數學上很多問題都與此概念有關。幸好後來能以簡易的方式來對它做一些合理的詮釋。在前面的章節已將無窮的符號 ∞ 與 $-\infty$ 用在區間的表示法中。例如 $(1, \infty)$ 表示比 1 大的所有實數所成的集合，$(-\infty, 3)$ 表示比 3 小的所有實數所成的集合，但必須注意的是 ∞ 與 $-\infty$ 均非實數，故不能以實數的加、減、乘、除運算的概念加諸 $\pm\infty$ 中。

定義 2.3　無窮極限的直觀意義

若 x 愈來愈接近 c 但 $x \neq c$ 時，$f(x)$ 也愈來愈大（或愈來愈小）而不受限制亦可表示成 $x \to c \Rightarrow f(x) \to \infty$（或 $-\infty$），則稱 f 在 c 處之極限為 ∞（或 $-\infty$），記作 $\lim\limits_{x \to c} f(x) = \infty$（或 $-\infty$）。類似之定義包括 $\lim\limits_{x \to c^-} f(x) = \infty$（或 $-\infty$）、$\lim\limits_{x \to c^+} f(x) = \infty$（或 $-\infty$）。

例題 1　求 $\lim\limits_{x \to 0^-} \dfrac{1}{x}$ 及 $\lim\limits_{x \to 0^+} \dfrac{1}{x}$。

解　$f(x) = \dfrac{1}{x}$ 之圖形如圖 2.7：

圖 2.7

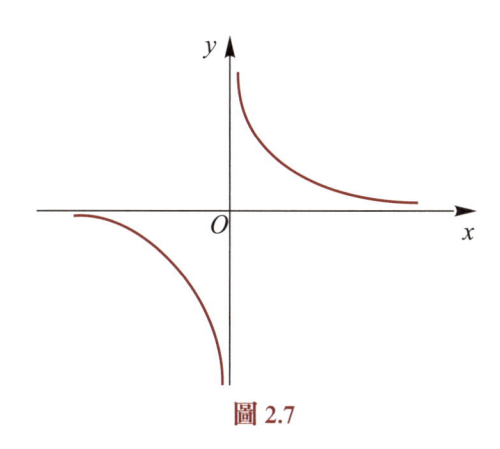

當 x 由左邊愈來愈接近 0，$\dfrac{1}{x}$ 為負，其值愈來愈小而不受限制，由函數圖形來看，曲線一直往下延伸，所以 $\lim\limits_{x \to 0^-} \dfrac{1}{x} = -\infty$。而當 x 由右邊愈來愈接近 0，$\dfrac{1}{x}$ 為正，其值愈來愈大而不受限制，而函數圖形一直向上延伸，所以 $\lim\limits_{x \to 0^+} \dfrac{1}{x} = \infty$。

定理 2.4

若 $\lim\limits_{x \to c} f(x) = L\,(\neq 0)$，$\lim\limits_{x \to c} g(x) = 0$，設 I 為含 c 之某一開區間。

(1) 若 $L > 0$ 且 $g(x) > 0$，$\forall x \in I \setminus \{c\}$，則

$$\lim_{x \to c} \dfrac{f(x)}{g(x)} = \infty$$

(2) 若 $L > 0$ 且 $g(x) < 0$，$\forall x \in I \setminus \{c\}$，則

$$\lim_{x \to c} \dfrac{f(x)}{g(x)} = -\infty$$

(3) 若 $L < 0$ 且 $g(x) > 0$，$\forall x \in I \setminus \{c\}$，則

$$\lim_{x \to c} \dfrac{f(x)}{g(x)} = -\infty$$

(4) 若 $L < 0$ 且 $g(x) < 0$，$\forall x \in I \setminus \{c\}$，則

$$\lim_{x \to c} \frac{f(x)}{g(x)} = \infty$$

以上結論中，$x \to c$ 以 $x \to c^-$ 或 $x \to c^+$ 代替也成立。

例題 2 求 $\lim\limits_{x \to \frac{1}{2}^-} \dfrac{3x-1}{(2x-1)^2}$。

解 $\lim\limits_{x \to \frac{1}{2}^-} \dfrac{3x-1}{(2x-1)^2} = \dfrac{\left(\frac{3}{2}\right)^- - 1}{(1^- - 1)^2} = \dfrac{\left(\frac{1}{2}\right)^-}{0^+} = \infty$

例題 3 求 $\lim\limits_{x \to 1^+} \dfrac{x^2+x+1}{x-1}$。

解 $\lim\limits_{x \to 1^+} \dfrac{x^2+x+1}{x-1} = \dfrac{1^+ + 1^+ + 1}{1^+ - 1} = \dfrac{3^+}{0^+} = \infty$

例題 4 求 $\lim\limits_{x \to 2^+} \dfrac{x^2}{4-x^2}$、$\lim\limits_{x \to 2^-} \dfrac{x^2}{4-x^2}$。

解 $\lim\limits_{x \to 2^+} \dfrac{x^2}{4-x^2} = \dfrac{4^+}{4-4^+} = \dfrac{4^+}{0^-} = -\infty$

$\lim\limits_{x \to 2^-} \dfrac{x^2}{4-x^2} = \dfrac{4^-}{4-4^-} = \dfrac{4^-}{0^+} = \infty$

定義 2.4 函數圖形的垂直漸近線

(1) $\lim\limits_{x \to c^-} f(x) = \infty$　　　　(2) $\lim\limits_{x \to c^-} f(x) = -\infty$

(3) $\lim\limits_{x \to c^+} f(x) = \infty$　　　　(4) $\lim\limits_{x \to c^+} f(x) = -\infty$

以上任一式成立，則稱直線 $x = c$ 為函數 f 圖形上的**垂直漸近線** (vertical asymptote)。

圖 2.8 的函數 f 之圖形均以直線 $x = c$ 為其垂直漸近線。

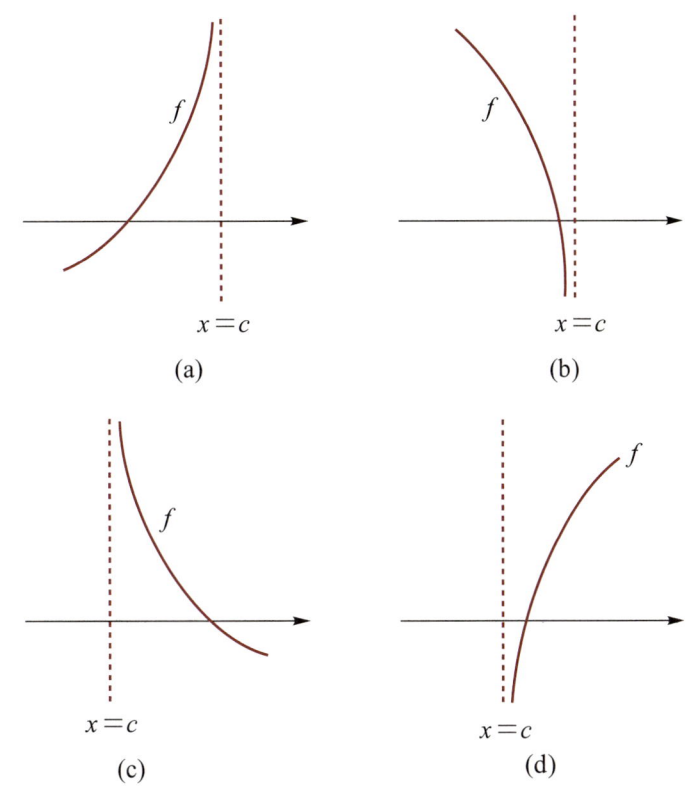

圖 2.8

例題 5 求 $f(x)=\dfrac{x+1}{x^2-x}$ 圖形之垂直漸近線。

解 $f(x)$ 為有理函數，令其分母 $x^2-x=0$，得 $x=0$、1。

由 $\lim\limits_{x\to 0^-}\dfrac{x+1}{x^2-x}=\dfrac{1^-}{0^+}=\infty$

可得 $x=0$ 為 f 圖形之垂直漸近線。

由 $\lim\limits_{x\to 1^-}\dfrac{x+1}{x^2-x}=\dfrac{2^-}{0^-}=-\infty$

可得 $x=1$ 亦為 f 圖形之垂直漸近線。

例題 6 求 $f(x)=\dfrac{x}{x-2}$ 圖形之垂直漸近線。

解 令 $f(x)$ 之分母部分 $x-2=0$，得 $x=2$。

$$\begin{array}{c} -0+ \\ \hline 2 \end{array}$$

由 $\lim\limits_{x \to 2^+} \dfrac{x}{x-2} = \dfrac{2^+}{0^+} = \infty$

可得 $x=2$ 為 f 圖形之垂直漸近線。

定義 2.5　在無限遠處的極限之直觀意義

若 x 愈來愈大（或愈來愈小）而不受限制時，$f(x)$ 愈來愈接近一固定常數 L，亦可表示成 $x \to \infty$（或 $-\infty$）$\Rightarrow f(x) \to L$ 則稱 f 在無限遠處之極限為 L，記作 $\lim\limits_{x \to \infty} f(x)=L$（或 $\lim\limits_{x \to -\infty} f(x)=L$）。

定理 2.5

若 $\lim\limits_{x \to c} f(x)=L(\neq 0)$，$\lim\limits_{x \to c} g(x)=\infty$（或 $-\infty$），則

$$\lim_{x \to c} \dfrac{f(x)}{g(x)}=0$$

以上結論中，$x \to c$ 以 $x \to c^-$ 或 $x \to c^+$ 代替也成立。

例題 7 求 $\lim\limits_{x \to \infty} \dfrac{x}{2x^2-1}$。

解 $\lim\limits_{x \to \infty} \dfrac{x}{2x^2-1} = \lim\limits_{x \to \infty} \dfrac{\dfrac{x}{x}}{\dfrac{2x^2-1}{x}} = \lim\limits_{x \to \infty} \dfrac{1}{2x-\dfrac{1}{x}}$

$= \dfrac{1}{\infty - 0} = \dfrac{1}{\infty} = 0$

例題 8 求 $\lim\limits_{x \to -\infty} \dfrac{3x^2+x}{x^2+1}$。

解 $\lim\limits_{x \to -\infty} \dfrac{3x^2+x}{x^2+1} = \lim\limits_{x \to -\infty} \dfrac{\dfrac{3x^2+x}{x^2}}{\dfrac{x^2+1}{x^2}} = \lim\limits_{x \to -\infty} \dfrac{3+\dfrac{1}{x}}{1+\dfrac{1}{x^2}}$

$= \dfrac{3+0}{1+0} = 3$

例題 9 已知 $\lim\limits_{x \to \infty}(\sqrt{4x^2-2x+1}-ax-b)=0$，求 a、b 之值。

解 $\lim\limits_{x \to \infty}(\sqrt{4x^2-2x+1}-ax-b)=0$

$\Rightarrow \lim\limits_{x \to \infty} \dfrac{\sqrt{4x^2-2x+1}-ax-b}{x}=0$

$\Rightarrow \lim\limits_{x \to \infty}\left(\dfrac{\sqrt{4x^2-2x+1}}{x}-a-\dfrac{b}{x}\right)=0$

即 $a = \lim\limits_{x \to \infty}\dfrac{\sqrt{4x^2-2x+1}}{x} = \lim\limits_{x \to \infty}\sqrt{\dfrac{4x^2-2x+1}{x^2}}$

$= \lim\limits_{x \to \infty}\sqrt{4-\dfrac{2}{x}+\dfrac{1}{x^2}} = \sqrt{4-0+0} = 2$

$b = \lim\limits_{x \to \infty}(\sqrt{4x^2-2x+1}-2x)$

$= \lim\limits_{x \to \infty}\dfrac{(\sqrt{4x^2-2x+1}-2x)(\sqrt{4x^2-2x+1}+2x)}{\sqrt{4x^2-2x+1}+2x}$

$= \lim\limits_{x \to \infty}\dfrac{(4x^2-2x+1)-4x^2}{\sqrt{4x^2-2x+1}+2x} = \lim\limits_{x \to \infty}\dfrac{-2x+1}{\sqrt{4x^2-2x+1}+2x}$

$= \lim\limits_{x \to \infty}\dfrac{-2+\dfrac{1}{x}}{\sqrt{4-\dfrac{2}{x}+\dfrac{1}{x^2}}+2} = \dfrac{-2+0}{\sqrt{4-0+0}+2} = -\dfrac{1}{2}$

定義 2.6　函數圖形的水平漸近線

(1) $\lim_{x \to \infty} f(x) = L$　　　　　　(2) $\lim_{x \to -\infty} f(x) = L$

以上任一式成立，則稱直線 $y = L$ 為函數 f 圖形上的**水平漸近線** (horizontal asymptote)。

圖 2.9 的函數 f 之圖形均以直線 $y = L$ 為其水平漸近線。

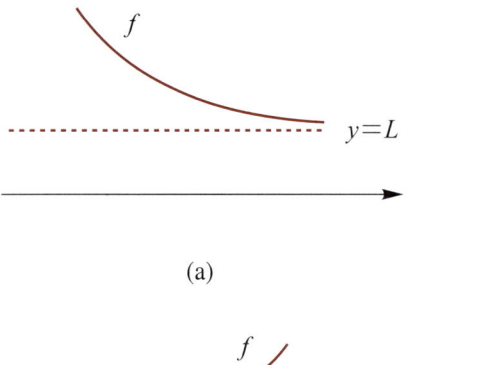

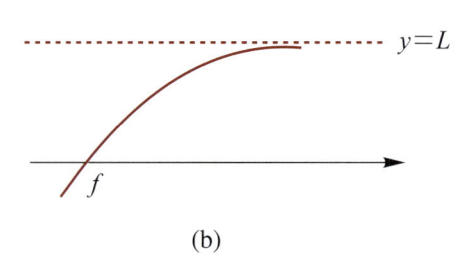

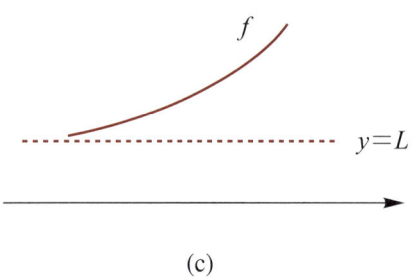

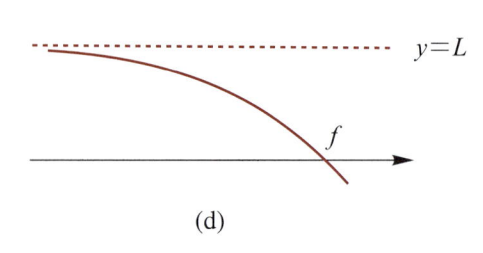

(a)　　　　　　　　　　(b)

(c)　　　　　　　　　　(d)

圖 2.9

例題 10　求 $f(x) = \dfrac{4x+2}{2x}$ 圖形之水平漸近線。

解　由 $\lim_{x \to \infty} \dfrac{4x+2}{2x} = \lim_{x \to \infty} \dfrac{4 + \dfrac{2}{x}}{2} = \dfrac{4+0}{2} = 2$

且 $\lim_{x \to -\infty} \dfrac{4x+2}{2x} = 2$

故 $y = 2$ 為 f 圖形之水平漸近線。

例題 11　求 $f(x) = \dfrac{2x-1}{x^2+x+2}$ 圖形之水平漸近線。

解 由 $\lim\limits_{x\to\infty} \dfrac{2x-1}{x^2+x+2} = \lim\limits_{x\to\infty} \dfrac{2-\dfrac{1}{x}}{x+1+\dfrac{2}{x}} = \dfrac{2-0}{\infty+1+0} = \dfrac{2}{\infty} = 0$

且 $\lim\limits_{x\to-\infty} \dfrac{2x-1}{x^2+x+2} = 0$

故 $y = 0$ 為 f 圖形之水平漸近線。

定義 2.7　函數圖形的斜漸近線

(1) $\lim\limits_{x\to\infty} [f(x)-(mx+b)] = 0$

(2) $\lim\limits_{x\to-\infty} [f(x)-(mx+b)] = 0 \quad (m \neq 0)$

以上任一式成立，則稱直線 $y = mx + b$ 為函數 f 圖形上的**斜漸近線** (oblique asymptote)。

圖 2.10 的函數 f 之圖形均以直線 $y = mx + b$ 為其斜漸近線。

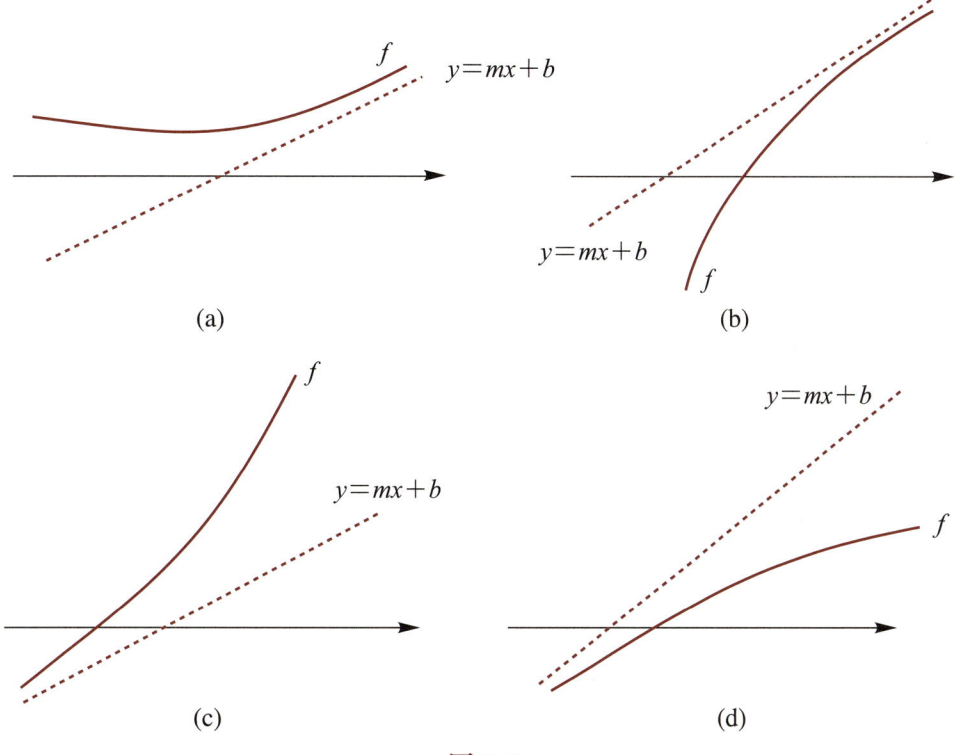

(a)　(b)　(c)　(d)

圖 2.10

例題 12 求 $f(x) = \dfrac{3x^2 - 2x + 1}{x + 1}$ 圖形之斜漸近線。

解 $\because f(x) = 3x - 5 + \dfrac{6}{x+1}$

由 $\lim\limits_{x \to \infty} [f(x) - (3x-5)] = \lim\limits_{x \to \infty} \dfrac{6}{x+1} = 0$

可得 $y = 3x - 5$ 為 f 圖形之斜漸近線。

例題 13 求 $f(x) = \sqrt{4x^2 + 3x + 5}$ 圖形之斜漸近線。

解 $m_1 = \lim\limits_{x \to \infty} \dfrac{f(x)}{x} = \lim\limits_{x \to \infty} \dfrac{\sqrt{4x^2 + 3x + 5}}{x} = \lim\limits_{x \to \infty} \sqrt{\dfrac{4x^2 + 3x + 5}{x^2}}$

$\qquad = \lim\limits_{x \to \infty} \sqrt{4 + \dfrac{3}{x} + \dfrac{5}{x^2}} = 2$

$b_1 = \lim\limits_{x \to \infty} [f(x) - m_1 x] = \lim\limits_{x \to \infty} (\sqrt{4x^2 + 3x + 5} - 2x)$

$\qquad = \lim\limits_{x \to \infty} \dfrac{(\sqrt{4x^2 + 3x + 5} - 2x)(\sqrt{4x^2 + 3x + 5} + 2x)}{\sqrt{4x^2 + 3x + 5} + 2x}$

$\qquad = \lim\limits_{x \to \infty} \dfrac{3x + 5}{\sqrt{4x^2 + 3x + 5} + 2x} = \lim\limits_{x \to \infty} \dfrac{3 + \dfrac{5}{x}}{\sqrt{4 + \dfrac{3}{x} + \dfrac{5}{x^2}} + 2}$

$\qquad = \dfrac{3}{\sqrt{4} + 2} = \dfrac{3}{4}$

$\therefore y = 2x + \dfrac{3}{4}$ 為 f 圖形之斜漸近線。

$m_2 = \lim\limits_{x \to -\infty} \dfrac{f(x)}{x} = \lim\limits_{x \to -\infty} \dfrac{\sqrt{4x^2 + 3x + 5}}{x} = \lim\limits_{x \to -\infty} -\sqrt{\dfrac{4x^2 + 3x + 5}{x^2}}$

$\qquad = \lim\limits_{x \to -\infty} -\sqrt{4 + \dfrac{3}{x} + \dfrac{5}{x^2}} = -2$

$b_2 = \lim\limits_{x \to -\infty} [f(x) - m_2 x] = \lim\limits_{x \to -\infty} (\sqrt{4x^2 + 3x + 5} + 2x)$

$\qquad = \lim\limits_{x \to -\infty} \dfrac{(\sqrt{4x^2 + 3x + 5} + 2x)(\sqrt{4x^2 + 3x + 5} - 2x)}{\sqrt{4x^2 + 3x + 5} - 2x}$

$$= \lim_{x \to -\infty} \frac{3x+5}{\sqrt{4x^2+3x+5}-2x} = \lim_{x \to -\infty} \frac{-3-\frac{5}{x}}{\sqrt{4+\frac{3}{x}+\frac{5}{x^2}}+2}$$

$$= \frac{-3}{\sqrt{4}+2} = -\frac{3}{4}$$

∴ $y = -2x - \frac{3}{4}$ 亦為 f 圖形之斜漸近線。

習題 2.3

求 1～10 題之極限值。

1. $\displaystyle\lim_{x \to -\infty} \frac{3x-4}{x^2+5x+6}$

2. $\displaystyle\lim_{x \to \infty} \frac{2x^3+x-1}{x^3+4x^2+x}$

3. $\displaystyle\lim_{x \to \infty} \frac{(2x+3)(3x-1)}{(x-2)(2x-1)}$

4. $\displaystyle\lim_{x \to -\infty} \frac{\sqrt[3]{x}}{3x+7}$

5. $\displaystyle\lim_{x \to \infty} \frac{\sqrt{x^2+5x+1}}{x}$

6. $\displaystyle\lim_{x \to -\infty} \frac{\sqrt{9x^2+3x-7}}{4x+9}$

7. $\displaystyle\lim_{x \to \infty} (2x - \sqrt{4x^2+x-1})$

8. $\displaystyle\lim_{x \to -\infty} (x + \sqrt{x^2+2x-1})$

9. $\displaystyle\lim_{x \to \infty} \frac{x}{[\![x]\!]}$

10. $\displaystyle\lim_{x \to \infty} \frac{6x+7}{[\![2x]\!]+3}$

求 11～16 題函數圖形之所有漸近線。

11. $f(x) = \dfrac{2x^2+3}{x^2+x-2}$

12. $f(x) = \dfrac{5x}{3x^2+1}$

13. $f(x) = \dfrac{x}{2x+1}$

14. $f(x) = \dfrac{6x^2+4x+1}{3x-1}$

15. $f(x) = \dfrac{x^3+x+1}{x^2-1}$

16. $f(x) = \sqrt{9x^2+7x-4}$

17. 已知 $\displaystyle\lim_{x \to \infty} (\sqrt{9x^2+5x+4} - ax - b) = 0$，求 a、b 之值。

2.4 連續

所謂**連續函數**，即為一筆畫可以畫出其圖形。但是並非所有函數之圖形均可一筆畫完成，如圖 2.11。

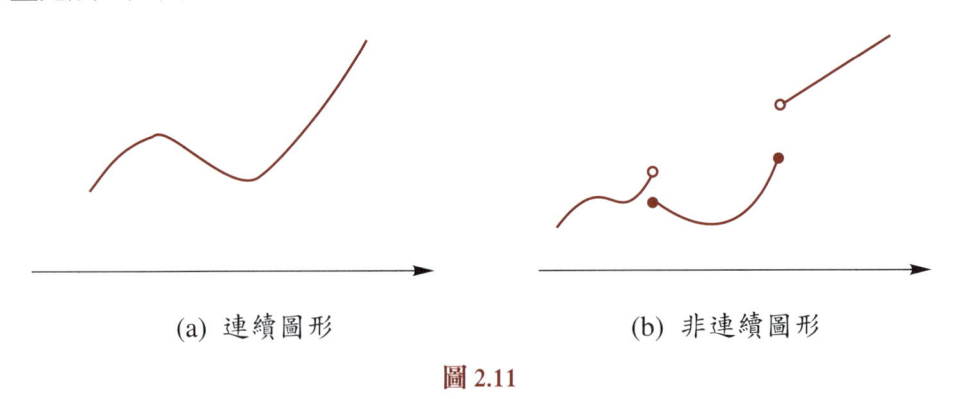

(a) 連續圖形　　　　　　(b) 非連續圖形

圖 2.11

不連續函數為其定義域中至少有一點不連續，以下為函數在某一點連續的定義。

定義 2.8

若 (1) $f(c)$ 有定義，(2) $\lim\limits_{x \to c} f(x)$ 存在，(3) $\lim\limits_{x \to c} f(x) = f(c)$，則稱 **$f$ 在 c 處連續** (continuous)。

圖 2.12 為 f 在 c 處不連續的情形。

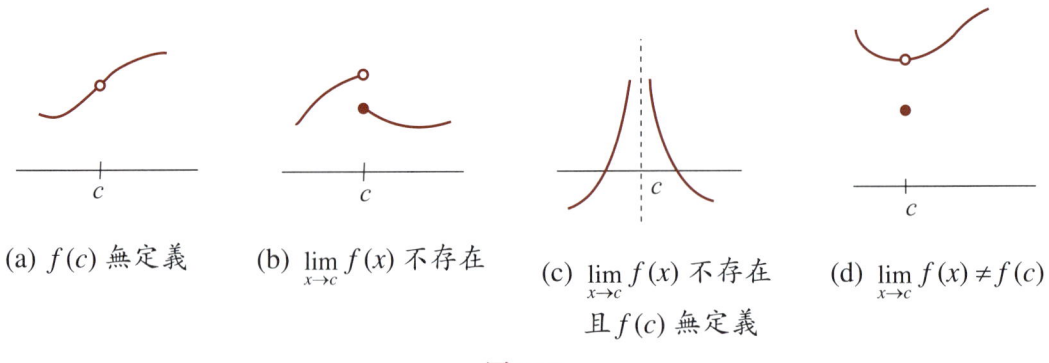

(a) $f(c)$ 無定義　　(b) $\lim\limits_{x \to c} f(x)$ 不存在　　(c) $\lim\limits_{x \to c} f(x)$ 不存在 且 $f(c)$ 無定義　　(d) $\lim\limits_{x \to c} f(x) \neq f(c)$

圖 2.12

定理 2.6

(1) 多項函數在每一實數點均連續。
(2) 有理函數在除了使分母為 0 之點以外的所有點均連續。

例題 1 指出下列各函數在何處連續。

(1) $f(x) = 4x^3 + 5x^2 + 3x + 2$ (2) $g(x) = \dfrac{5x+8}{x^2-x}$ (3) $h(x) = \dfrac{4x-7}{5x^2+2}$

解 (1) $f(x)$ 為三次多項函數，在任何實數點均連續。
(2) 令 $g(x)$ 之分母 $x^2 - x = 0 \Rightarrow x = 0$ 或 1，故 $g(x)$ 在除了 0 與 1 之外的實數點均連續。
(3) $h(x)$ 之分母 $5x^2 + 2$ 恆正，故 $h(x)$ 在任何實數點均連續。

定理 2.7

絕對值函數在每一實數點均連續。

定理 2.8

若 f、g 均在 c 處連續，則 kf、$f+g$、$f-g$、$f \cdot g$、$\dfrac{f}{g}$（$g(c) \neq 0$）、f^n 及 $\sqrt[n]{f}$（若 n 為偶數，必須 $f(c) \geq 0$）均在 c 處連續。

例題 2 $F(x) = \dfrac{\sqrt{x} - \sqrt[3]{x}}{x^2 + |x|}$ 在何處連續？

解 ∵ F 在分母為 0 處不連續，∴ $x \neq 0$。又開偶次方根內的數不可為負數，∴ $x \geq 0$。又 $\sqrt[3]{x}$、x^2、$|x|$ 在任何實數處均連續（根據定理 2.6、2.7 及 2.8）。綜合上述，F 在每一正實數處均連續。

定理 2.9

若 g 在 c 處連續且 f 在 $g(c)$ 處連續，則合成函數 $f \circ g$ 在 c 處連續。

例題 3 $f(x) = |4x^2 + x - 2|$ 及 $g(x) = \sqrt{x^2 - 4}$ 分別在何處連續？

解 令 $f_1(x) = |x|$，$f_2(x) = 4x^2 + x - 2$，則 $f = f_1 \circ f_2$

∵ f_1、f_2 在每一實數處均連續，根據定理 2.9，f 在每一實數處連續。

令 $g_1(x) = \sqrt{x}$，$g_2(x) = x^2 - 4$，則 $g = g_1 \circ g_2$

∵ g_2 在任何實數處連續，g_1 在正實數處連續，設 g_2 在 c 處連續而 g_1 在 $g_2(c)$ 處連續，又 $g_2(c) = c^2 - 4$

∴ $c^2 - 4 > 0 \Rightarrow c < -2$ 或 $c > 2$

故 g 在 $(-\infty, -2) \cup (2, \infty)$ 連續。

定義 2.9

(1) 若 $\lim\limits_{x \to c^-} f(x) = f(c)$，則稱 f 在 c 處**左連續**。

(2) 若 $\lim\limits_{x \to c^+} f(x) = f(c)$，則稱 f 在 c 處**右連續**。

當 f 在 c 處是左連續又是右連續，則稱 **f 在 c 處連續**。

(3) 若 f 在開區間 (a, b) 內每一點均連續，稱為 **f 在開區間 (a, b) 連續**。

(4) 若 f 在開區間 (a, b) 連續且在 a 右連續，在 b 左連續，則稱 **f 在閉區間 $[a, b]$ 連續**。

定理 2.10　中間值定理 (Intermediate Theorem)

若 f 在 $[a, b]$ 連續且 $f(a) \neq f(b)$，則對於任意介於 $f(a)$、$f(b)$ 之間的數 w，在 a、b 之間至少有一數 c 滿足 $f(c) = w$。（參見圖 2.13）

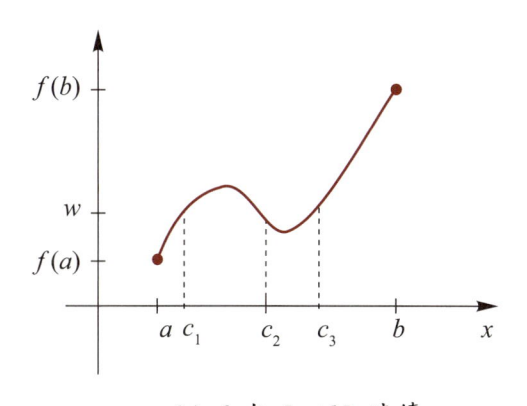

(a) f 在 $[a, b]$ 連續
中間值定理成立

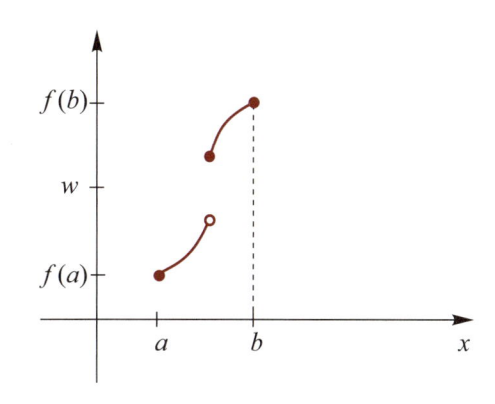

(b) f 在 $[a, b]$ 不連續
中間值定理不成立

圖 2.13

以下的勘根定理為中間值定理的特例。

定理 2.11　勘根定理

若 f 在 $[a, b]$ 連續，且 $f(a)f(b) < 0$，則至少有一個 $c \in (a, b)$ 滿足 $f(c) = 0$。（即 c 為 $f(x) = 0$ 之一根）

例題 4　利用勘根定理證明 $x^4 - 5x + 3 = 0$ 在 $(0, 1)$ 至少有一解。

解　設 $f(x) = x^4 - 5x + 3$，因 f 為多項函數，故 f 為連續函數，因此 f 在 $[0, 1]$ 連續。

又 $f(0) = 3 > 0$，$f(1) = -1 < 0$

由勘根定理可得至少有一個 $c \in (0, 1)$ 滿足 $c^4 - 5c + 3 = 0$，即 $x^4 - 5x + 3 = 0$ 在 $(0, 1)$ 至少有一解。

習題 2.4

1. 判斷下列各圖何者為連續圖形？若非連續圖形，指出在哪些點不連續。

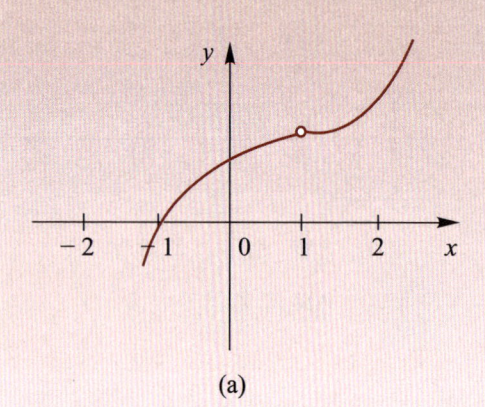

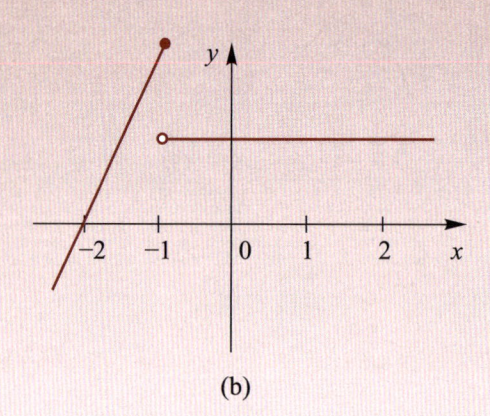

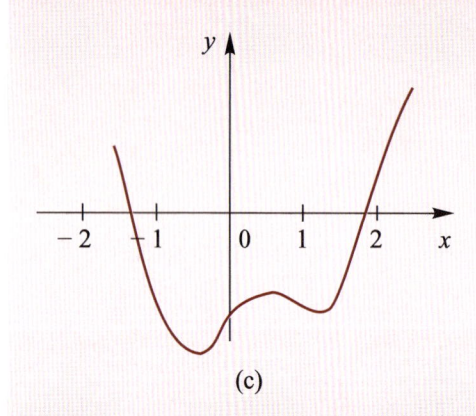

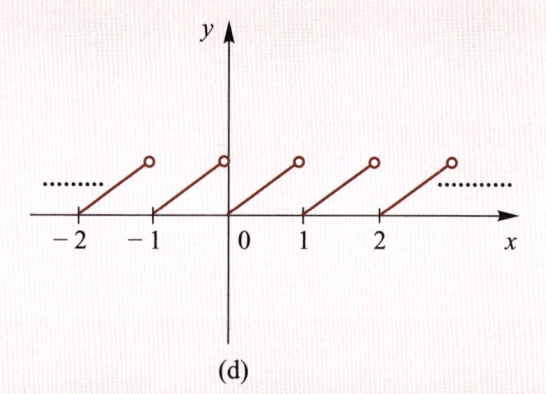

(a)

(b)

(c)

(d)

判斷 2～11 題之函數是否在任何實數點均連續？若否，則指出不連續的點。

2. $f(x) = 5x^3 + 8x^2 - x - 7$

3. $f(x) = \dfrac{2x}{4x^2 + 1}$

4. $f(x) = \dfrac{3x+5}{x^2 - x - 2}$

5. $f(x) = \sqrt{1 - x^2}$

6. $f(x) = \sqrt[3]{x + 2}$

7. $f(x) = \dfrac{|x|}{x}$

8. $f(x) = \dfrac{|x - 1|}{|x| - 1}$

9. $f(x) = (4x + 2)^7$

10. $f(x) = \left\lbrack\!\!\left\lbrack \dfrac{x}{2} \right\rbrack\!\!\right\rbrack$, $0 < x < 6$

11. $f(x) = \begin{cases} x^2 - 2, & x \leq 0 \\ x, & 0 < x \leq 1 \\ 4 - 3x, & x > 1 \end{cases}$

12. 若 $f(x)=\begin{cases} 2x+1, & x<1 \\ ax+b, & 1\leq x<2 \\ x^2+1, & x\geq 2 \end{cases}$ 為連續函數，求 a、b 之值。

13. $f(x)=\begin{cases} \dfrac{x^2-2x-3}{x-3}, & x\neq 3 \\ 5, & x=3 \end{cases}$，在 $x=3$ 處是否連續，若否，試重新定義 $f(3)$ 之值使其連續。

14. 試證：$2x^3+x-5=0$ 在 $(1, 2)$ 有解。

第三章

微分法則及其應用

何謂**導數**？導數是用來衡量函數變化的速度。隨著 x 的變化，y 相對應變化的情形，也就是**斜率**。本章將先介紹導數的定義，如何藉由微分法則求取高階導數，利用導數正負的轉換判斷函數圖形的變化，進而畫出函數的圖形。最後是導數的應用。

3.1　導函數

藉由通過函數曲線上一點 P 之切線斜率問題，介紹導函數之觀念及定義。

直線斜率

設 $y = f(x)$ 當 x 由 c 移動至 $c+h$，則 x 變動 h，定義 x 之變動為 Δx。而當 x 由 c 移動至 $c+h$，則 y 相對應的變動 $f(c+h) - f(c)$，定義 y 之變動為 Δy。通過 $P(c, f(c))$、$Q(c+h, f(c+h))$ 兩點所連結成的直線之斜率為

$$m_{\overleftrightarrow{PQ}} = \frac{\Delta y}{\Delta x} = \frac{f(c+h) - f(c)}{h}$$

切線斜率

欲求通過函數曲線 $y = f(x)$ 上一點 $P(c, f(c))$ 之切線斜率。將 Q 點逐漸往 P 點移動，則 P、Q 兩點所連結的直線之斜率會越來越接近通過 P 點的切線之斜率，

如圖 3.1 所示。令切線的斜率為 m，則

$$m = \lim_{Q \to P} m_{\overleftrightarrow{PQ}} = \lim_{h \to 0} \frac{f(c+h) - f(c)}{h}$$

如欲求出通過函數曲線 $f(x) = x^2$ 上一點 $(2, 4)$ 之切線斜率，則

$$m = \lim_{h \to 0} \frac{f(2+h) - f(2)}{h} = \lim_{h \to 0} \frac{(2+h)^2 - 2^2}{h}$$

$$= \lim_{h \to 0} \frac{(2+h+2)(2+h-2)}{h} = \lim_{h \to 0} (4+h) = 4$$

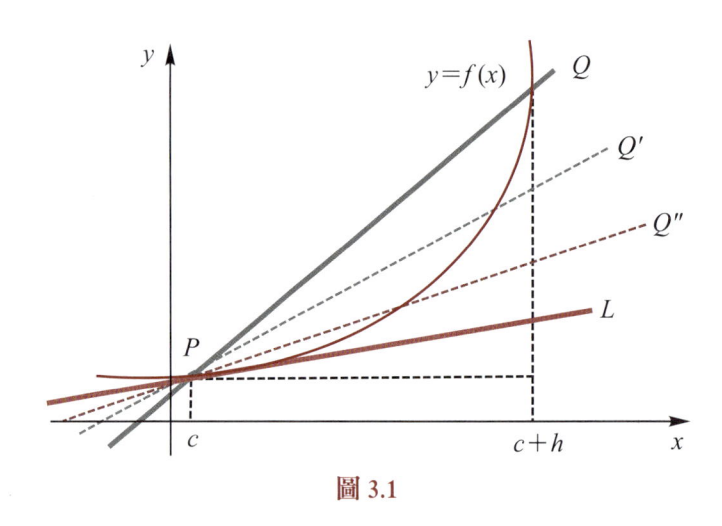

圖 3.1

平均速度與瞬間速度

假設函數 $y = f(x)$ 表示物體在時間 x 所在的位置 y。經過點 $(x_1, f(x_1))$ 及 $(x_2, f(x_2))$ 之直線的斜率即表示此時間區間物體之平均速度，其中 $x_1 \neq x_2$。經過點 $(x, f(x))$ 之切線之斜率即表示該時間點物體之瞬間速度。

例題 1 一物體沿著水平線移動，函數 $s(t) = t^3 - 12t^2 + 36t - 30$，表示在時間 t（分鐘）時物體的位置。試問：

(1) 在 2～10 分鐘內，該物體的平均速度。

(2) 在 2 分鐘時的瞬間速度。

解 (1) $m_{[2, 10]} = \dfrac{\Delta y}{\Delta x} = \dfrac{s(10) - s(2)}{10 - 2} = \dfrac{130 - 2}{8} = 16$

(2) $m_2 = \lim\limits_{h \to 0} \dfrac{s(2+h) - s(2)}{h}$

$= \lim\limits_{h \to 0} \dfrac{[(2+h)^3 - 12(2+h)^2 + 36(2+h) - 30] - 2}{h}$

$= \lim\limits_{h \to 0} \dfrac{h^3 - 6h^2}{h} = \lim\limits_{h \to 0} (h^2 - 6h) = 0$

定義 3.1　導數

函數 $f(x)$ 在 $x = c$ 的**導數** (derivative)，記為 $f'(c)$，定義如下：

$$f'(c) = \lim\limits_{h \to 0} \dfrac{f(c+h) - f(c)}{h}$$

或

$$f'(c) = \lim\limits_{x \to c} \dfrac{f(x) - f(c)}{x - c}$$

若上述極限存在，則稱函數 f 在 c 處為**可微分** (differentiable)。$f'(c)$ 亦為曲線 $f(x)$ 在 $(c, f(c))$ 之切線斜率。求函數導數的過程則稱為**微分** (differentiation)。

例題 2　令 $f(x) = 12x - 5$，求 $f'(3)$。

解　$f'(3) = \lim\limits_{h \to 0} \dfrac{f(3+h) - f(3)}{h} = \lim\limits_{h \to 0} \dfrac{[12 \cdot (3+h) - 5] - [12 \cdot 3 - 5]}{h}$

$= \lim\limits_{h \to 0} \dfrac{12h}{h} = \lim\limits_{h \to 0} 12 = 12$

例題 3　求曲線 $f(x) = \dfrac{1}{x^3}$ 在點 $(1, 1)$ 之切線方程式。

解　直線方程式為 $y = mx + b$，其中 m 為斜率，b 為 y 截距。切線的斜率即為函數在該點之導數，故 $m = f'(1)$。m 計算出來後，再計算 b。

$f'(1) = \lim\limits_{h \to 0} \dfrac{f(1+h) - f(1)}{h} = \lim\limits_{h \to 0} \dfrac{\dfrac{1}{(1+h)^3} - 1}{h}$

$= \lim\limits_{h \to 0} \dfrac{1 - (1+h)^3}{h(1+h)^3} = \lim\limits_{h \to 0} \dfrac{-(3 + 3h + h^2)}{(1+h)^3} = -3$

$y = f'(1)x + b = -3x + b$,代入 $(1, 1)$,得 $b = 4$,

在點 $(1, 1)$ 之切線方程式為 $y = -3x + 4$。

定義 3.2 導函數

函數 $f(x)$ 的導函數,記為 $f'(x)$,定義如下:

$$f'(x) = \lim_{h \to 0} \frac{f(x+h) - f(x)}{h}$$

例題 4 令 $f(x) = \dfrac{1}{x}$,求 $f'(x)$。

解 $f'(x) = \lim\limits_{h \to 0} \dfrac{f(x+h) - f(x)}{h} = \lim\limits_{h \to 0} \dfrac{\dfrac{1}{x+h} - \dfrac{1}{x}}{h} = \lim\limits_{h \to 0} \dfrac{1}{h}\left[\dfrac{x - (x+h)}{(x+h)x}\right]$

$= \lim\limits_{h \to 0} \dfrac{1}{h}\left[\dfrac{-h}{(x+h)x}\right] = \lim\limits_{h \to 0} \dfrac{-1}{x(x+h)} = -\dfrac{1}{x^2}$

例題 5 令 $f(x) = \sqrt{x}$,求 $f'(x)$。

解 $f'(x) = \lim\limits_{h \to 0} \dfrac{f(x+h) - f(x)}{h} = \lim\limits_{h \to 0} \dfrac{\sqrt{x+h} - \sqrt{x}}{h}$

$= \lim\limits_{h \to 0} \dfrac{(\sqrt{x+h} - \sqrt{x})}{h} \cdot \dfrac{(\sqrt{x+h} + \sqrt{x})}{(\sqrt{x+h} + \sqrt{x})}$

$= \lim\limits_{h \to 0} \dfrac{1}{h}\left[\dfrac{h}{\sqrt{x+h} + \sqrt{x}}\right] = \lim\limits_{h \to 0} \dfrac{1}{\sqrt{x+h} + \sqrt{x}} = \dfrac{1}{2\sqrt{x}}$

定理 3.1

若函數 f 在 c 處可微分(表示 $f'(c)$ 存在),則 f 在 c 為連續。

即 $f'(c) = \lim\limits_{x \to c} \dfrac{f(x) - f(c)}{x - c}$ 存在,則 $\lim\limits_{x \to c} f(x) = f(c)$。

證明 $\because f(x)=f(c)+\dfrac{f(x)-f(c)}{x-c}\cdot(x-c)$

$\therefore \lim\limits_{x\to c}f(x)=\lim\limits_{x\to c}\left[f(c)+\dfrac{f(x)-f(c)}{x-c}\cdot(x-c)\right]$

$\qquad\qquad\quad=\lim\limits_{x\to c}f(c)+\left[\lim\limits_{x\to c}\dfrac{f(x)-f(c)}{x-c}\right]\cdot\left[\lim\limits_{x\to c}(x-c)\right]$（$\because f$ 在 c 處可微）

$\qquad\qquad\quad=f(c)+f'(c)\cdot 0 = f(c)$

但函數 f 在 $x=c$ 連續，不代表 f 在 c 處可微分，表示 $\lim\limits_{x\to c}f(x)=f(c)$ 不能推導至 $f'(c)=\lim\limits_{x\to c}\dfrac{f(x)-f(c)}{x-c}$ 存在。

例題 6 試證函數 $f(x)=|x|$ 在 $x=0$ 為連續但不可微。

解 因為 $\lim\limits_{x\to 0}f(x)=\lim\limits_{x\to 0}|x|=\lim\limits_{x\to 0}\sqrt{x^2}=\sqrt{\lim\limits_{x\to 0}x^2}=0=f(0)$，故 $f(x)$ 在 $x=0$ 連續。

藉由 $f'(0)$ 存在與否判斷 $f(x)$ 在 $x=0$ 是否可微分。

$$f'(0)=\lim\limits_{h\to 0}\dfrac{f(0+h)-f(0)}{h}=\lim\limits_{h\to 0}\dfrac{|h|}{h}$$

$$\lim\limits_{h\to 0^-}\dfrac{|h|}{h}=\lim\limits_{h\to 0^-}\dfrac{-h}{h}=-1,\ \lim\limits_{h\to 0^+}\dfrac{|h|}{h}=\lim\limits_{h\to 0^+}\dfrac{h}{h}=1$$

因為 $\lim\limits_{h\to 0^-}\dfrac{|h|}{h}\neq\lim\limits_{h\to 0^+}\dfrac{|h|}{h}$，故 $\lim\limits_{h\to 0}\dfrac{|h|}{h}$ 不存在，表示 $f(x)$ 在 0 處不可微。

由上例可知，函數定義域內的連續的點不一定可微分。另外，我們可藉由函數圖形的變化，判斷函數在何處是不可微分。由圖 3.2 所示，如函數圖形在判斷在 A 點有轉角，在 B 點不連續，在 C 點有垂直切線，則函數在該處為不可微分。

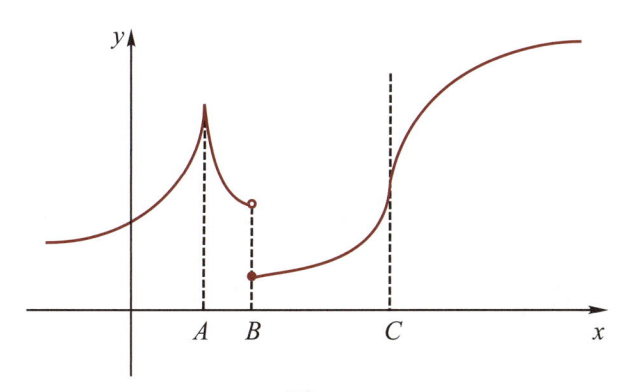

圖 3.2

增量

當 x 由 x_1 移動至 x_2，則 x 變動 $x_2 - x_1$，我們稱此變動為 x 的增量 (increments)，定義符號為 Δx。而當 x 由 x_1 移動至 x_2，則 y 相對應的變動 $f(x_2) - f(x_1)$，我們稱此變動為 y 的增量，定義符號為 Δy。如圖 3.3 所示。

例題 7 令 $y = f(x) = 1 - x^3$。當 x 由 0.2 移動至 1.4 時，$\Delta y = $？

解 $\Delta y = f(1.4) - f(0.2) = (1 - 1.4^3) - (1 - 0.2^3) = -2.736$。

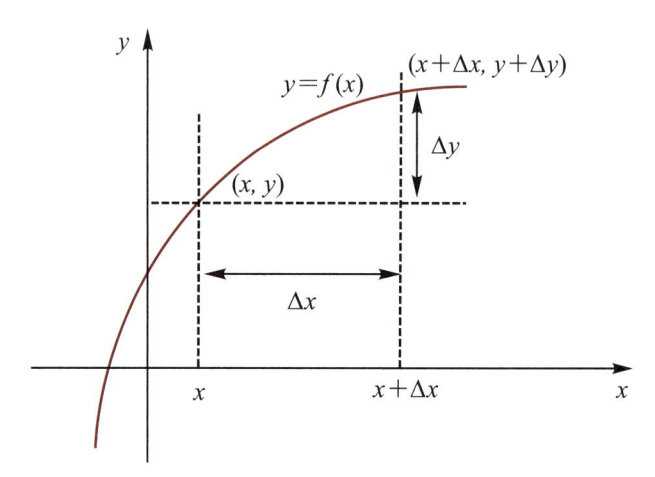

圖 3.3

常見的微分表示法：$f'(x)$、y'、$\dfrac{dy}{dx}$（萊布尼茲符號表示）及 $D_x f(x)$，其中 $\dfrac{d}{dx}$ 和 D_x 的意義相同。

$$\Delta y = f(x + \Delta x) - f(x), \quad \frac{\Delta y}{\Delta x} = \frac{f(x + \Delta x) - f(x)}{\Delta x}$$

$$\frac{dy}{dx} = \lim_{\Delta x \to 0} \frac{\Delta y}{\Delta x} = \lim_{\Delta x \to 0} \frac{f(x + \Delta x) - f(x)}{\Delta x} = f'(x)$$

習題 3.1

1～4 題，利用導數的定義 $f'(a) = \lim\limits_{h \to 0} \dfrac{f(a+h) - f(a)}{h}$，求下列函數的導數。

1. $f(x) = x^2$，求 $f'(0)$。

2. $f(x) = 2x + 3$,求 $f'(2)$。
3. $f(x) = ax^2 + bx + c$,其中 a、b 及 c 為常數,求 $f'(1)$。
4. $f(x) = \dfrac{1}{x}$,求 $f'(3)$。

5～8 題,利用導函數的定義 $f'(x) = \lim\limits_{h \to 0} \dfrac{f(x+h) - f(x)}{h}$,求 $f'(x)$。

5. $f(x) = x^3 + 1$
6. $f(x) = \dfrac{1}{x+1}$
7. $f(x) = ax + b$,其中 a、b 為常數。
8. $f(x) = \dfrac{1}{\sqrt{x-2}}$
9. 若 $f(x) = \begin{cases} x^2 + 3, & x \leq 2 \\ 4x, & x > 2 \end{cases}$,試問 f 在 2 處時是否可以微分?
10. 若 $f(x) = \begin{cases} -x^2 + 4, & x \leq 1 \\ x^2 + 2, & x > 1 \end{cases}$,試問 f 在 1 處時是否連續?是否可以微分?
11. 若 $f(x) = \begin{cases} ax + b, & x \leq 1 \\ x^2 + 1, & x > 1 \end{cases}$,試問 f 在 1 處時可以微分,求 a 與 b 之值。

3.2 求導函數的法則

在求函數的導函數時,若依照導函數的定義推導,過程會相當繁雜。故在本節中,我們將介紹一些法則,藉由這些法則的結果,可推導出函數的導函數。

定理 3.2

若 $f(x) = k$,其中 k 為一常數,則此函數的導函數

$$f'(x) = 0 \ ((k)' = 0 \quad \text{或} \quad \dfrac{d}{dx}(k) = 0)$$

證明 $f'(x) = \lim\limits_{h \to 0} \dfrac{f(x+h) - f(x)}{h} = \lim\limits_{h \to 0} \dfrac{k - k}{h} = \lim\limits_{h \to 0} 0 = 0$。

定理 3.3

若 $f(x)=x$，則此函數的導函數

$$f'(x)=1 \ ((x)'=1 \quad 或 \quad \frac{d}{dx}(x)=1)$$

證明 $f'(x)=\lim_{h\to 0}\frac{f(x+h)-f(x)}{h}=\lim_{h\to 0}\frac{x+h-x}{h}=\lim_{h\to 0}1=1$。

為推導冪函數的微分結果，我們先介紹二項展開式。此結果在定理 3.4 的證明中會用到。

$$(a+b)^2=a^2+2ab+b^2$$
$$(a+b)^3=a^3+3a^2b+3ab^2+b^3$$
$$(a+b)^4=a^4+4a^3b+6a^2b^2+4ab^3+b^4$$
$$\vdots$$
$$(a+b)^n=a^n+na^{n-1}b+\frac{n(n-1)}{2}a^{n-2}b^2+\cdots+nab^{n-1}+b^n$$

定理 3.4

冪函數 $f(x)=x^n$，其中 n 為一正整數，則

$$f'(x)=nx^{n-1} \ ((x^n)'=nx^{n-1} \quad 或 \quad \frac{d}{dx}(x^n)=nx^{n-1})$$

證明 $f'(x)=\lim_{h\to 0}\frac{f(x+h)-f(x)}{h}=\lim_{h\to 0}\frac{(x+h)^n-x^n}{h}$

$$=\lim_{h\to 0}\frac{x^n+nx^{n-1}h+\frac{n(n-1)}{2}x^{n-2}h^2+\cdots+nxh^{n-1}+h^n-x^n}{h}$$

$$=\lim_{h\to 0}\frac{h\left[nx^{n-1}+\frac{n(n-1)}{2}x^{n-2}h+\cdots+nxh^{n-2}+h^{n-1}\right]}{h}$$

$$=\lim_{h\to 0}\left[nx^{n-1}+\frac{n(n-1)}{2}x^{n-2}h+\cdots+nxh^{n-2}+h^{n-1}\right]=nx^{n-1}$$

註：此法則之 n 亦可推廣至一實數，證明超出目前所學範圍，故省略之。

例題 1 $\dfrac{d}{dx}(x^5) = 5x^{5-1} = 5x^4$，$\dfrac{d}{dx}(x^8) = 8x^{8-1} = 8x^7$，$\dfrac{d}{dx}(x^{12}) = 12x^{12-1} = 12x^{11}$。

定理 3.5

若 k 為一常數且 f 為一可微分的函數，則

$$[kf(x)]' = kf'(x) \quad \text{或} \quad \dfrac{d}{dx}[kf(x)] = k\dfrac{d}{dx}f(x)$$

證明 令 $F(x) = kf(x)$

$$F'(x) = \lim_{h \to 0} \dfrac{F(x+h) - F(x)}{h} = \lim_{h \to 0} \dfrac{kf(x+h) - kf(x)}{h}$$

$$= \lim_{h \to 0} k\dfrac{f(x+h) - f(x)}{h} = k\left[\lim_{h \to 0} \dfrac{f(x+h) - f(x)}{h}\right] = kf'(x)$$

例題 2
(1) $\dfrac{d}{dx}(-5x^3) = -5\dfrac{d}{dx}(x^3) = -5(3x^2) = -15x^2$

(2) $\dfrac{d}{dx}\left(\dfrac{5}{7}x^{11}\right) = \dfrac{5}{7}\dfrac{d}{dx}(x^{11}) = \dfrac{5}{7}(11x^{10}) = \dfrac{55}{7}x^{10}$

定理 3.6

若 f 及 g 皆為可微分函數，則

(1) $(f+g)'(x) = f'(x) + g'(x)$ 或 $\dfrac{d}{dx}[f(x) + g(x)] = \dfrac{d}{dx}f(x) + \dfrac{d}{dx}g(x)$

(2) $(f-g)'(x) = f'(x) - g'(x)$ 或 $\dfrac{d}{dx}[f(x) - g(x)] = \dfrac{d}{dx}f(x) - \dfrac{d}{dx}g(x)$

證明 令 $F(x) = f(x) + g(x)$。

$$F'(x) = \lim_{h \to 0} \dfrac{F(x+h) - F(x)}{h} = \lim_{h \to 0} \dfrac{[f(x+h) + g(x+h)] - [f(x) + g(x)]}{h}$$

$$= \lim_{h \to 0} \left[\dfrac{f(x+h) - f(x)}{h} + \dfrac{g(x+h) - g(x)}{h}\right] = f'(x) + g'(x)$$

令 $G(x) = f(x) - g(x)$。

$$G'(x) = \lim_{h \to 0} \frac{G(x+h) - G(x)}{h} = \lim_{h \to 0} \frac{[f(x+h) - g(x+h)] - [f(x) - g(x)]}{h}$$

$$= \lim_{h \to 0} \left[\frac{f(x+h) - f(x)}{h} - \frac{g(x+h) - g(x)}{h} \right] = f'(x) - g'(x)$$

上述定理可以推廣至多個函數和的微分。若 $f_1(x)$、$f_2(x)$、$\cdots$、$f_n(x)$ 的導數皆存在，c_1、c_2、$\cdots$、c_n 為常數，則

$$[c_1 f_1(x) + \cdots + c_n f_n(x)]' = c_1 f_1'(x) + \cdots + c_n f_n'(x)$$

例題 3 求下列函數之導函數。

(1) $f(x) = 5x^3 + 3x - 1$

(2) $g(x) = 3x^5 + 2x^4 - 8x^3 + 6x + 9$

解 (1) $f'(x) = \dfrac{d}{dx}(5x^3 + 3x - 1) = 5\dfrac{d}{dx}(x^3) + 3\dfrac{d}{dx}(x) - \dfrac{d}{dx}(1)$

$= 5(3x^2) + 3(1) - 0 = 15x^2 + 3$

(2) $g'(x) = \dfrac{d}{dx}(3x^5 + 2x^4 - 8x^3 + 6x + 9)$

$= 3\dfrac{d}{dx}(x^5) + 2\dfrac{d}{dx}(x^4) - 8\dfrac{d}{dx}(x^3) + 6\dfrac{d}{dx}(x) + \dfrac{d}{dx}(9)$

$= 3(5x^4) + 2(4x^3) - 8(3x^2) + 6(1) + 0$

$= 15x^4 + 8x^3 - 24x^2 + 6$

定理 3.7

若 f 及 g 皆為可微分函數，則

$$(fg)'(x) = f'(x)g(x) + g'(x) \cdot f(x)$$

或

$$\frac{d}{dx}[f(x)g(x)] = \left[\frac{d}{dx}f(x)\right]g(x) + f(x)\left[\frac{d}{dx}g(x)\right]$$

證明 令 $F(x) = f(x)g(x)$。

$$F'(x) = \lim_{h \to 0} \frac{F(x+h) - F(x)}{h} = \lim_{h \to 0} \frac{[f(x+h)\,g(x+h)] - [f(x)\,g(x)]}{h}$$

$$= \lim_{h \to 0} \frac{[f(x+h)g(x+h) - f(x)g(x+h)] + [f(x)g(x+h) - f(x)g(x)]}{h}$$

$$= \lim_{h \to 0} \frac{[f(x+h) - f(x)]g(x+h)}{h} + \lim_{h \to 0} \frac{f(x)[g(x+h) - g(x)]}{h}$$

$$= \left[\lim_{h \to 0} \frac{f(x+h) - f(x)}{h}\right]\left[\lim_{h \to 0} g(x+h)\right] + f(x)\left[\lim_{h \to 0} \frac{g(x+h) - g(x)}{h}\right]$$

$$= f'(x)g(x) + f(x)g'(x)$$

例題 4 若 $f(x) = (2x+1)(3x+7)$,求 $f'(x) = ?$

解
$$f'(x) = \frac{d}{dx}[(2x+1)(3x+7)]$$
$$= \left[\frac{d}{dx}(2x+1)\right] \cdot (3x+7) + (2x+1)\left[\frac{d}{dx}(3x+7)\right]$$
$$= 2(3x+7) + (2x+1) \cdot 3$$
$$= 12x + 17$$

例題 5 若 $f(x) = (4x^2 - 3)(5x^4 - x^2)$,求 $f'(x) = ?$

解 方法 1
$$f'(x) = \frac{d}{dx}[(4x^2 - 3)(5x^4 - x^2)]$$
$$= \left[\frac{d}{dx}(4x^2 - 3)\right](5x^4 - x^2) + (4x^2 - 3)\left[\frac{d}{dx}(5x^4 - x^2)\right]$$
$$= 8x(5x^4 - x^2) + (4x^2 - 3)(20x^3 - 2x)$$
$$= 120x^5 - 76x^3 + 6x$$

方法 2
$$f(x) = (4x^2 - 3)(5x^4 - x^2) = 20x^6 - 19x^4 + 3x^2$$
$$f'(x) = \frac{d}{dx}(20x^6 - 19x^4 + 3x^2) = 120x^5 - 76x^3 + 6x$$

上述定理可以推廣至多個函數乘積的微分。若 $f_1(x)$、$f_2(x)$、$\cdots$、$f_n(x)$ 的導數皆存在,則

$$[f_1(x)f_2(x)\cdots f_n(x)]'$$
$$=f_1'(x)f_2(x)\cdots f_n(x)+f_1(x)f_2'(x)f_3(x)\cdots f_n(x)+\cdots+f_1(x)\cdots f_{n-1}(x)f_n'(x)$$
$$=f_1(x)\cdots f_n(x)\left[\frac{f_1'(x)}{f_1(x)}+\cdots+\frac{f'(x)}{f(x)}\right]$$

例題 6 若 $f(x)=(3x^2-2)(2x-3)(6x^3-5)$，求 $f'(x)=$?

解 $f'(x)=\left[\dfrac{d}{dx}(3x^2-2)\right](2x-3)(6x^3-5)+(3x^2-2)\left[\dfrac{d}{dx}(2x-3)\right](6x^3-5)$

$\qquad +(3x^2-2)(2x-3)\left[\dfrac{d}{dx}(6x^3-5)\right]$

$=(6x)(2x-3)(6x^3-5)+(3x^2-2)(2)(6x^3-5)+(3x^2-2)(2x-3)(18x^2)$

$=216x^5-270x^4-96x^3+18x^2+90x+20$

定理 3.8

若 f 為可微分函數，則

$$(f^n(x))'=nf^{n-1}(x)f'(x)$$

或

$$\frac{d}{dx}[f^n(x)]=nf^{n-1}(x)\frac{d}{dx}f(x)$$

證明 $[f^n(x)]'=[f(x)f(x)\cdots f(x)]'$

$\qquad =f'(x)f(x)\cdots f(x)+f(x)f'(x)f(x)\cdots f(x)+\cdots+f(x)\cdots f(x)f'(x)$

$\qquad =nf^{n-1}(x)f'(x)$

例題 7 若 $f(x)=(7x^2-2x+3)^{10}$，求 $f'(x)=$?

解 $f'(x)=\dfrac{d}{dx}(7x^2-2x+3)^{10}=10(7x^2-2x+3)^9\cdot\dfrac{d}{dx}(7x^2-2x+3)$

$\qquad =10(7x^2-2x+3)^9(14x-2)$

例題 8 若 $f(x)=(x^2-1)(2-x^2)$，求 $f'(x)=$?

解 $f'(x) = \dfrac{d}{dx}[(x^2-1)(2-x^2)]$

$= (x^2-1) \cdot \dfrac{d}{dx}(2-x^2) + \dfrac{d}{dx}(x^2-1) \cdot (2-x^2)$

$= (x^2-1) \cdot (-2x) + (2x) \cdot (2-x^2)$

$= -4x^3 + 6x$。

定理 3.9

若 f 及 g 皆為可微分函數且 $g(x) \neq 0$，則

$$\left(\dfrac{f}{g}\right)'(x) = \dfrac{g(x)f'(x) - f(x)g'(x)}{g^2(x)}$$

或

$$\dfrac{d}{dx}\left[\dfrac{f(x)}{g(x)}\right] = \dfrac{g(x)\dfrac{d}{dx}f(x) - f(x)\dfrac{d}{dx}g(x)}{g^2(x)}$$

證明 令 $F(x) = \dfrac{f(x)}{g(x)}$。

$F'(x) = \lim\limits_{h \to 0} \dfrac{F(x+h) - F(x)}{h}$

$= \lim\limits_{h \to 0} \dfrac{[f(x+h)/g(x+h)] - [f(x)/g(x)]}{h}$

$= \lim\limits_{h \to 0} \dfrac{g(x)f(x+h) - f(x)g(x+h)}{h} \dfrac{1}{g(x)g(x+h)}$

$= \lim\limits_{h \to 0} \dfrac{g(x)f(x+h) - f(x)g(x) + f(x)g(x) - f(x)g(x+h)}{h} \dfrac{1}{g(x)g(x+h)}$

$= \lim\limits_{h \to 0} \left\{\left[g(x)\dfrac{f(x+h) - f(x)}{h} - f(x)\dfrac{g(x+h) - g(x)}{h}\right]\dfrac{1}{g(x)g(x+h)}\right\}$

$= \dfrac{g(x)f'(x) - f(x)g'(x)}{g^2(x)}$

例題 9 若 $f(x) = \dfrac{7x^5 - 3x^2}{5x^4 - x}$，求 $f'(x) = ?$

(解)
$$f'(x) = \frac{d}{dx}\left(\frac{7x^5-3x^2}{5x^4-x}\right) = \frac{(5x^4-x)\frac{d}{dx}(7x^5-3x^2)-(7x^5-3x^2)\frac{d}{dx}(5x^4-x)}{(5x^4-x)^2}$$

$$= \frac{(5x^4-x)(35x^4-6x)-(7x^5-3x^2)(20x^3-1)}{(5x^4-x)^2}$$

$$= \frac{35x^8+2x^5+3x^2}{(5x^4-x)^2}$$

例題 10 若 $y = \dfrac{4}{x^3+5} + \dfrac{2}{x^2}$，求 $y' = ?$

(解)
$$\frac{d}{dx}y = \frac{d}{dx}\left(\frac{4}{x^3+5}+\frac{2}{x^2}\right) = \frac{d}{dx}\left(\frac{4}{x^3+5}\right)+\frac{d}{dx}\left(\frac{2}{x^2}\right)$$

$$= \frac{(x^3+5)(4)'-4(x^3+5)'}{(x^3+5)^2} + \frac{x^2(2)'-2(x^2)'}{(x^2)^2}$$

$$= \frac{(x^3+5)\cdot 0-4(3x^2)}{(x^3+5)^2} + \frac{x^2\cdot 0-2(2x)}{x^4}$$

$$= \frac{-12x^2}{(x^3+5)^2} - \frac{4}{x^3}$$

例題 11 利用定理 3.9，證明 $\dfrac{d}{dx}(x^{-n}) = -nx^{-n-1}$（$n$ 為正整數）。

證明
$$\frac{d}{dx}(x^{-n}) = \frac{d}{dx}\left(\frac{1}{x^n}\right) = \frac{-nx^{n-1}}{(x^n)^2} = -nx^{-n-1}$$

此結果可推廣至當定理 3.4 中的 n 為任意實數時，結論亦可成立。當 x 的次方項為實數時，若 $f(x) = x^r$，其中 r 為實數，則 $f'(x) = rx^{r-1}$ 或 $\dfrac{d}{dx}(x^r) = rx^{r-1}$。

例題 12 $\dfrac{d}{dx}(\sqrt{x}) = \dfrac{d}{dx}(x^{\frac{1}{2}}) = \dfrac{1}{2}x^{-\frac{1}{2}}$，$\dfrac{d}{dx}(x^{-3}) = -3x^{-4}$，$\dfrac{d}{dx}(x^{\pi}) = \pi x^{\pi-1}$。

例題 13 求 $f'(x)$，其中 $f(x) = \sqrt[3]{x} - \sqrt{x}$。

(解) $f(x) = x^{\frac{1}{3}} - x^{\frac{1}{2}}$，$f'(x) = \dfrac{1}{3}x^{\frac{1}{3}-1} - \dfrac{1}{2}x^{\frac{1}{2}-1} = \dfrac{1}{3}x^{-\frac{2}{3}} - \dfrac{1}{2}x^{-\frac{1}{2}}$。

第三章　微分法則及其應用

函數 f 的導函數記為 f'。一階導函數若可微分，f' 的導函數記為 f''，稱為 $f(x)$ 的二階導函數。二階導函數若可微分，則可繼續求得 f 的三階導函數 f'''。依此類推，進而求得函數的四、五、六，甚至更高階的導函數。如表 3.1 所示。

表 3.1

i	第 i 階導函數	萊布尼茲符號表示
1	f'	$f'(x) = \dfrac{d}{dx} f(x)$
2	$f'' = (f')'$	$f''(x) = \dfrac{d}{dx}[f'(x)] = \dfrac{d}{dx}\left[\dfrac{d}{dx} f(x)\right] = \dfrac{d^2}{dx^2} f(x)$
3	$f''' = (f'')'$	$f'''(x) = \dfrac{d}{dx}[f''(x)] = \dfrac{d}{dx}\left[\dfrac{d^2}{dx^2} f(x)\right] = \dfrac{d^3}{dx^3} f(x)$
4	$f^{(4)} = (f''')'$	$f^{(4)}(x) = \dfrac{d}{dx}[f'''(x)] = \dfrac{d}{dx}\left[\dfrac{d^3}{dx^3} f(x)\right] = \dfrac{d^4}{dx^4} f(x)$
5	$f^{(5)} = (f^{(4)})'$	$f^{(5)}(x) = \dfrac{d}{dx}[f^{(4)}(x)] = \dfrac{d}{dx}\left[\dfrac{d^4}{dx^4} f(x)\right] = \dfrac{d^5}{dx^5} f(x)$
⋮	⋮	⋮
n	$f^{(n)} = (f^{(n-1)})'$	$f^{(n)}(x) = \dfrac{d}{dx}[f^{(n-1)}(x)] = \dfrac{d}{dx}\left[\dfrac{d^{n-1}}{dx^{n-1}} f(x)\right] = \dfrac{d^n}{dx^n} f(x)$

例題 14　若 $f(x) = 2x^3 + 4x^2 + 5x + 8$，求 f'、f''、f'''、$f^{(4)}$、$f^{(5)}$。

解

$$f'(x) = \frac{d}{dx} f(x) = \frac{d}{dx}(2x^3 + 4x^2 + 5x + 8) = 6x^2 + 8x + 5$$

$$f''(x) = \frac{d}{dx} f'(x) = \frac{d}{dx}(6x^2 + 8x + 5) = 12x + 8$$

$$f'''(x) = \frac{d}{dx} f''(x) = \frac{d}{dx}(12x + 8) = 12$$

$$f^{(4)}(x) = \frac{d}{dx} f'''(x) = \frac{d}{dx}(12) = 0$$

$$f^{(5)}(x) = \frac{d}{dx} f^{(4)}(x) = \frac{d}{dx}(0) = 0 \ \left(f^{(n)}(x) = 0, n \geq 4\right)。$$

令 k 為多項式函數的最高次方（k 為正整數），若 $n \geq k+1$，則此多項式函數的 n 階導函數為 0。

例題 15 若 $f(x) = \dfrac{1}{x^2}$，求 $f^{(n)}$。

解
$f'(x) = \dfrac{d}{dx} f(x) = \dfrac{d}{dx}(x^{-2}) = -2x^{-2-1} = (-1) \cdot 2 \cdot x^{-3} = (-1)^1 2! x^{-3}$

$f''(x) = \dfrac{d}{dx}(-2x^{-3}) = (-2)(-3)x^{-3-1} = (-1)^2 \cdot 2 \cdot 3 \cdot x^{-4} = (-1)^2 3! x^{-4}$

$f'''(x) = \dfrac{d}{dx}[(-1)^2 3! x^{-4}] = (-1)^3 4! x^{-5}$

$f^{(4)}(x) = \dfrac{d}{dx}[(-1)^3 4! x^{-5}] = (-1)^4 5! x^{-6}$

$\vdots$

$f^{(n)}(x) = (-1)^n (n+1)! x^{-n-2}$

習題 3.2

1～9 題，利用微分法則求下列函數之導函數。

1. $y = \pi x^2 - 2x + 7$

2. $y = 2x^3 + 4x^2 + 7x$

3. $y = \sqrt[3]{x} - \sqrt{x} + 3x$

4. $y = \dfrac{2}{x^3}$

5. $y = x + \dfrac{1}{x}$

6. $y = (x^4 + 2x + 3)(\sqrt{x} + 3x)$

7. $y = (x^2 + x + 7)(3x^4 + 2)$

8. $y = \dfrac{2x+5}{x^3 + 3x^2 + 1}$

9. $y = \dfrac{(7x^2 - 2)(5x^4 + 9x^2 + 8)}{2x^6 + 4x^3 + 1}$

10. 若 $f(1) = 3$，$g(1) = 2$，$f'(1) = -1$，$g'(1) = 1$，試求下列數值。

　　(1) $(f+g)'(1)$　　(2) $(f \cdot g)'(1)$　　(3) $\left(\dfrac{g}{f}\right)'(1)$

　　(4) $\left(\dfrac{f}{f+g}\right)'(1)$　　(5) $\left(\dfrac{f \cdot g}{f-g}\right)'(1)$

11. 若 $f(0)=1$，$g(0)=3$，$f'(0)=0$，$g'(0)=0.5$，試求下列數值。

   (1) $(f-g)'(0)$ (2) $(f \cdot g)'(0)$ (3) $\left(\dfrac{f}{g}\right)'(0)$

   (4) $\left(\dfrac{f+g}{f-g}\right)'(0)$ (5) $\left(\dfrac{f \cdot g}{f+g}\right)'(0)$

12～15 題，求下列函數之二階導函數。

12. $f(x)=x-4$

13. $f(x)=\pi x^3 - x + 2$

14. $f(x)=\sqrt[5]{x}+\sqrt[3]{x}+1$

15. $f(x)=\dfrac{2}{x}$

16. 若 $f(x)=\dfrac{1}{x^3}$，求 $f^{(n)}(x)$。

17. 若 $f(x)=\sqrt{x}$，求 $f^{(n)}(x)$。

3.3　連鎖法則

在本節中，我們要利用連鎖法則，求得合成函數的導函數。若 $F(x)=(2x^3-5x+1)^{100}$，根據 3.2 節所介紹的微分法則，$F'(x)$ 需要將此函數乘開後再進行微分，但此過程太過複雜。因為 $F(x)$ 為一合成函數，我們可以藉由連鎖法則來求得其導函數。

定理 3.10　連鎖法則

令 $y=f(u)$ 與 $u=g(x)$，若 g 在 x 處可微分，且 f 在 $u=g(x)$ 處可微分，則合成函數 $f \circ g$ 在 x 處亦可微分。

$$(f \circ g)'(x) = f'(g(x)) \cdot g'(x)$$

亦可表示為

$$\frac{d}{dx}f(g(x)) = f'(g(x)) \cdot g'(x)$$

或

$$\frac{dy}{dx} = \frac{dy}{du}\frac{du}{dx}$$

上述第三式，在等式左邊分子分母同乘 du，再整理成等式右邊，變成 y 對 u 的微分 $\left(\dfrac{dy}{du}\right)$ 乘上 u 對 x 的微分 $\left(\dfrac{du}{dx}\right)$。故合成函數的微分是由外層函數往內層函數逐層微分的過程。

例題 1 若 $F(x) = (2x^3 - 5x + 1)^{100}$，則 $F'(x) = ?$

解 令 $y = f(u) = u^{100}$，$u = g(x) = 2x^3 - 5x + 1$

$$F'(x) = \frac{d}{dx}f(g(x)) = f'(u) \cdot g'(x)$$
$$= (100u^{99}) \cdot (6x^2 - 5) = 100(2x^3 - 5x + 1)^{99} \cdot (6x^2 - 5)$$

例題 2 若 $y = \dfrac{1}{(2x^3 - 5)^3}$，則 $\dfrac{dy}{dx} = ?$

解 令 $y = f(u) = \dfrac{1}{u^3} = u^{-3}$，$u = g(x) = 2x^3 - 5$，$\dfrac{dy}{du} = -3u^{-4}$，$\dfrac{du}{dx} = 3(2x^2) = 6x^2$

$$\frac{dy}{dx} = \frac{dy}{du}\frac{du}{dx} = (-3u^{-4})(6x^2) = -3(2x^3 - 5)^{-4}(6x^2) = \frac{-18x^2}{(2x^3 - 5)^4}$$

例題 3 若 $F(y) = y^3(y^2 + 2)^2$，求 $F'(y)$。

解
$$F'(y) = y^3 \frac{d}{dy}(y^2 + 2)^2 + (y^2 + 2)^2 \frac{d}{dy}(y^3)$$
$$= (y^3) 2(y^2 + 2) \frac{d}{dy}(y^2 + 2) + (y^2 + 2)^2 (3y^2)$$
$$= 4y^4(y^2 + 2) + 3y^2(y^2 + 2)^2 = 7y^6 + 20y^4 + 12y^2$$

例題 4 求 $\dfrac{d}{dx}\left(\dfrac{x^3(1-x)^2}{1-x^2}\right)$。

解
$$\frac{d}{dx}\left(\frac{x^3(1-x)^2}{1-x^2}\right) = \frac{(1-x^2)\left(\dfrac{d}{dx}[x^3(1-x)^2]\right) - x^3(1-x)^2\left(\dfrac{d}{dx}(1-x^2)\right)}{(1-x^2)^2}$$

$$= \frac{(1-x^2)\left[(1-x)^2 \dfrac{d}{dx}(x^3) + x^3 \dfrac{d}{dx}(1-x)^2\right] - x^3(1-x)^2(-2x)}{(1-x^2)^2}$$

$$= \frac{(1-x^2)[(1-x)^2(3x^2)+(x^3)2(1-x)(-1)]-x^3(1-x)^2(-2x)}{(1-x^2)^2}$$

$$= \frac{x^2(-3x^2-2x+3)}{(1+x)^2}$$

例題 5 若 $f(x)=5x^{\frac{7}{3}}+\sqrt{x^3+x+1}$，求 $f'(x)$。

解
$$\frac{d}{dx}\left(5x^{\frac{7}{3}}+(x^3+x+1)^{\frac{1}{2}}\right) = 5 \cdot \frac{7}{3}x^{(\frac{7}{3}-1)} + \frac{1}{2}(x^3+x+1)^{(\frac{1}{2}-1)} \cdot (3x^2+1)$$

$$= \frac{35}{3}x^{\frac{4}{3}} + \frac{1}{2}(x^3+x+1)^{-\frac{1}{2}} \cdot (3x^2+1)$$

連鎖法則可推廣至超過兩個以上函數之合成，如 $y=f \circ g \circ h$，其中 $y=f(u)$，$u=g(v)$ 與 $v=h(x)$，則

$$y' = \frac{dy}{dx} = \frac{dy}{du} \cdot \frac{du}{dv} \cdot \frac{dv}{dx}$$

在等式左邊分子分母同乘 du 及 dv，再整理成等式右邊，變成 y 對 u 的微分 $\left(\frac{dy}{du}\right)$，乘上 u 對 v 的微分 $\left(\frac{du}{dv}\right)$，再乘上 v 對 x 的微分 $\left(\frac{dv}{dx}\right)$。故 y 的導函數如下：

$$(f \circ g \circ h)'(x) = f'(g \circ h(x)) \cdot g'(h(x)) \cdot h'(x)$$

例題 6 若 $f(x)=[1+(1+x^2)^2]^3$，求 $f'(x)$。

解 令 $y=f(u)=u^3$，$u=g(v)=1+v^2$ 及 $v=h(x)=1+x^2$

$$f'(x) = \frac{dy}{dx} = \frac{dy}{du} \cdot \frac{du}{dv} \cdot \frac{dv}{dx}$$

$$= \frac{d}{du}(u^3) \cdot \left(\frac{d}{dv}(1+v^2)\right) \cdot \left(\frac{d}{dx}(1+x^2)\right)$$

$$= (3u^2)(2v)(2x)$$

$$= 3[1+(1+x^2)^2]^2 [2(1+x^2)] 2x$$

$$= 12x(1+x^2)[1+(1+x^2)^2]^2$$

習題 3.3

1~10 題，求下列函數之導函數。

1. $f(x) = (x^3 - 2x + 5)^2$
2. $f(x) = (5x^2 + 2x + 8)^{30}$
3. $f(x) = \sqrt[3]{x^2+1} - \sqrt{x^3+2x+5}$
4. $f(x) = \dfrac{2}{(x^3+2x^2+6)^6}$
5. $f(x) = \left(\dfrac{x+1}{x^2}\right)^7$
6. $f(x) = (x^2+5x+1)^{10}(2x^3+x+9)^{20}$
7. $f(x) = (x^2+2x+3)^5(\sqrt[3]{x+1}+5x)^9$
8. $f(x) = \dfrac{(2x^5+3)^3}{\sqrt[3]{x^5+3x^3+2}}$
9. $f(x) = \dfrac{(6x^2-7x)^2(3x^3+4x^2+2)^5}{(7x^5+3x^2+5)^3}$
10. $f(x) = \sqrt{x + \sqrt{x^2+1}}$

11. 若 $f(3) = 2$，$g(3) = 1$，$f'(1) = 6$，$f'(2) = 4$，$f'(3) = 3$，$g'(2) = 5$，$g'(3) = 0.5$，$f''(1) = 2$，$f''(3) = 5$，$g''(2) = 1$，$g''(3) = 2$，試求下列數值。

  (1) $(f \circ g)'(3)$ (2) $(g \circ f)'(3)$ (3) $(g \circ f)''(3)$ (4) $(f \circ g)''(3)$

3.4 隱函數的微分

何謂**隱函數**？前面章節所討論的函數皆為 $y = f(x)$，此種形式的函數，其導函數可藉由微分法則求出。但並不是所有的函數形式皆如此，例如單位圓的方程式 $x^2 + y^2 = 1$。在此方程式定義下，x 和 y 不是簡單的函數關係。上述函數可表示為

$$y = f(x) = \sqrt{1-x^2} \quad \text{或} \quad y = g(x) = -\sqrt{1-x^2}$$

y 的表示並不是唯一，如圖 3.4 所示。如果 y 和 x 的函數關係無法明確地表現出來，則稱此 y 函數為**隱函數**，如 $x^2 + y^2 = 1$。此時，若要求 $y = f(x)$ 的導函數，可利用**隱微分法**。不需將隱函數導出，直接對原本函數等式進行微分即可。

如要求 $(x^2+5)^5$ 的微分，利用連鎖法則可得微分結果為 $\dfrac{d}{dx}[(x^2+5)^5] = 5(x^2+5)^4 \cdot 2x$。令 $y = x^2+5$，則 $(x^2+5)^5 = y^5$。對 y^5 進行隱函數微分可得 $\dfrac{d}{dx}y^5 = 5y^4 \cdot y'$。

(a) $x^2+y^2=1$ (b) $y=\sqrt{1-x^2}$ (c) $y=-\sqrt{1-x^2}$

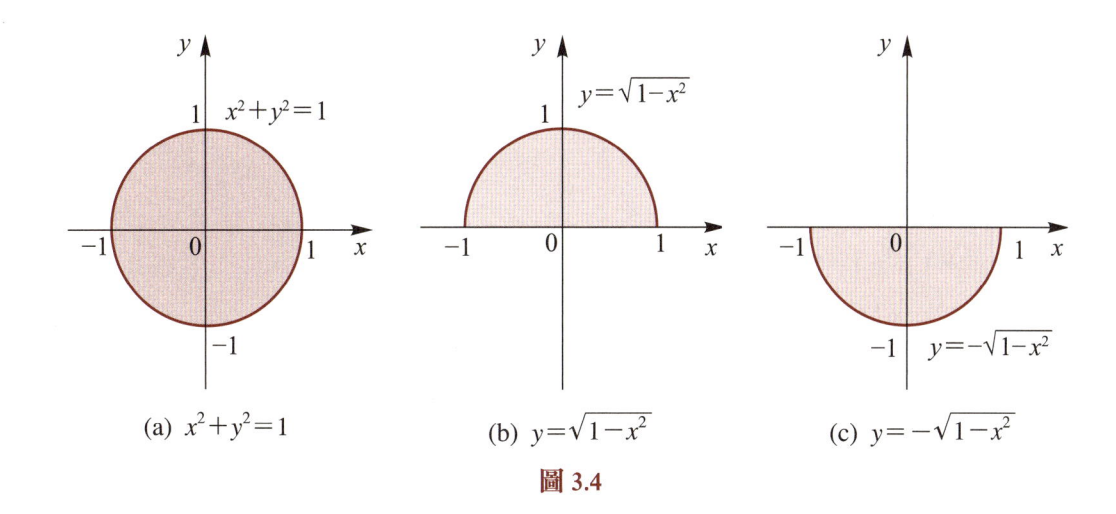

圖 3.4

例題 1 若 $x^2+y^2=1$，利用隱函數微分求 $\dfrac{dy}{dx}$。

解 定義 $y=f(x)$，

$$x^2+y^2=1 \Rightarrow \frac{d}{dx}(x^2)+\frac{d}{dx}(y^2)=\frac{d}{dx}(1)\text{（同時對等式左右進行 }x\text{ 的微分）}$$

$$\Rightarrow 2x+2y\frac{dy}{dx}=0 \left(\text{整理 }\frac{dy}{dx}\right)$$

$$\Rightarrow \frac{dy}{dx}=\frac{-2x}{2y}=-\frac{x}{y}$$

例題 2 若 $3x^3y-2y=x^2-1$，求 $\dfrac{dy}{dx}$。

解 方法 1　　$(3x^3-2)y=x^2-1 \Rightarrow y=\dfrac{x^2-1}{3x^3-2}$

$$\Rightarrow y'=\frac{(x^2-1)'(3x^3-2)-(x^2-1)(3x^3-2)'}{(3x^3-2)^2}=\frac{-3x^4+9x^2-4x}{(3x^3-2)^2}$$

方法 2　　$\dfrac{d}{dx}(3x^3y-2y)=\dfrac{d}{dx}(x^2-1)$

$$\Rightarrow [9x^2y+3x^3y']-2y'=2x$$

$$\Rightarrow (3x^3-2)y'=2x-9x^2y \Rightarrow y'=\frac{2x-9x^2y}{3x^3-2}$$

$$\Rightarrow y'=\frac{2x-9x^2\left(\dfrac{x^2-1}{3x^3-2}\right)}{3x^3-2}=\frac{-3x^4+9x^2-4x}{(3x^3-2)^2}$$

例題 3 若 $x^5 + 4y^3 = x^2 + 5$，求 $\dfrac{dy}{dx}$。

解 $\dfrac{d}{dx}(x^5 + 4y^3) = \dfrac{d}{dx}(x^2 + 5)$

$\Rightarrow (5x^4 + 12y^2 y') = 2x \Rightarrow 12y^2 y' = 2x - 5x^4$

$\Rightarrow y' = \dfrac{2x - 5x^4}{12y^2}$

例題 4 若 $x^3 + 2xy^2 + 6y^2 = x^2 y + 1$，求 $\dfrac{dy}{dx}$。

解 $\dfrac{d}{dx}(x^3 + 2xy^2 + 6y^2) = \dfrac{d}{dx}(x^2 y + 1)$

$\Rightarrow 3x^2 + 2(1 \cdot y^2 + x \cdot 2yy') + 12yy' = 2xy + x^2 y'$

$\Rightarrow (4xy + 12y - x^2)y' = 2xy - 3x^2 - 2y^2$

$\Rightarrow y' = \dfrac{2xy - 3x^2 - 2y^2}{4xy + 12y - x^2}$

例題 5 求曲線 $x^2 + xy^2 = xy + 3$ 在 $(1, 2)$ 時之切線方程式。

解 欲求通過 $(1, 2)$ 之切線方程式 $y = mx + b$。

(1) $m = \dfrac{dy}{dx}$，

$\dfrac{d}{dx}(x^2 + xy^2) = \dfrac{d}{dx}(xy + 3) \Rightarrow 2x + (1 \cdot y^2 + x \cdot 2yy') = (y + xy')$

$\Rightarrow (2xy - x)y' = -y^2 + y - 2x \Rightarrow y' = \dfrac{-y^2 + y - 2x}{2xy - x}$

代入 $x = 1$ 及 $y = 2$，則 $m = \dfrac{-2^2 + 2 - 2}{4 - 1} = -\dfrac{4}{3}$

(2) $b = y - mx = 2 - \left(-\dfrac{4}{3} \cdot 1\right) = \dfrac{10}{3}$

(3) 切線方程式為 $y = -\dfrac{4}{3}x + \dfrac{10}{3}$

習題 3.4

1～4 題，利用隱函數微分法，求 $\dfrac{dy}{dx}$。

1. $x^2 - y^2 = 1$
2. $x^2 + xy^2 + y^3 = 2$
3. $\sqrt{y} = 2x^2y + xy^2 + x$
4. $\sqrt{xy} + 1 = x^3 + y^2$

5～8 題，求下列函數在所給定點下之切線方程式。

5. $x^2 + y^3 = 1$；$(1, 0)$
6. $x^2y + xy^2 + y^3 = 3$；$(1, 1)$
7. $\sqrt[3]{y} - 2x^2y + y^2 + x - 4 = 0$；$(2, 8)$
8. $x^3 - \sqrt{xy} + 1 = y^2$；$(0, 1)$
9. 若 $x^2 + 2xy + y^2 = y$，求 $\dfrac{d^2y}{dx^2}$。
10. 若 $\sqrt{x} - \sqrt{y} = xy - 1$，求 $\left.\dfrac{d^2y}{dx^2}\right|_{(1,1)}$。

3.5　函數的極值

　　利用函數數值的大小，比較出極大值及極小值，我們稱此為函數的極值。如圖 3.5 所示。

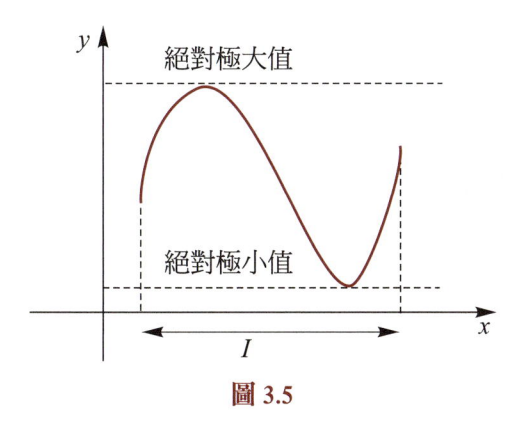

圖 3.5

定義 3.3　絕對極值

令區間 I 包含在函數 f 的定義域內，其中 c 包含在 I 中。

(1) 若在 I 中任意的 x，其函數數值皆小於等於 $f(c)$，$f(c) \geq f(x)$，則 $f(c)$ 為 f 在區間 I 的**絕對極大值**。

(2) 若在 I 中任意的 x，其函數數值皆大於等於 $f(c)$，$f(c) \leq f(x)$，則 $f(c)$ 為 f 在區間 I 的**絕對極小值**。

只要上述一點成立，$f(c)$ 為函數 f 的**絕對極值**。

例題 1 求函數 $f(x) = \sqrt{1-x^2}$ 在定義域 $[-1, 1]$ 之絕對極值。

解 因為定義域內任意實數 x，其函數數值皆大於 0 並小於 1，$0 \leq f(x) \leq 1$，$f(0) = 1$，$f(-1) = f(1) = 0$。

所以 0 為絕對極小值，絕對極大值為 1。

由上例可知，絕對極值若存在，會唯一存在，但是可能發生在很多不同位置上。

例題 2 求函數 $f(x) = x^2$ 在定義域之絕對極值。

解 函數 $f(x) = x^2$ 之定義域為 $(-\infty, \infty)$。因為 $f(x) \geq f(0) = 0$，所以 0 為絕對極小值，但沒有絕對極大值。

由上例可知，絕對極值若存在，會唯一存在，但也可能不存在。所以如何判斷極值是否存在？可藉由下面定理判斷。

定理 3.11 極值存在定理

若 f 在一閉區間 $[a, b]$ 內連續，則在 $[a, b]$ 上一定能夠找到 f 的**絕對極大值**及**絕對極小值**。

在上述定理中，函數的連續性與閉區間的假設一定要滿足，才能保證極值的存在。若上述任一條件不滿足，則無法保證極值的存在。但如果極值存在會發生在哪裡？我們可藉下述定理找出極值可能發生的位置。

定理 3.12　臨界數

假設 c 包含在函數 f 之定義域內，如果 $f'(c)=0$ 或 $f'(c)$ 不存在，則稱此 c 值為函數 f 之**臨界數** (critical number)。

假設 f 在區間 I 有定義，c 包含在 I 內。如果 $f(c)$ 為函數 f 在區間 I 的絕對極值，則 c 可能為
(1) 區間的**端點**。
(2) 函數的臨界數。

例題 3　求函數 $f(x)=-x^3+3x^2$ 在區間 $\left[-\dfrac{1}{2},\,2\right]$ 的臨界數。

解　臨界數：$f'(x)=-3x^2+6x=3x(2-x)=0$，$x=0,\,2$

所以 f 在 $\left[-\dfrac{1}{2},\,2\right]$ 的臨界數為 $\{0,2\}$。

在閉區間內求函數之絕對極值的步驟如下：

步驟一：找出此函數在區間內的**臨界數**。
步驟二：計算並比較這些臨界數及端點的函數值，最大值即為**絕對極大值**，最小值即為**絕對極小值**。

例題 4　求函數 $f(x)=x^2$ 在 $[-1,2]$ 上的絕對極大值及絕對極小值。

解
1. 找出臨界數
   $f'(x)=2x=0$，$x=0$，$0\in[-1,2]$。
2. 比較函數數值
   $f(0)=0$，$f(-1)=1$，$f(2)=4$。函數的絕對極大值為 4，絕對極小值為 0。

例題 5　求函數 $f(x)=-x^3+3x^2$ 在 $\left[-\dfrac{1}{2},\,2\right]$ 上的絕對極大值及絕對極小值。

解
1. 找出臨界數：$\{0,2\}$。

2. 比較函數數值。$f\left(-\dfrac{1}{2}\right)=\dfrac{7}{8}$，$f(0)=0$，$f(2)=4$。

函數的絕對極大值為 4，絕對極小值為 0。

例題 6 求函數 $f(x)=x^{\frac{3}{5}}$ 在 $[-1,1]$ 上的絕對極大值及絕對極小值。

解 1. 找出臨界數

$f'(x)=\dfrac{3}{5}x^{-\frac{2}{5}}\neq 0$，$f'(0)$ 不存在。$x=0$

2. 比較函數數值。$f(0)=0$，$f(-1)=-1$，$f(1)=1$。

函數的絕對極大值為 1，絕對極小值為 -1。

習題 3.5

1～5 題，求下列函數在給定區間下之臨界數。

1. $f(x)=x^2-1$，$[-3,1]$
2. $f(x)=\dfrac{2x^2+4x+1}{x-1}$，$[-3,2]$
3. $f(x)=\sqrt{4-x^2}$，$[-2,2]$
4. $f(x)=\dfrac{3x}{x^2-1}$，$[-3,3]$
5. $f(x)=\dfrac{1}{x^2-1}$，$(-\infty,\infty)$

6～10 題，求下列函數在給定閉區間下之絕對極大值及絕對極小值。

6. $f(x)=x^2+2x+1$，$[-3,1]$
7. $f(x)=x^3-2x^2-4x+1$，$[-3,3]$
8. $f(x)=\sqrt{x^2-1}$，$[1,3]$
9. $f(x)=\dfrac{1}{x^2+1}$，$[-2,2]$
10. $f(x)=|x-1|$，$[-2,3]$

3.6 單調性及凹性

隨著 x 的增加，函數值相對應增加，我們稱為遞增；若函數值相對應減少，我們稱為遞減。藉由下面的定義，清楚的定義何謂遞增？何謂遞減？

定義 3.4

區間 I 包含在函數 f 的定義域內，
(1) 若 f 在區間 I 為**遞增**，表示 I 中任意兩點 x_1 及 x_2，若 $x_1 < x_2$，則 $f(x_1) < f(x_2)$。
(2) 若 f 在區間 I 為**遞減**，表示 I 中任意兩點 x_1 及 x_2，若 $x_1 < x_2$，則 $f(x_1) > f(x_2)$。
(3) 若 f 在區間 I 為**單調**，表示 f 在區間 I 為遞增或遞減。

藉由函數圖形的變化，我們可以清楚判斷函數在何處是遞增及遞減。如圖 3.6，函數 $f(x)$ 在區間 (a, b) 及 (c, d) 間遞增，在 (b, c) 及 (d, e) 間遞減。若無法藉由函數的圖形判斷函數在何處遞增、何處遞減。我們要如何了解函數遞增、遞減的變化性？在 3.1 節的介紹裡可知，導函數其實是代表函數在該點的切線斜率，切線斜率為正，表示隨著 x 的增加，y 亦增加；切線斜率為負，表示隨著 x 的增加，y 相對減少。故我們可以藉由一次導函數的正負號，判斷函數遞增、減的變化。

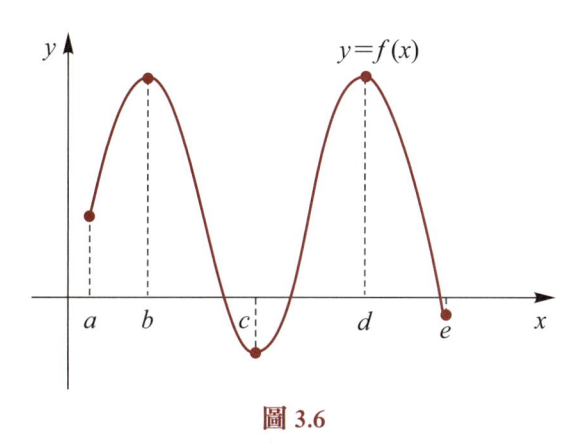

圖 3.6

定理 3.13　單調性定理

設函數 f 在區間 I 為連續，且除端點外皆可微分。任意的 x 包含在 I 內，
(1) 若 $f'(x) > 0$，則 f 在區間 I 為**遞增**。
(2) 若 $f'(x) < 0$，則 f 在區間 I 為**遞減**。

如圖 3.7 所示，函數數值隨著 x 變化，由遞增轉變為遞減，或由遞減轉變為遞增之過程中，會經過使 $f'(x)=0$ 的 x 切點。經過 $f'(x)=0$ 的 x 切點，會造成 $f'(x)$ 正負號的變化。另外經過 $f'(x)$ 不存在的 x 切點也有可能造成 $f'(x)$ 正負號的變化。故在臨界點有發生 $f'(x)$ 正負變化的可能。要判斷函數數值遞增或遞減之變化，要先找到函數的臨界點，以臨界點決定檢定區間後，再分別判斷各區間 $f'(x)$ 正負結果，進而決定 f 在各區間為遞增或遞減。

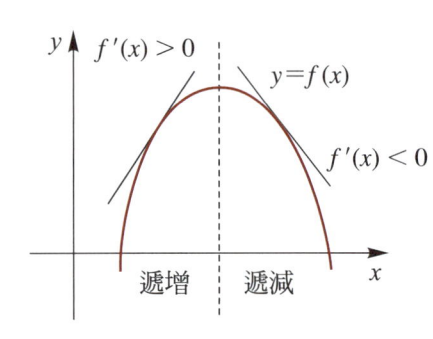

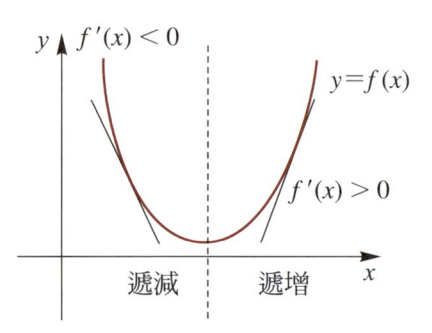

圖 3.7

例題 1 若 $f(x)=4x^3-3x^2-6x+5$，試問此函數在何處遞增、遞減？

解 $f'(x)=12x^2-6x-6=6(2x+1)(x-1)=0 \Rightarrow x=-\dfrac{1}{2},1$

x		$-\dfrac{1}{2}$		1	
$f'(x)$	$+$	0	$-$	0	$+$

遞增區間包括 $\left(-\infty,-\dfrac{1}{2}\right)$ 及 $(1,\infty)$，遞減區間 $\left(-\dfrac{1}{2},1\right)$。

例題 2 試問函數 $f(x)=\dfrac{2x}{(1+x^2)}$ 在何處遞增、遞減？

解 $f'(x)=\dfrac{2(1+x^2)-2x(2x)}{(1+x^2)^2}=\dfrac{2(1-x)(1+x)}{(1+x^2)^2}=0 \Rightarrow x=-1,1$

x		-1		1	
$f'(x)$	$-$	0	$+$	0	$-$

遞增區間包括 $(-1,1)$，遞減區間 $(-\infty,-1)$ 及 $(1,\infty)$。

藉由導函數的正負，可以用來判斷函數在何處遞增及遞減，但是並不能表現其凹性。我們可以藉由切線斜率的變化，定義曲線的凹性（圖 3.8）。若函數 f 在區間 I 之切線的斜率隨著 x 的增加而增加，則稱 f 在區間 I 為上凹；若切線的斜率隨著 x 的增加而下降，則稱 f 在區間 I 為下凹。切線斜率即為導函數的數值。故我們可以藉由下面定義判斷函數的凹性。

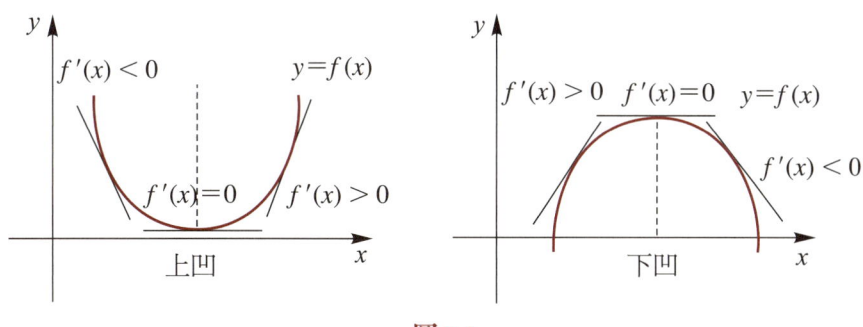

圖 3.8

定義 3.5

函數 f 在開區間 I 皆可微分
(1) 若 f' 在區間 I 為遞增，表示 f 在區間 I 為上凹。
(2) 若 f' 在區間 I 為遞減，表示 f 在區間 I 為下凹。

f' 可用來判斷 f 的遞增與遞減，若 $f'>0$ 則 f 為遞增，若 $f'<0$ 則 f 為遞減。f'' 為 f' 的導函數，故可由 f'' 來判斷 f' 的遞增與遞減，若 $f''>0$ 則 f' 為遞增，若 $f''<0$ 則 f' 為遞減，故可藉由 f'' 的正負變化來判斷函數的凹性。

定理 3.14

設函數 f' 在開區間 I 為可微分。任意的 x 包含在 I 內，
(1) 若 $f''(x)>0$，則 f 在區間 I 為上凹。
(2) 若 $f''(x)<0$，則 f 在區間 I 為下凹。

函數數值隨著 x 變化，由上凹轉變為下凹，或由下凹轉變為上凹的過程中，會經過使 $f''(x)=0$ 或 $f''(x)$ 不存在的 x 切點。故要判斷函數之凹性，需先找到函數

$f''(x) = 0$ 或 $f''(x)$ 不存在的 x 切點，以這些切點決定檢定區間後，分別判斷各區間 $f''(x)$ 正負結果，進而決定 f 在各區間之凹性。

例題 3 函數 $f(x) = \dfrac{2x}{1+x^2}$ 在何處上凹、下凹？

解 $f'(x) = \dfrac{2(1-x^2)}{(1+x^2)^2}$

$f''(x) = 2\dfrac{(1+x^2)^2(-2x)-(1-x^2)2(1+x^2)(2x)}{(1+x^2)^4} = \dfrac{4x(x^2-3)}{(1+x^2)^3} = 0$

$\Rightarrow x = -\sqrt{3}, 0, \sqrt{3}$

x		$-\sqrt{3}$		0		$\sqrt{3}$	
$f''(x)$	$-$	0	$+$	0	$-$	0	$+$

上凹區間 $(-\sqrt{3}, 0)$ 及 $(\sqrt{3}, \infty)$；下凹區間 $(-\infty, -\sqrt{3})$ 及 $(0, \sqrt{3})$。

例題 4 函數 $f(x) = x^3 - \dfrac{1}{2}x^2 - 2x + 4$ 在何處遞增、遞減、上凹、下凹？

解 $f'(x) = 3x^2 - x - 2 = (3x+2)(x-1) = 0 \Rightarrow x = -\dfrac{2}{3}, 1$

$f''(x) = 6x - 1 = 0 \Rightarrow x = \dfrac{1}{6}$

x		$-\dfrac{2}{3}$		$\dfrac{1}{6}$		1	
$f'(x)$	$+$	0	$-$		$-$	0	$+$
$f''(x)$			$-$	0	$+$		

遞增區間包括 $\left(-\infty, -\dfrac{2}{3}\right)$ 及 $(1, \infty)$，遞減區間 $\left(-\dfrac{2}{3}, 1\right)$。上凹區間 $\left(\dfrac{1}{6}, \infty\right)$；下凹區間 $\left(-\infty, \dfrac{1}{6}\right)$。

若 f 在 $x = c$ 為連續，我們稱 $(c, f(c))$ 為 <u>反曲點</u> (inflection point)，表示在 c 前後，函數圖形由上凹轉變成下凹，或由下凹轉變成上凹。所以在 c 前後，f'' 會由

正轉負，或由負轉正。反曲點可能發生的位置在 $f''=0$，或是 f'' 不存在的點。故欲找出函數的反曲點，需先找出 $f''=0$，或是 f'' 不存在的點，再判斷是否有 f'' 正負號的變化。如果有，則為反曲點（圖 3.9）。

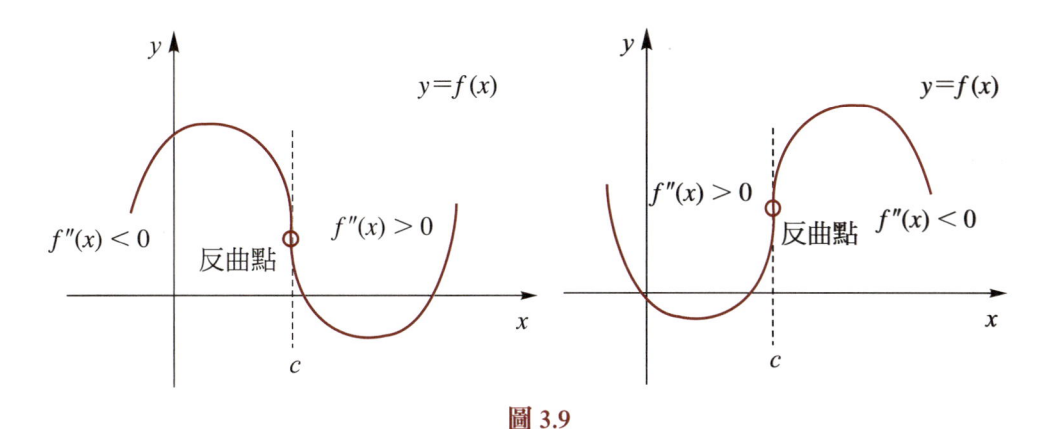

圖 3.9

例題 5 求函數 $f(x)=x^{\frac{1}{3}}$ 的反曲點。

解 $f'(x)=\dfrac{1}{3}x^{-\frac{2}{3}}$，$f''(x)=-\dfrac{2}{9}x^{-\frac{5}{3}}\neq 0$，$f''$ 在 $x=0$ 不存在

x		0	
$f''(x)$	$+$	$\times$	$-$

反曲點 $(0, f(0))=(0,0)$。

習題 3.6

1～4 題，請判斷下列函數的遞增區間及遞減區間。

1. $f(x)=x^3-2x^2+x+1$
2. $f(x)=\sqrt{4-x^2}$
3. $f(x)=\dfrac{x+1}{x^2}$
4. $f(x)=x\sqrt{x-4}$

5～8 題，請判斷下列函數的凹性並求出反曲點。

5. $f(x)=x^3-x^2+2x+7$
6. $f(x)=3+x^2+\sqrt{x}$
7. $f(x)=\dfrac{x^2+3x+2}{(x-1)^2}$
8. $f(x)=\sqrt{x}(2-x^2)$

9～12 題，請判斷下列函數的遞增區間、遞減區間、凹性及反曲點。

9. $f(x) = 3x^3 - 3x^2 - 3x + 4$

10. $f(x) = x^4 - x^2 - 2$

11. $f(x) = \dfrac{x^2 - 3x + 2}{x - 3}$

12. $f(x) = \sqrt{x} - \sqrt[3]{x^2} - 3$

3.7 相對極值

　　函數的極值有兩種，其一為**絕對極值**，另一為**相對極值**。絕對極值比較的基準是整個定義域的 x，所對應的函數數值 $f(x)$ 一起比較，最大的稱為絕對極大值，最小的稱為絕對極小值。相對極值則是在給定一 x 的區間，所對應的函數數值 $f(x)$ 一起比較，最大的稱為相對極大值，最小的稱為相對極小值。絕對極值的定義在 3.5 節已經定義，接下來介紹相對極值的定義。

定義 3.6　相對極值

令區間 I 包含在函數 f 的定義域，其中 c 包含在 I 中。

(1) 若在 I 中任意的 x，其函數數值皆小於等於 $f(c)$，$f(c) \geq f(x)$，則 $f(c)$ 為 f 的**相對極大值**。

(2) 若在 I 中任意的 x，其函數數值皆大於等於 $f(c)$，$f(c) \leq f(x)$，則 $f(c)$ 為 f 的**相對極小值**。

只要上述一點成立，$f(c)$ 為函數 f 的相對極值。

　　如圖 3.10 所示，相對極大值為 $f(a), f(c), f(e)$，相對極小值為 $f(b), f(d)$。若無法運用圖形，相對極值會發生在何處？我們可藉由函數的一階及二階導數的變化，判斷相對極大值及相對極小值發生的位置。

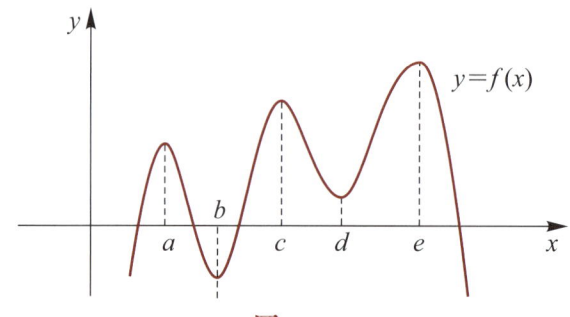

圖 3.10

定理 3.15　一階導數判別法

設函數 f 在開區間 (a,b) 為連續，臨界數 c 包含在 (a,b) 間。

(1) 若對於任意 x 介於 (a,c) 間，$f'(x)>0$，且對於任意 x 介於 (c,b) 間，$f'(x)<0$，則 $f(c)$ 為函數 f 的**相對極大值**。

(2) 若對於任意 x 介於 (a,c) 間，$f'(x)<0$，且對於任意 x 介於 (c,b) 間，$f'(x)>0$，則 $f(c)$ 為函數 f 的**相對極小值**。

(3) 若在 c 點前後，$f'(x)$ 的正負沒有變化，則 $f(c)$ 為不是函數 f 的**相對極值**。

藉由圖 3.11，可以清楚判斷函數的相對極值。在臨界數前後，若一階導數由正轉負，表示函數由遞增轉換至遞減，故在臨界數會有相對極大值，如圖 3.11(a)。反之，若一階導數由負轉正，表示函數由遞減轉換至遞增，故在臨界數會有相對極小值，如圖 3.11(b)。若一階導數沒有變化，則沒有相對極值發生，如圖 3.11(c) 及 (d)。

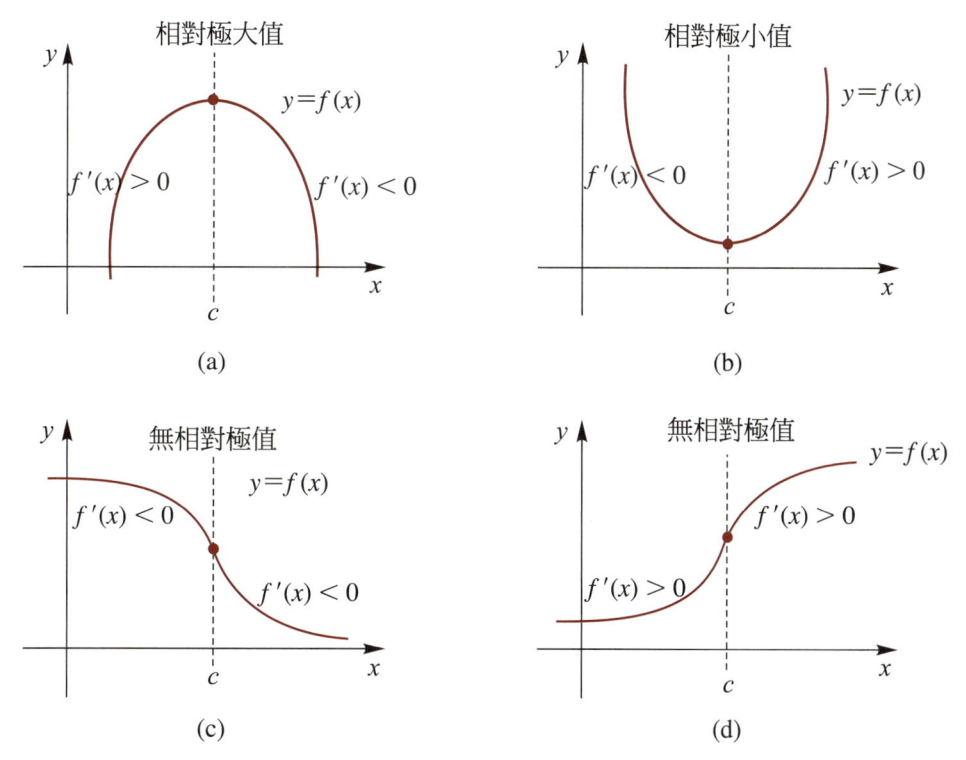

圖 3.11

例題 1　求函數 $f(x)=x^2-4x+2$ 的相對極值。

解 $f'(x) = 2x - 4 = 0$，臨界數 $x = 2$

x		2	
$f'(x)$	−	0	+

在 $x < 2$，一階導數為負；在 $x > 2$，一階導數為正。所以在 $x = 2$ 有相對極小值 $f(2) = 2$。

例題 2 求函數 $f(x) = 4x^3 - 3x^2 - 6x + 5$ 的相對極值。

解 $f'(x) = 12x^2 - 6x - 6 = 6(2x+1)(x-1) = 0 \Rightarrow x = -\dfrac{1}{2}, 1$

x		$-\dfrac{1}{2}$		1	
$f'(x)$	+	0	−	0	+

在 $x = -\dfrac{1}{2}$ 有相對極大值 $f\left(-\dfrac{1}{2}\right) = \dfrac{29}{4}$，在 $x = 1$ 有相對極小值 $f(1) = 0$。

例題 3 求函數 $f(x) = \dfrac{2x}{(1+x^2)}$ 的相對極值。

解 $f'(x) = \dfrac{2(1+x^2) - 2x(2x)}{(1+x^2)^2} = \dfrac{2(1-x)(1+x)}{(1+x^2)^2} = 0 \Rightarrow x = -1, 1$

x		−1		1	
$f'(x)$	−	0	+	0	−

在 $x = -1$ 有相對極小值 $f(-1) = -1$，在 $x = 1$ 有相對極大值 $f(1) = 1$。

定理 3.16　二階導數判別法

設在開區間 (a, b)，函數 f 的一階及二階導數皆存在，設 c 包含在 (a, b) 間且 $f'(c) = 0$。

(1) 若 $f''(c) < 0$，則 $f(c)$ 為函數 f 的相對極大值。
(2) 若 $f''(c) > 0$，則 $f(c)$ 為函數 f 的相對極小值。（圖 3.12）
(3) 若 $f''(c) = 0$，則無法判斷。

(a)

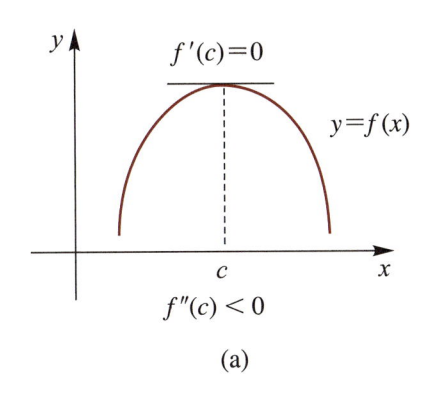

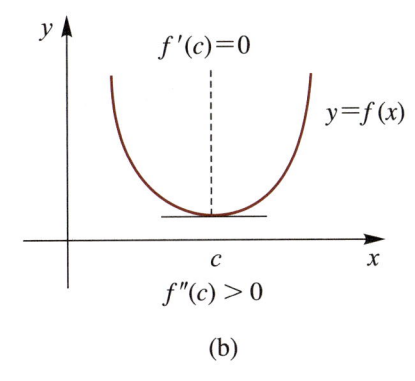

(b)

圖 3.12

例題 4 利用二階導數判別法，求函數 $f(x) = \dfrac{2x}{1+x^2}$ 的相對極值。

解 $f'(x) = \dfrac{2(1-x^2)}{(1+x^2)^2} = 0 \Rightarrow x = -1, 1$

$f''(x) = 2 \cdot \dfrac{(1+x^2)^2(-2x) - (1-x^2)2(1+x^2)(2x)}{(1+x^2)^4} = \dfrac{4x(x^2-3)}{(1+x^2)^3}$

$f''(-1) > 0$，$f''(1) < 0$

在 $x = -1$ 有相對極小值 $f(-1) = -1$，在 $x = 1$ 有相對極大值 $f(1) = 1$。

例題 5 利用二階導數判別法，求函數 $f(x) = x^3 - \dfrac{1}{2}x^2 - 2x + 4$ 的相對極值。

解 $f'(x) = 3x^2 - x - 2 = (3x+2)(x-1) = 0 \Rightarrow x = -\dfrac{2}{3}, 1$

$f''(x) = 6x - 1$，$f''\left(-\dfrac{2}{3}\right) < 0$，$f''(1) > 0$

在 $x = -\dfrac{2}{3}$ 有相對極大值 $f\left(-\dfrac{2}{3}\right) = 4\dfrac{22}{27}$，在 $x = 1$ 有相對極小值 $f(1) = 2\dfrac{1}{2}$。

習題 3.7

1～4 題，請利用一階導數判斷法，判斷下列函數之相對極大值及相對極小值。

1. $f(x) = x^2 - 6x + 5$
2. $f(x) = x^3 - 2x^2 + x + 2$
3. $f(x) = \dfrac{x^2 - 3x + 2}{x - 1}$
4. $f(x) = \sqrt{2x - x^2}$

5～8 題，請利用二階導數判斷法，判斷下列函數之相對極大值及相對極小值。

5. $f(x) = x^2 - 1$
6. $f(x) = \dfrac{3}{4}x^4 - \dfrac{3}{2}x^2$
7. $f(x) = (x - 4)^3$
8. $f(x) = x\sqrt{1 - x^2}$

9～12 題，判斷下列函數之相對極大值及相對極小值。

9. $f(x) = \dfrac{3x}{x^2 - 1}$
10. $f(x) = 3\sqrt{x} - 2x$
11. $f(x) = 3x^4 - 2x^2 - 5$
12. $f(x) = |x^2 - 2|$

3.8 函數的圖形

由圖形可了解函數 x 和 y 的對應變化，若利用描點法畫下函數的圖形，所要花費的時間較多。藉由下列步驟，可以快速且精確的畫下函數的圖形。

畫圖的步驟

1. 確認函數的定義域與值域。
2. 檢查函數的對稱性。
3. 求 y 截距及 x 截距。
4. 求函數的漸近線。
5. 利用一階導數判斷函數的遞增、遞減及臨界值。
6. 利用二階導數判斷函數的凹性及反曲點。
7. 檢查臨界值是否為相對極值發生的位置。
8. 把特殊點標示出來，包括臨界點、反曲點等。

9. 根據不同區間的遞增、遞減及凹性，將圖形畫出來。

藉由例題，說明如何依照上述步驟畫圖。

多項式函數

例題 1 畫下函數 $f(x) = x^5 - x^3$ 的圖形。

解 (1) 函數的定義域 $x \in \mathbb{R}$，值域 $y \in \mathbb{R}$
(2) $f(-x) = -f(x)$：奇函數，表示函數圖形具有對稱性
(3) $f(x) = 0 \Rightarrow x = 0, \pm 1$ 函數圖形在 $x = -1, 0, 1$ 會通過 x 軸
(4) 無漸近線
(5) $f'(x) = 5x^4 - 3x^2 = 5x^2\left(x - \sqrt{\dfrac{3}{5}}\right)\left(x + \sqrt{\dfrac{3}{5}}\right) = 0$，

$\Rightarrow x = 0, \pm\sqrt{\dfrac{3}{5}}$ (± 0.78)；

$f\left(-\sqrt{\dfrac{3}{5}}\right) = \dfrac{6\sqrt{3}}{25\sqrt{5}} \approx 0.19$，

$f(0) = 0$，$f\left(\sqrt{\dfrac{3}{5}}\right) = -\dfrac{6\sqrt{3}}{25\sqrt{5}} \approx -0.19$

(6) $f''(x) = 20x^3 - 6x = 20x(x - \sqrt{0.3})(x + \sqrt{0.3}) = 0$，
$x = 0, \pm\sqrt{0.3}(\pm 0.55)$；$f(-\sqrt{0.3}) \approx 0.12$，$f(\sqrt{0.3}) \approx -0.12$

x		-0.78		-0.55		0		0.55		0.78	
$f'(x)$	$+$	0	$-$		$-$	0	$-$		$-$	0	$+$
$f''(x)$		$-$		0	$+$	0	$-$	0		$+$	
$f(x)$	⌒		⌢		⌣		⌢		⌣		⌣	

反曲點 $(-0.55, 0.12)$，$(0, 0)$，$(0.55, -0.12)$

(7) 0.19 為相對極大值，-0.19 為相對極小值
(8) 函數圖形如圖 3.13 所示

圖 3.13

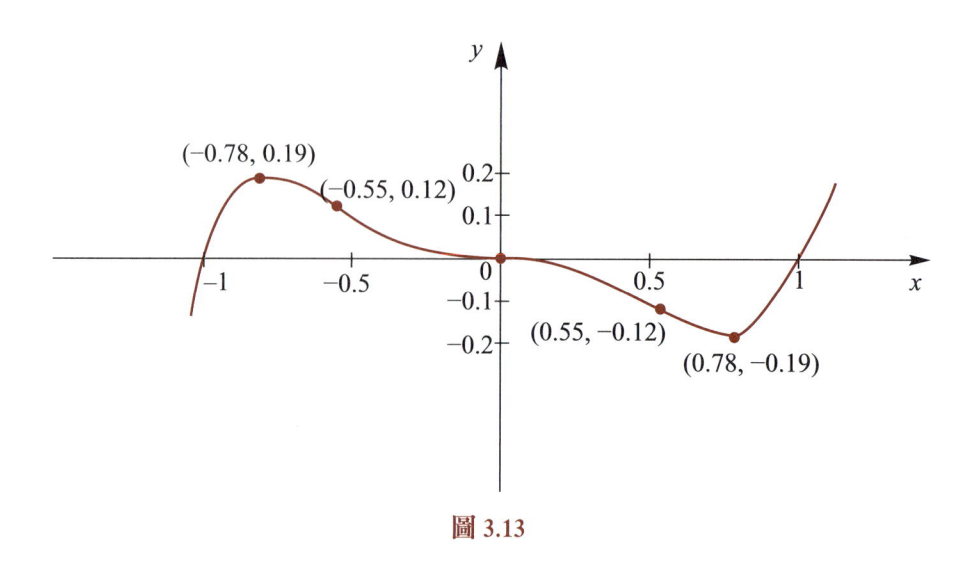

有理函數

例題 2 畫下 $f(x) = \dfrac{x^2-2x+4}{x-2}$ 的圖形。

解
(1) 函數的定義域 $\{x \mid x \in \mathbb{R}, x \neq 2\}$，值域 $y \in \mathbb{R}$

(2) 非對稱函數

(3) 函數圖形和 x 軸及 y 軸沒有交點

(4) $\lim\limits_{x \to 2^+} f(x) = \lim\limits_{x \to 2^+} \dfrac{x^2-2x+4}{x-2} = \infty$，$\lim\limits_{x \to 2^-} f(x) = \lim\limits_{x \to 2^-} \dfrac{x^2-2x+4}{x-2} = -\infty$

$$\begin{array}{r} x+0 \\ x-2 \overline{\smash{)}\,x^2-2x+4} \\ \underline{x^2-2x} \\ 4 \end{array}$$

$f(x) = \dfrac{x^2-2x+4}{x-2} = x + \dfrac{4}{x-2}$，

$\lim\limits_{x \to \infty}[f(x) - x] = \lim\limits_{x \to \infty} \dfrac{4}{x-2} = 0$

垂直漸近線 $x=2$，斜漸近線 $y=x$

(5) $f'(x) = \dfrac{x(x-4)}{(x-2)^2} = 0$，$x = 0, 4$；$f(0) = -2$，$f(4) = 6$

(6) $f''(x) = \dfrac{8}{(x-2)^3} \neq 0$

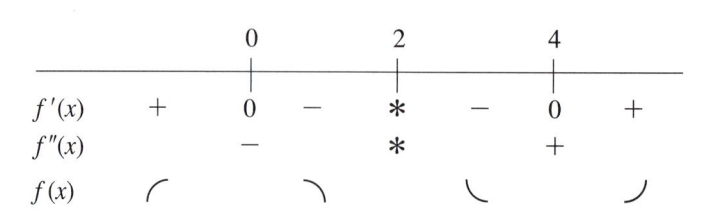

		0		2		4	
$f'(x)$	+	0	−	*	−	0	+
$f''(x)$		−		*		+	
$f(x)$	⌒		⌢		⌣		⌣

沒有反曲點
(7) $f(0)=2$ 為相對極大值，$f(4)=6$ 為相對極小值
(8) 函數圖形如圖 3.14 所示

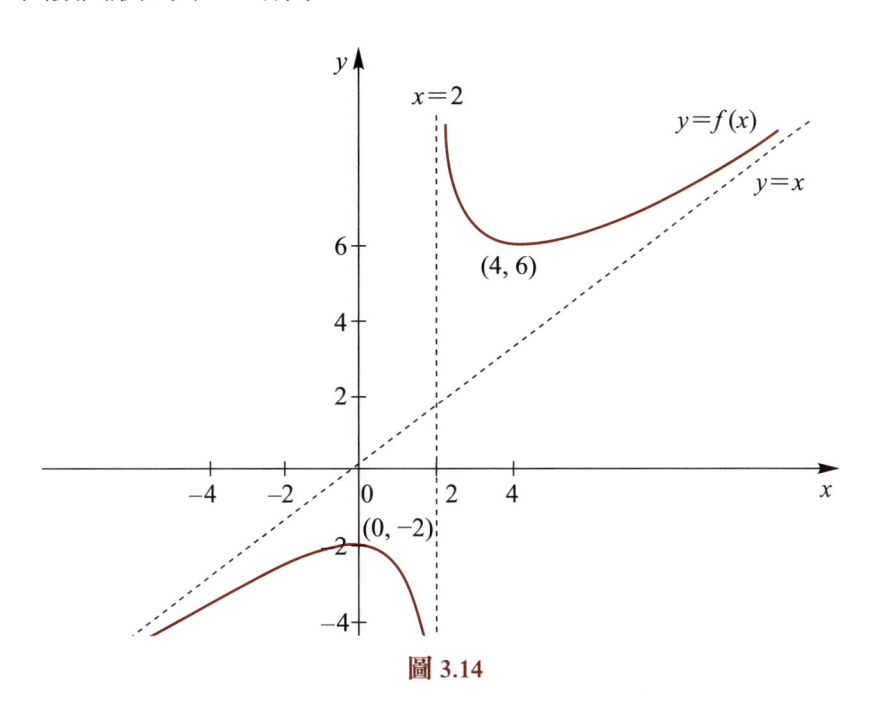

圖 3.14

根號函數

例題 3 畫下 $f(x)=\dfrac{\sqrt{x}(x-3)^2}{2}$ 的圖形。

解 (1) 函數的定義域 $[0, \infty)$，值域 $[0, \infty)$
(2) 非對稱函數
(3) $f(x)=0$，$x=0, 3$
(4) 無漸近線
(5) $f'(x)=\dfrac{(x-3)(5x-3)}{4\sqrt{x}}=0$，$x=\dfrac{3}{5}, 3$；$f\left(\dfrac{3}{5}\right)\approx 2.23$，$f(3)=0$
(6) $f''(x)=\dfrac{15x^2-18x-9}{8x^{\frac{3}{2}}}=\dfrac{15(x-\frac{3}{5})^2-\frac{72}{5}}{8x^{\frac{3}{2}}}=0$

$$\Rightarrow x = \frac{3+2\sqrt{6}}{5} \approx 0.6+0.98 = 1.58 \ (-0.38 \ 不合\ ),\ f(1.58) \approx 1.27,$$

x	0		0.6		1.58		3	
$f'(x)$	*	+	0	−		−	0	+
$f''(x)$				−	0	+		
$f(x)$		⌢		⌢		⌣		⌣

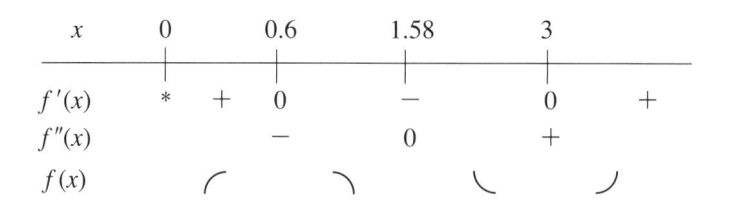

反曲點 (1.58, 1.27)

(7) $f(0.6) = 2.23$ 為相對極大值，$f(3) = 0$ 為相對極小值
(8) 函數圖形如圖 3.15 所示

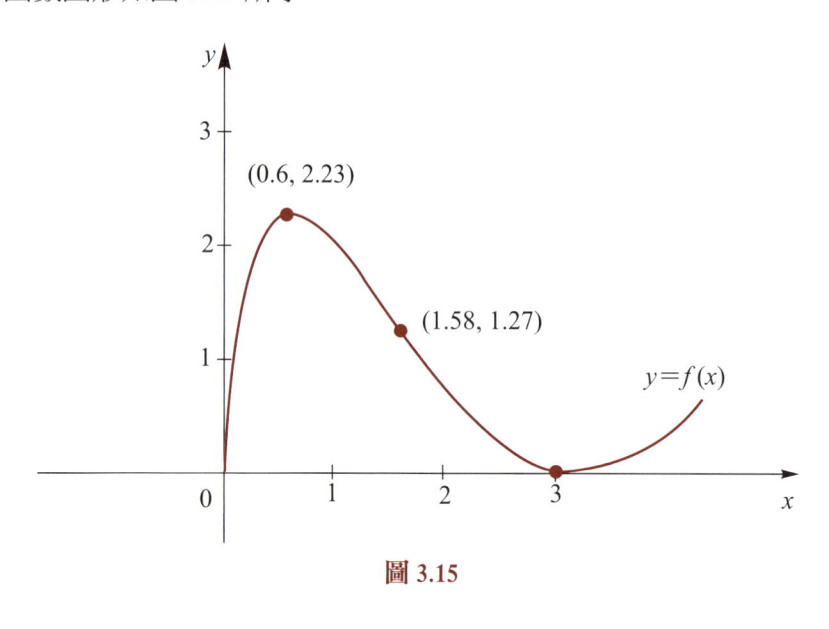

圖 3.15

習題 3.8

1～9 題，請描繪下列函數的圖形。

1. $f(x) = x^2 - 3x + 2$
2. $f(x) = 4x^3 - 2x^2 - 5x + 1$
3. $f(x) = (x-2)^3$
4. $f(x) = \dfrac{x^2 - 3x + 2}{x-1}$
5. $f(x) = \dfrac{x^2 + 3x + 2}{x-2}$
6. $f(x) = \sqrt{x}$
7. $f(x) = \sqrt{2x - x^2}$
8. $f(x) = |x|^2 \left(提示：\dfrac{d}{dx}|x| = \dfrac{x}{|x|} \right)$

9. $f(x) = \dfrac{|x| + x}{2}$

3.9 微分應用

定理 3.17　均值定理

若 f 在閉區間 $[a, b]$ 連續，且在開區間 (a, b) 內皆可微，則至少存在一個 c 介於 (a, b) 間，使得

$$\frac{f(b) - f(a)}{b - a} = f'(c)$$

亦等於

$$f(b) - f(a) = f'(c)(b - a)$$

如圖 3.16 所示。

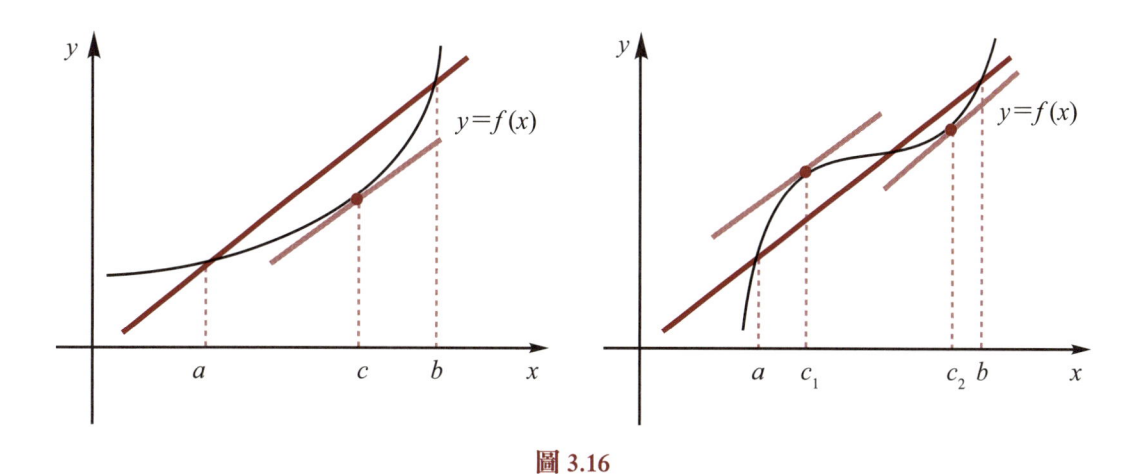

圖 3.16

證明　令函數 $g(x)$ 曲線通過 $(a, f(a))$ 及 $(b, f(b))$，通過兩點的直線斜率為 $\dfrac{f(b) - f(a)}{b - a}$。其直線方程式為

$$g(x) = f(a) + \frac{f(b)-f(a)}{b-a}(x-a)$$

令 $s(x) = f(x) - g(x)$，$s(a) = s(b) = 0$。

$$s(x) = f(x) - g(x) = f(x) - f(a) - \frac{f(b)-f(a)}{b-a}(x-a)$$

對 $s(x)$ 微分，則 s 的導數

$$s'(x) = f'(x) - \frac{f(b)-f(a)}{b-a}, \forall x \in (a, b)$$

若 $s'(c) = 0$，則 $f'(c) = \frac{f(b)-f(a)}{b-a}$，$c \in (a, b)$。

根據下列定義，c 一定存在。

(1) 根據極值存在定理，$s(x)$ 在 $[a, b]$ 連續，故在 $[a, b]$ 中，$s(x)$ 必有極值存在。
(2) 因為函數極端值的發生位置必為臨界點，故至少有一點 c 使得 $s'(c) = 0$，故 $f'(c) = \frac{f(b)-f(a)}{b-a}$。

例題 1 求函數 $f(x) = \sqrt{x}$ 在閉區間 $[1, 4]$ 內滿足均值定理的 c。

解 $f'(x) = \frac{1}{2}x^{-\frac{1}{2}} = \frac{1}{2\sqrt{x}}$ 及 $\frac{f(4)-f(1)}{4-1} = \frac{2-1}{3} = \frac{1}{3}$

$\Rightarrow \frac{1}{2\sqrt{c}} = \frac{1}{3} \Rightarrow c = \frac{9}{4}$。

例題 2 求函數 $f(x) = x^3 - 2x^2 - x + 2$ 在閉區間 $[-2, 2]$ 內，所有滿足均值定理的 c。

解 $f'(x) = 3x^2 - 4x - 1$ 及 $\frac{f(2)-f(-2)}{2-(-2)} = \frac{0-(-12)}{4} = 3$

$3c^2 - 4c - 1 = 3 \Rightarrow (3c+2)(c-2) = 0$

$\Rightarrow c = -\frac{2}{3}, 2$（不合）。

若 F 及 G 函數的導函數存在且相同，但 F 和 G 可能並不相同。此結果可藉由均值定理證明之。若任意的 x 介於開區間 (a, b) 內，且 $F'(x) = G'(x)$，則存在一常數 C 使得 $F(x) = G(x) + C$。令 $H(x) = F(x) - G(x)$，則任意的 x 介於開區間 (a, b) 內，$H'(x) = F'(x) - G'(x) = 0$。令 x_1 為在 (a, b) 固定的一點，x 為 (a, b) 任意一點。至少存在一點 c 介於 (x, x_1) 間，使得 $H(x) - H(x_1) = H'(c)(x - x_1) = 0$，因為 $H'(x) = 0$，所以 $H(x) = H(x_1) = C$。故 $F(x) = G(x) + C$。故得證下列結果：

$$F'(x) = G'(x) \Leftrightarrow F(x) = G(x) + C$$

其中 C 為一常數。若兩函數之導函數相同，並不表示兩函數完全相同，可能差一個常數項。

習題 3.9

1~8 題，確認下列函數在給定區間內是否滿足均值定理的假設，若滿足，求所有滿足條件之 c 值。

1. $f(x) = x^2 + 2x$，$[-2, 2]$
2. $f(x) = \dfrac{x^2 - 2x}{x - 1}$，$[2, 5]$
3. $f(x) = |x|$，$[-2, 2]$
4. $f(x) = |x| + x$，$[-4, 4]$
5. $f(x) = |x| + x$，$[1, 4]$
6. $f(x) = \dfrac{x - 2}{x - 3}$，$[2, 7]$
7. $f(x) = \dfrac{1}{x} + x$，$[-2, 3]$
8. $f(x) = \dfrac{1}{x} + x$，$[2, 5]$

3.10 微分與增量

函數 $y = f(x)$，我們稱 x 為**獨立變數**，y 為**相依變數**，因為 y 的數值會因為 x 的不同而不同。令 $y = f(x)$ 為可微分的函數。函數 f 的導函數為

$$f'(x) = \lim_{\Delta x \to 0} \frac{f(x + \Delta x) - f(x)}{\Delta x}$$

令 Δx 為獨立變數 x 的**增量**，當獨立變數 x 增加至 $x + \Delta x$，Δy 為相依變數相對應的

變化，故 $\Delta y = f(x+\Delta x) - f(x)$，如圖 3.17 所示。當 Δx 接近 0 時，$\dfrac{\Delta y}{\Delta x} \approx f'(x)$，亦可寫成 $\Delta y \approx f'(x)\Delta x$。

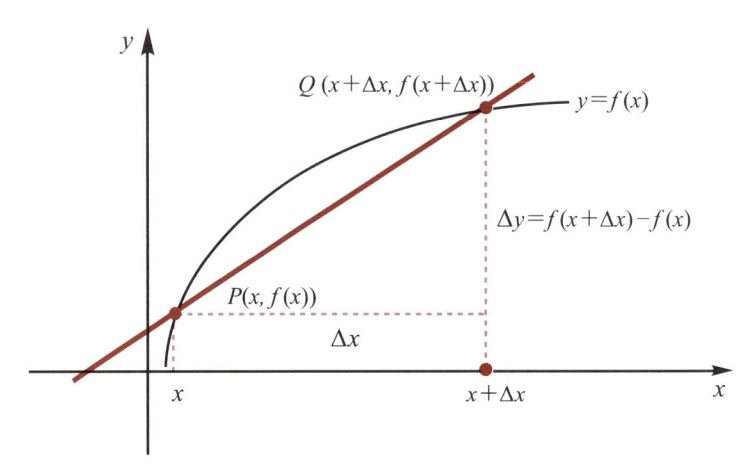

圖 3.17

定義 3.7

函數 $y = f(x)$，為一可微分的函數。dx 為獨立變數 x 的微分，$\Delta x = dx$。dy 為相依變數 y 的微分，$\dfrac{dy}{dx} = f'(x) \Rightarrow dy = f'(x)\,dx$。如圖 3.18 所示。

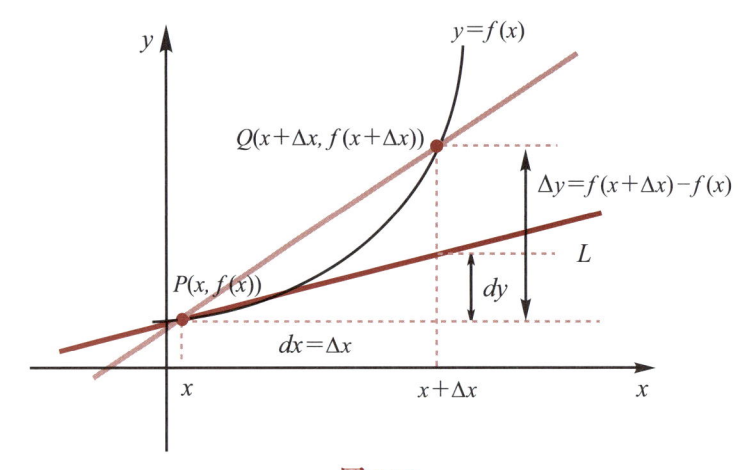

圖 3.18

例題 1 求下列函數的 dy。

(1) $y = x^2 - 2x + 1$ (2) $y = \sqrt[3]{x^3 + 4x}$

解 (1) $\dfrac{dy}{dx} = 2x - 2 \Rightarrow dy = (2x - 2)dx$

(2) $y = (x^3 + 4x)^{\frac{1}{3}}$,

$$\dfrac{dy}{dx} = \dfrac{1}{3}(x^3 + 4x)^{-\frac{2}{3}}(3x^2 + 4)$$

$$\Rightarrow dy = \dfrac{3x^2 + 4}{3\sqrt[3]{(x^3 + 4x)^2}}\,dx \text{。}$$

藉由定義 3.7，我們可得到下列微分法則（表 3.2）。

表 3.2

導數法則	微分法則
1. $\dfrac{dc}{dx} = 0$	1. $dc = 0$
2. $\dfrac{d(cu)}{dx} = c\dfrac{du}{dx}$	2. $d(cu) = cdu$
3. $\dfrac{d(u+v)}{dx} = \dfrac{du}{dx} + \dfrac{dv}{dx}$	3. $d(u+v) = du + dv$
4. $\dfrac{d(uv)}{dx} = u\dfrac{dv}{dx} + v\dfrac{du}{dx}$	4. $d(uv) = udv + vdu$
5. $\dfrac{d\left(\dfrac{u}{v}\right)}{dx} = \dfrac{v\left(\dfrac{du}{dx}\right) - u\left(\dfrac{dv}{dx}\right)}{v^2}$	5. $d\left(\dfrac{u}{v}\right) = \dfrac{v\,du - u\,dv}{v^2}$
6. $\dfrac{d(u^r)}{dx} = ru^{r-1}\dfrac{du}{dx}$	6. $d(u^r) = ru^{r-1}du$

其中 c 為一常數，u 及 v 皆為 x 的函數。

當 Δx 很小時，分子 $f(x_0 + \Delta x) - f(x_0)$ 會近似 $\Delta x f'(x_0)$。故上式可寫成

$$f(x_0 + \Delta x) - f(x_0) \approx \Delta x f'(x_0)$$

若函數數值難以直接計算時，我們可利用上式結果來求得函數的數值近似值。

$$f(x_0 + \Delta x) - f(x_0) \approx \Delta x f'(x_0) \Rightarrow f(x_0 + \Delta x) \approx f(x_0) + \Delta x f'(x_0)$$

例題 2 $y=\sqrt{x}$，當 $x=4$，$dx=0.1$ 時，試求 dy。

解 $y=x^{\frac{1}{2}}$，$\dfrac{dy}{dx}=\dfrac{1}{2}x^{-\frac{1}{2}} \Rightarrow dy=\dfrac{1}{2}x^{-\frac{1}{2}}dx=\dfrac{1}{2\sqrt{x}}dx$

$\Rightarrow dy=\dfrac{1}{2\sqrt{4}}\times 0.1=0.025$。

例題 3 $y=\dfrac{\sqrt{x}}{x^2+1}$，當 $x=1$，$dx=0.1$ 時，試求 $dy=$？

解 $\dfrac{dy}{dx}=\dfrac{\dfrac{1}{2}x^{-\frac{1}{2}}(x^2+1)-x^{\frac{1}{2}}(2x)}{(x^2+1)^2}=\dfrac{(x^2+1)-4x^2}{2\sqrt{x}(x^2+1)^2}=\dfrac{-3x^2+1}{2\sqrt{x}(x^2+1)^2}$

$\Rightarrow dy=\dfrac{-3x^2+1}{2\sqrt{x}(x^2+1)^2}dx$

$\Rightarrow dy=\dfrac{(-3)(1^2)+1}{2\sqrt{1}(1^2+1)^2}\times 0.1=-0.025$。

線性近似

若函數 f 在 $x=a$ 是可微分的，則 f 通過 $(a,f(a))$ 的切線方程式為

$$y=f(a)+f'(a)(x-a)。$$

利用此切線方程式定義線性函數

$$L(x)=f(a)+f'(a)(x-a)$$

若 $f(x)$ 難以直接計算，當 x 靠近 a 時，$L(x)\approx f(x)$，故可利用線性函數 $L(x)$ 得到 $f(x)$ 的近似值。我們稱 $L(x)$ 為 f 在 a 附近的 線性近似（圖 3.19）。

例題 4 試求函數 $f(x)=\sqrt{x+5}$ 在 $x=-1$ 的線性函數。

解 $f'(x)=\dfrac{1}{2\sqrt{x+5}}$，$f'(-1)=\dfrac{1}{4}$

$L(x)=f(-1)+f'(-1)(x+1)$

$=\sqrt{-1+5}+\dfrac{1}{4}(x+1)=\dfrac{1}{4}x+2.25$

図 3.19

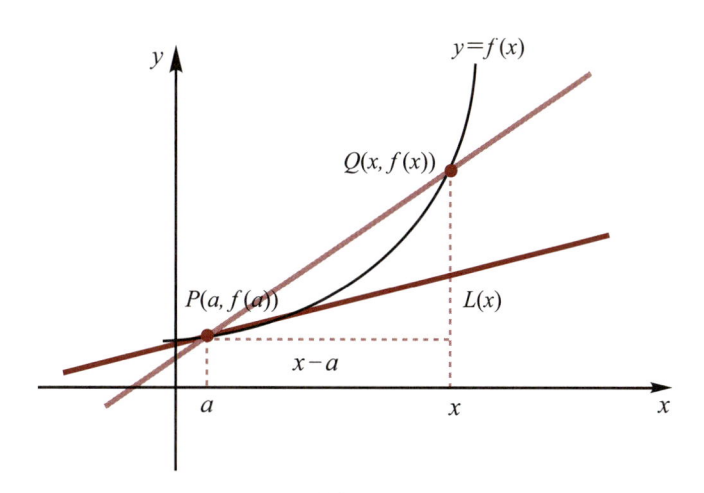

例題 5 試求 $\sqrt{4.2}$ 及 $\sqrt{8.8}$ 的近似值。

解 令 $y=\sqrt{x}$。$dy=\dfrac{1}{2}x^{-\frac{1}{2}}dx=\dfrac{1}{2\sqrt{x}}dx$ ($\Delta x=dx$)。

最接近 $\sqrt{4.2}$ 及 $\sqrt{8.8}$，且容易計算出的函數值分別為 $\sqrt{4}$ 及 $\sqrt{9}$。

(1) 當 x 由 4 增加至 4.2，$\sqrt{x}$ 由 $\sqrt{4}=2$ 近似變化至 $\sqrt{4}+dy$。

$x=4$，$dx=4.2-4=0.2$，$f'(4)=\dfrac{1}{2\sqrt{4}}=\dfrac{1}{4}$。

$\sqrt{4.2}\approx\sqrt{4}+dy=\sqrt{4}+\dfrac{1}{4}\times 0.2=2.05$。

(2) 當 x 由 9 減少至 8.8，$\sqrt{x}$ 由 $\sqrt{9}=3$ 近似變化至 $\sqrt{9}+dy$。

$x=9$，$dx=8.8-9=-0.2$，$f'(9)=\dfrac{1}{2\sqrt{9}}=\dfrac{1}{6}$。

$\sqrt{8.8}\approx\sqrt{9}+dy=\sqrt{9}+\dfrac{1}{6}\times(-0.2)\approx 2.967$。

欲求函數 $f(x)$ 的線性近似值的步驟。
(1) 先找出一個最接近 x 且容易計算函數數值的 a 點。
(2) 求得函數 $f(x)$ 在 a 點的線性近似函數 $L(x)$。

習題 3.10

1～6 題，求下列函數之 dy。

1. $y = x^2 + 2x - 3$
2. $y = (3x^2 - 2x + 4)^2$
3. $y = \dfrac{x-2}{(x-3)^2}$
4. $y = \dfrac{1}{x^2} + x$
5. $y = (x^2 + 2x + 4)^{-3}$
6. $y = \sqrt{2x^3 + x - 1}$

7. 令 $y = x^2 + 1$，在給定下列條件下，求 dy 及 Δy。
   (1) $x = 2$，$dx = 0.5$ (2) $x = 1$，$dx = 0.1$

8. 令 $y = \dfrac{1}{x^2} + 1$，在給定下列條件下，求 dy 及 Δy。
   (1) $x = 1$，$dx = 0.5$ (2) $x = 1$，$dx = 0.1$

9～12 題，利用線性近似求下列數值。

9. $\sqrt{26}$
10. $\sqrt{624}$
11. $\sqrt[3]{63.75}$
12. $\sqrt[3]{730}$

第四章

指數函數與對數函數

指數函數、對數函數、三角函數及反三角函數等皆為超越函數，這些函數在各領域應用上很常見。本章首先將介紹反函數的定義，反函數的導數，函數和反函數的對應關係及性質。其次介紹指數函數及對數函數的性質及導數。三角函數及反三角函數則置於附錄。

4.1 反函數及其導數

一般函數 f 通常由定義域中的 x，對應至值域中的 y。當函數為一對一，則函數 f 的反函數 f^{-1} 存在。反函數的對應關係和原本函數相反，即由值域中的 y，對應至定義域中的 x。

$$f(x)=y \Leftrightarrow f^{-1}(y)=x$$

故 f 的定義域為 f^{-1} 的值域，f 的值域為 f^{-1} 的定義域（圖 4.1）。$f(f^{-1}(x))=x$，其中 x 包含在 f^{-1} 的定義域中。$f^{-1}(f(x))=x$，其中 x 包含在 f 的定義域中。若 f 的反函數存在，若 $f(a)=b$，則 $f^{-1}(b)=a$ 成立（圖 4.2）。

並非所有的函數皆有反函數。當函數為一對一時，反函數才存在。何謂一對一函數？任意 x_1 及 x_2 包含在函數 f 的定義域中，若 $x_1 \neq x_2$，且 $f(x_1) \neq f(x_2)$，我們稱 f 為**一對一函數**。只有一對一函數才有反函數。如何判斷函數是否為一對一函數？可以在函數圖形中任意畫下多條水平線，若水平線皆和函數圖形至多交於一點，則此函數為一對一函數（圖 4.3）。但此方法需要對函數圖形的變化有充分的瞭解。

圖 4.1

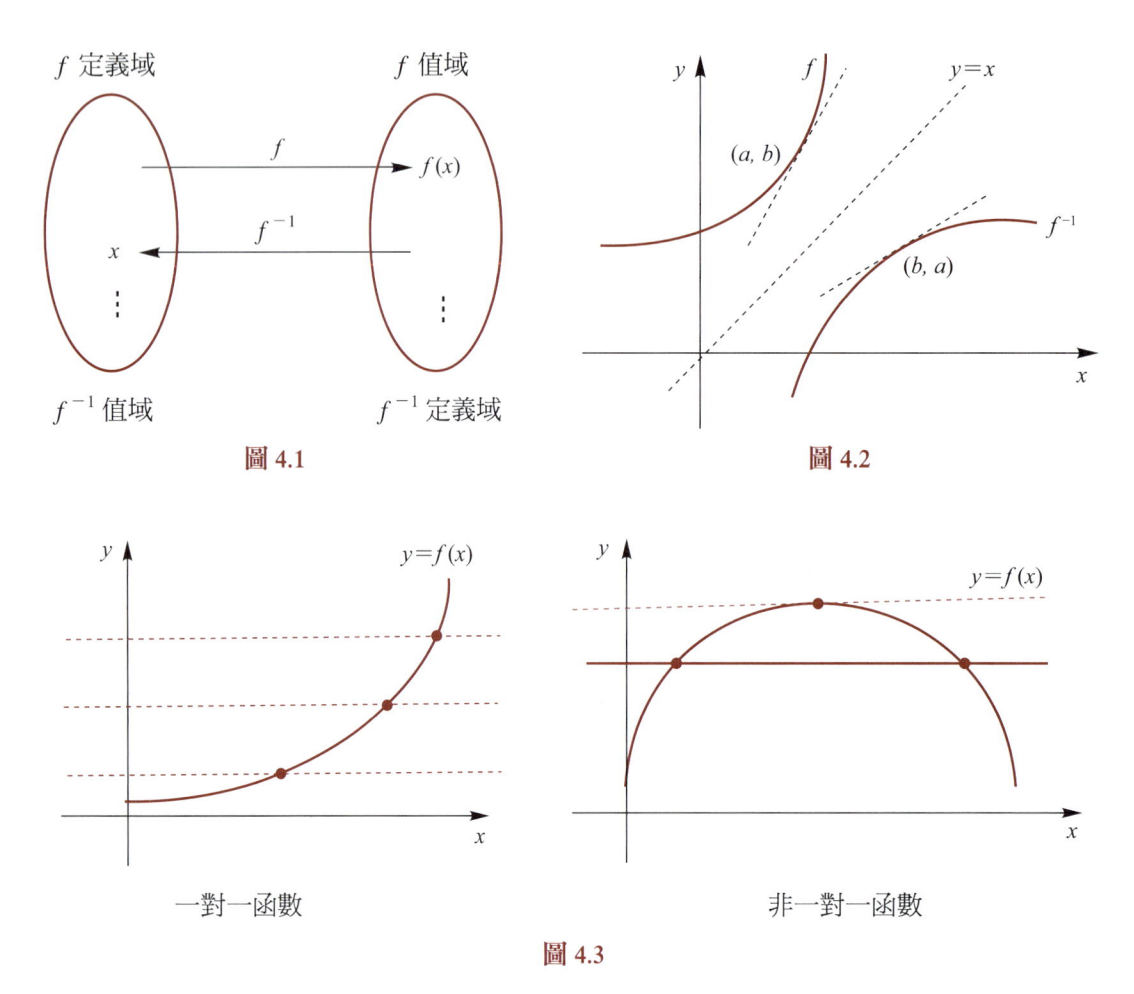

圖 4.2

一對一函數

非一對一函數

圖 4.3

一對一函數即為**嚴格單調函數**，故可藉由函數是否為嚴格單調函數判斷反函數是否存在。任意 x_1 及 x_2 包含在 f 的定義域中且 $x_1 < x_2$，若 $f(x_1) < f(x_2)$，則 f 為**嚴格遞增**，若 $f(x_1) < f(x_2)$，則 f 為**嚴格遞減**。上列任一情況發生即為**嚴格單調函數**（圖 4.4）。

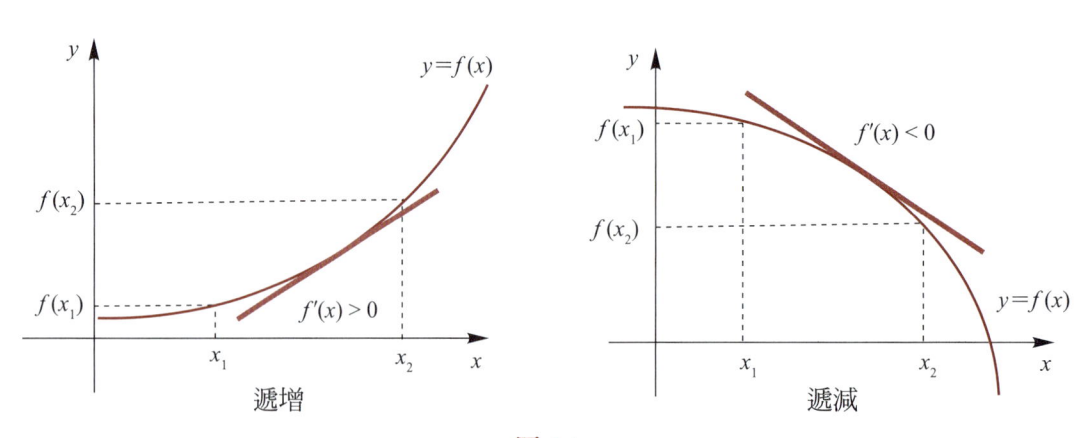

遞增

遞減

圖 4.4

第四章　指數函數與對數函數

定理 4.1　反函數的存在性

任意 x 包含在 f 的定義域中，若 $f'(x) > 0$，則 f 為**嚴格遞增函數**；若 $f'(x) < 0$，則 f 為**嚴格遞減函數**。函數有上述任一情況發生皆稱為**嚴格單調函數**。若函數 f 為嚴格單調函數，則反函數 f^{-1} 一定存在。

例題 1　證明 $f(x) = x^3 + x + 1$ 的反函數存在。

證明　$\forall x \in R$，$f'(x) = 3x^2 + 1 > 0$。f 為遞增函數，故其反函數存在。

若欲證明 f 的反函數存在，則 $f^{-1} = ?$ 可藉由下列步驟，求出反函數 f^{-1} 的形式。

步驟一：解方程式 $y = f(x)$，以 y 表示 x。
步驟二：x 和 y 互換，即可得 f^{-1}。

例題 2　求 $f(x) = 6x + 24$ 的反函數。

解　步驟 1：解方程式，以 y 表示 x。得 $y = 6x + 24$，

$$x = \frac{y - 24}{6}$$

步驟 2：x 和 y 互換，得

$$y = \frac{x - 24}{6}$$

故

$$f^{-1}(x) = \frac{x - 24}{6}$$

例題 3　求 $f(x) = \sqrt[3]{x} + 1$ 的反函數。

解　步驟 1：$y = \sqrt[3]{x} + 1$，$x = (y - 1)^3$。
步驟 2：$$y = (x - 1)^3$$
故 $$f^{-1}(x) = (x - 1)^3$$

反函數的導數

藉由上述例題可知函數 $f(x) = 6x + 24$，反函數 $f^{-1}(x) = \dfrac{x-24}{6}$。可得

$$f'(x) = \dfrac{d}{dx}(6x+24) = 6$$

$$(f^{-1})'(x) = \dfrac{d}{dx}\left(\dfrac{x-24}{6}\right) = \dfrac{1}{6}$$

$f(x)$ 和 $f^{-1}(x)$ 的導數互為倒數，亦為 $f(x)$ 和 $f^{-1}(x)$ 的切線斜率互為倒數。另外

$$f(x) = \sqrt[3]{x} + 1 \text{，} f^{-1}(x) = (x-1)^3$$

$$f'(x) = \dfrac{1}{3} x^{-\frac{2}{3}} \text{，} (f^{-1})'(x) = 3(x-1)^2$$

$$f'(1) = \dfrac{1}{3} \text{，} f^{-1}(2) = 3$$

$f(x)$ 和 $f^{-1}(x)$ 的切線斜率互為倒數。這種情況並非特例，對其他一對一函數也成立。若 $y = f(x)$ 在 $(a, f(a))$ 的切線斜率為 $f'(a)$，則在 $y = (f^{-1})(x)$ 的對應點 $(f(a), a)$ 的切線斜率為 $\dfrac{1}{f'(a)}$。

定理 4.2　反函數的微分

若 f 在區間 I 為可微分且為一對一函數，區間 I 中任意 a 使得 $b = f(a)$，若 $f'(a) \neq 0$，則

(1) f^{-1} 在對應點 b 亦可微分。

(2) $(f^{-1})'(b) = \dfrac{1}{f'(a)} \left(\dfrac{dy}{dx} = \dfrac{1}{\frac{dx}{dy}}\right)$。

證明　根據導函數定義，得

$$(f^{-1})'(b) = \lim_{x \to b} \dfrac{f^{-1}(x) - f^{-1}(b)}{x - b}$$

因為 $b = f(a) \Leftrightarrow (f^{-1})(b) = a$，$(f^{-1})(x) = y \Leftrightarrow x = f(y)$。

當 $x \to b \Rightarrow (f^{-1})(x) \to (f^{-1})(b) \Rightarrow y \to a$，得

$$(f^{-1})'(b) = \lim_{x \to b} \frac{f^{-1}(x) - f^{-1}(b)}{x - b} = \lim_{y \to a} \frac{y - a}{f(y) - f(a)}$$

$$= \lim_{y \to a} \frac{1}{\frac{f(y) - f(a)}{y - a}} = \frac{1}{\lim_{y \to a} \frac{f(y) - f(a)}{y - a}}$$

$$= \frac{1}{f'(a)} = \frac{1}{f'[f^{-1}(b)]}$$

得證。

例題 4 令 $f(x) = x^3 + x + 1$，求 $(f^{-1})'(3)$。

解 因為 $f(1) = 3$，$f^{-1}(3) = 1$。根據定理 4.2，得

$$(f^{-1})'(3) = \frac{1}{f'(1)}$$

$f'(x) = 3x^2 + 1$，$f'(1) = 3 + 1 = 4$

故 $$(f^{-1})'(3) = \frac{1}{4}$$

例題 5 令 $f(x) = x^3 + 2$，求 $(f^{-1})'(3)$。

解 方法一：先求出反函數的形式後再微分

$$y = x^3 + 2 \Rightarrow x = \sqrt[3]{y-2} \Rightarrow f^{-1}(x) = \sqrt[3]{x-2}$$

$$(f^{-1})'(x) = \frac{1}{3}(x-2)^{-\frac{2}{3}}, \quad (f^{-1})'(3) = \frac{1}{3}(3-2)^{-\frac{2}{3}} = \frac{1}{3}$$

方法二：根據定理 4.2 求其反函數之導數

$$f(1) = 3, \quad f^{-1}(3) = 1, \quad f'(x) = 3x^2$$

$$(f^{-1})'(3) = \frac{1}{f'(1)} = \frac{1}{3(1^2)} = \frac{1}{3}$$

習題 4.1

1～5 題，試判斷下列函數是否為一對一函數。

1. $f(x) = x^2 + 2$
2. $f(x) = \dfrac{1}{x}$
3. $f(x) = 6 - 5x$
4. $f(x) = \sqrt{x}$
5. $f(x) = \sqrt{x^3 + 2x + 7}$

6～9 題，求下列函數之反函數。

6. $f(x) = x + 7$
7. $f(x) = \dfrac{1}{x}$
8. $f(x) = \dfrac{6 - 5x}{2 + 3x}$
9. $f(x) = \sqrt{x}$
10. 若 $f(x) = 2x + 5$，求 $(f^{-1})'(-1)$。
11. 若 $f(x) = x^3 + x + 7$，求 $(f^{-1})'(7)$。
12. 若 $f(x) = \sqrt{3x + 2}$，求 $(f^{-1})'(\sqrt{5})$。
13. 若 $f(x) = \dfrac{2}{x - 9}$，求 $(f^{-1})'(2)$。

4.2　指數函數及其導函數

$f(x) = 3^x$ 稱為**指數函數**，因為變數 x 位於次方處。$f(x) = x^3$ 稱為**冪函數**，因為變數 x 位於基底。兩者可依變數 x 的位置辨別。一般來說，指數函數的形式為

$$f(x) = a^x$$

其中 a 為正數。

當 x 為正整數 n 時，$f(x) = a^n$，表示 a 連乘 n 次。

當 x 為 $-n$ 時，$f(x) = \dfrac{1}{a^n}$。

當 x 為有理數 $\dfrac{p}{q}$ 時，$f(x) = \sqrt[q]{a^p}$。

當 x 為 0 時，f 即為 1。故指數函數一定通過 $(0, 1)$。

當 $a > 0$ 且 $a \neq 1$ 時，指數函數的數值變化如圖 4.5，其性質如下：

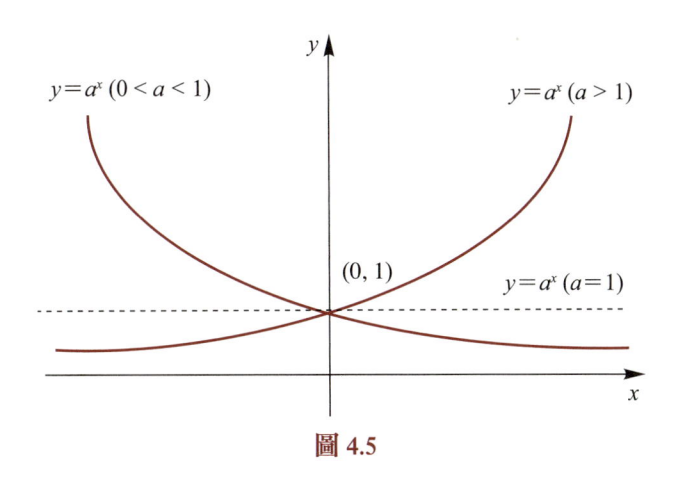

圖 4.5

1. 指數函數的定義域為 $(-\infty, \infty)$，值域為 $(0, \infty)$。
2. 指數函數為一對一、單調且連續的函數。
3. 在 $0 < a < 1$ 時，為一嚴格遞減函數，$\lim_{x \to \infty} a^x = 0$，$\lim_{x \to -\infty} a^x = \infty$。
4. 在 $a > 1$ 時，為一嚴格遞增函數，$\lim_{x \to \infty} a^x = \infty$，$\lim_{x \to -\infty} a^x = 0$。

例題 1 $\lim_{x \to \infty} (0.5)^x = 0$。因為指數函數 $f(x) = 0.5^x$，基底 $0 < 0.5 < 1$。

例題 2 $\lim_{x \to \infty} \dfrac{3^x}{3^x + 10} = \lim_{x \to \infty} \dfrac{1}{1 + \dfrac{10}{3^x}} = 1$，$\because \lim_{x \to \infty} \dfrac{10}{3^x} = 0$。

指數函數的性質

1. $a^{x+y} = a^x \cdot a^y$
2. $a^{x-y} = \dfrac{a^x}{a^y}$
3. $a^{xy} = (a^x)^y$
4. $(ab)^x = a^x \cdot b^x$

例題 3 (1) $2^5 \cdot 2^3 = 2^{5+3} = 2^8$ (2) $\dfrac{2^5}{2^3} = 2^{5-3} = 2^2$。

(3) $(2^5)^3 = 2^{5 \cdot 3} = 2^{15}$ (4) $(2 \cdot 3)^3 = 2^3 \cdot 3^3$。

定理 4.3

指數函數 $f(x) = a^x$，其導函數 $f'(x) = f(x) \cdot f'(0)$。

證明　$f'(x) = \lim\limits_{h \to 0} \dfrac{f(x+h) - f(x)}{h} = \lim\limits_{h \to 0} \dfrac{a^{x+h} - a^x}{h} = \lim\limits_{h \to 0} \dfrac{a^x(a^h - 1)}{h}$

$= a^x \lim\limits_{h \to 0} \dfrac{a^h - a^0}{h} \quad \left(\because f(0) = a^0 = 1 \text{，} \therefore \lim\limits_{h \to 0} \dfrac{a^{0+h} - 1}{h} = f'(0) \right)$

$= a^x \cdot f'(0) = f(x) \cdot f'(0)$

當 $a = 2$ 時，$f'(0) \approx 0.69$。當 $a = 3$ 時，$f'(0) \approx 1.10$。故介於 (2, 3) 間存在一點 a 使得 $f'(0) = 1$。我們將此實數記為 e。

定義 4.1

實數 e 使得 $\lim\limits_{h \to 0} \dfrac{e^h - 1}{h} = 1$，我們稱 e 為自然指數。

實數 e 為一無理數，$e \approx 2.71828\ldots$。自然指數亦可利用極限形式表示之，$e = \lim\limits_{x \to 0}(1+x)^{\frac{1}{x}} = \lim\limits_{x \to \infty}\left(1 + \dfrac{1}{x}\right)^x$，在 4.4 節會有較詳細的說明。以 e 為基底的指數函數，稱為自然指數函數。當指數函數的基底為 e 時，$f'(0) = 1$。故自然指數函數之導函數為 $f'(x) = f(x)$。

$$\dfrac{d}{dx}(e^x) = e^x$$

自然指數函數 $f(x) = e^x$ 的性質如下：

1. 定義域為 $(-\infty, \infty)$，值域為 $(0, \infty)$。
2. 一對一、單調且連續的函數。
3. 為一嚴格遞增函數，$\lim\limits_{x \to \infty} e^x = \infty$，$\lim\limits_{x \to -\infty} e^x = 0$。
4. $f'(x) = f(x)$。

例題 ④ 求 $\lim\limits_{x\to\infty}\dfrac{e^{3x}}{e^{3x}+1}$。

解 $\lim\limits_{x\to\infty}\dfrac{e^{3x}}{e^{3x}+1}=\lim\limits_{x\to\infty}\dfrac{1}{1+e^{-3x}}=\dfrac{1}{1+0}=1$

令 $t=-3x$，當 $x\to\infty$，則 $t\to-\infty$，故 $\lim\limits_{x\to\infty}e^{-3x}=\lim\limits_{t\to-\infty}e^{t}=0$。

例題 ⑤ 求函數 $f(x)=e^{x^2+1}$ 之導函數。

解 令 $u=x^2+1$，則 $\dfrac{du}{dx}=2x$，且

$$y=e^u, \dfrac{dy}{du}=e^u$$

$$f'(x)=\dfrac{dy}{dx}=\dfrac{dy}{du}\dfrac{du}{dx}=e^u(2x)=2xe^{x^2+1}$$

因此利用連鎖法則，可得下列等式

$$\dfrac{d}{dx}e^u=e^u\dfrac{du}{dx}$$

例題 ⑥ 求函數 $y=x^2 e^{-5x^3+x+2}$ 之導函數。

解 $y'=x^2\dfrac{d}{dx}(e^{-5x^3+x+2})+e^{-5x^3+x+2}\dfrac{d}{dx}(x^2)$

$=x^2 e^{-5x^3+x+2}(-15x^2+1)+e^{-5x^3+x+2}(2x)$

$=(-15x^4+x^2+2x)e^{-5x^3+x+2}$

例題 ⑦ 求函數 $y=\dfrac{e^{\frac{1}{x}}}{x^2}$ 之導函數。

解 $y'=\dfrac{x^2\dfrac{d}{dx}(e^{\frac{1}{x}})-e^{\frac{1}{x}}\dfrac{d}{dx}(x^2)}{(x^2)^2}$

$=\dfrac{x^2 e^{\frac{1}{x}}(-x^{-2})-e^{\frac{1}{x}}(2x)}{x^4}=\dfrac{-e^{\frac{1}{x}}(1+2x)}{x^4}$

習題 4.2

1~5 題，求下列極限值。

1. $\lim\limits_{x\to\infty}\dfrac{2e^{2x}}{3e^{2x}+e^x}$

2. $\lim\limits_{x\to\infty} e^{\frac{2}{x-3}}$

3. $\lim\limits_{x\to\infty}\dfrac{e^x-e^{-x}}{e^x+e^{-x}}$

4. $\lim\limits_{x\to 0}\dfrac{e^x}{1-x}$

5. $\lim\limits_{x\to 2} xe^{x-2}$

6~10 題，求下列函數之微分。

6. $f(x)=e^{-x}$

7. $f(x)=x^2 e^{2x}$

8. $f(x)=\dfrac{e^x-e^{-x}}{e^x+e^{-x}}$

9. $f(x)=\sqrt{1+x+x^2 e^{-3x}}$

10. $f(x)=1+e^{e^x}$

4.3 對數函數

當 $a>0$ 且 $a\neq 1$ 時，當 $a>1$ 時，指數函數為嚴格遞增；當 $0<a<1$ 時，指數函數為嚴格遞減。指數函數為一對一函數，其反函數存在。指數函數 $f(x)=a^x$ 的反函數稱為以 a 為基底的對數函數且記為 $\log_a x$（圖 4.6）。因為 $f^{-1}(x)=y \Leftrightarrow f(y)=x$，故

$$\log_a x = y \Leftrightarrow a^y = x$$

例題 1 求 (1) $\log_2 8$；(2) $\log_9 3$；(3) $\log_{10} 0.01$。

解 (1) $y=\log_2 8 \Rightarrow 2^y=2^3 \Rightarrow y=3$。

(2) $y=\log_9 3 \Rightarrow 9^y=3 \Rightarrow (3^2)^y=3 \Rightarrow 2y=1 \Rightarrow y=0.5$。

(3) $y=\log_{10} 0.01 \Rightarrow 10^y=10^{-2} \Rightarrow y=-2$。

圖 4.6

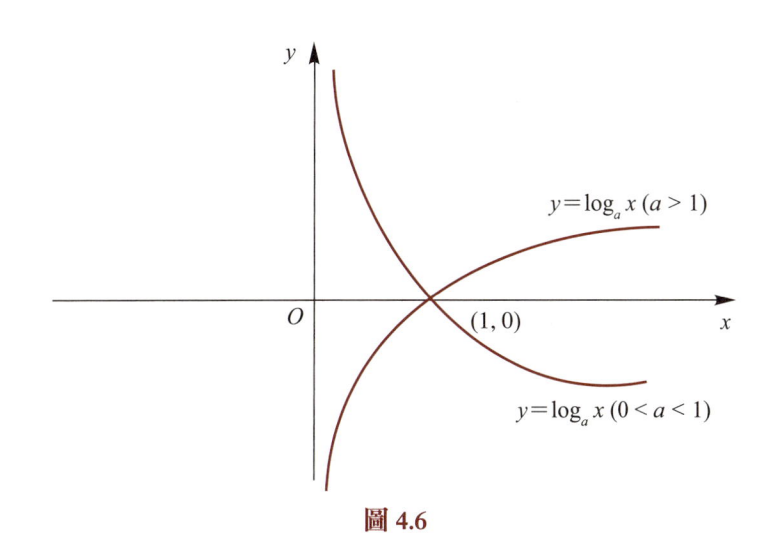

當 x 為 1 時，y 即為 0。故對數函數一定通過 (1, 0)。當 $a > 0$ 且 $a \neq 1$ 時，對數函數的性質如下：

1. 對數函數的定義域為 $(0, \infty)$，值域為 $(-\infty, \infty)$。
2. 對數函數為一對一、單調且連續的函數。
3. 在 $0 < a < 1$ 時，為一嚴格遞減函數，$\lim\limits_{x \to 0^+} \log_a x = \infty$，$\lim\limits_{x \to \infty} \log_a x = -\infty$。
4. 在 $a > 1$ 時，為一嚴格遞增函數，$\lim\limits_{x \to 0^+} \log_a x = -\infty$，$\lim\limits_{x \to \infty} \log_a x = \infty$。

指數函數 $f(x) = a^x$，及其反函數對數函數 $f^{-1}(x) = \log_a x$ 間的關係

$$\log_a (a^x) = x，其中 x \in R；a^{\log_a x} = x，其中 x > 0。$$

對數函數的性質

1. $\log_a (xy) = \log_a x + \log_a y$
2. $\log_a \left(\dfrac{x}{y}\right) = \log_a x - \log_a y$
3. $\log_a (x^r) = r \log_a x$

其中 $x > 0$，$y > 0$，且 r 為實數。

例題 2 求 (1) $\log_9 3 + \log_9 27$ (2) $\log_{10} 500 - \log_{10} 5$ (3) $\log_2 a + \log_2 b - \log_2 c$。

解 (1) $\log_9 3 + \log_9 27 = \log_9 (3 \times 27) = \log_9 81 = 2$

(2) $\log_{10} 500 - \log_{10} 5 = \log_{10} \left(\dfrac{500}{5}\right) = \log_{10} 100 = 2$

(3) $\log_2 a + \log_2 b - \log_2 c = \log_2 \left(\dfrac{ab}{c}\right)$

以 e 為基底的對數函數稱為**自然對數**函數，記為 $\ln$，即

$$\log_e x = \ln x$$

故 $\qquad \ln x = y \Leftrightarrow e^y = x$

當 $x = e$ 時，$\ln e = 1$。

自然對數函數的性質如下：

1. 定義域為 $(0, \infty)$，值域為 $(-\infty, \infty)$。
2. 一對一、單調且連續的函數。
3. 為一嚴格遞增函數，$\lim\limits_{x \to 0^+} \ln x = -\infty$，$\lim\limits_{x \to \infty} \ln x = \infty$。

自然對數函數 $f(x) = \ln x$，及其反函數自然指數函數 $f^{-1}(x) = e^x$ 間的關係 $\ln(e^x) = x$，其中 $x \in R$；$e^{\ln x} = x$，其中 $x > 0$。

例題 3 若 $\ln x = 2$，求 $x = ?$

解 $\ln x = 2 \Rightarrow e^{\ln x} = e^2 \Rightarrow x = e^2$

例題 4 若 $2e^{5x-2} = 5$，求 $x = ?$

解 $2e^{5x-2} = 5 \Rightarrow e^{5x-2} = 2.5$

$\Rightarrow \ln e^{5x-2} = \ln 2.5$

$\Rightarrow 5x - 2 = \ln 2.5 \Rightarrow x = \dfrac{\ln 2.5 + 2}{5}$

例題 5 求 $\lim\limits_{x\to\infty}\dfrac{\ln x}{2+\ln x}$。

解 $\lim\limits_{x\to\infty}\dfrac{\ln x}{2+\ln x}=\lim\limits_{x\to\infty}\dfrac{1}{\dfrac{2}{\ln x}+1}$

$=\dfrac{1}{\lim\limits_{x\to\infty}\dfrac{2}{\ln x}+1}$

$=\dfrac{1}{0+1}=1\ \left(\because \lim\limits_{x\to\infty}\dfrac{2}{\ln x}=0\right)$

在函數的微分時，因為自然指數函數或自然對數函數之導數較易推導出來。故可利用下列換底公式，將指數函數及對數函數轉換成以自然指數為基底，進而再做後續的運算。

定理 4.4　換底公式

當 $a>0$ 且 $a\neq 1$，(1) $a^x=e^{x\ln a}$　(2) $\log_a b=\dfrac{\ln b}{\ln a}$。

證明　(1) 令 $y=a^x\Rightarrow \ln y=\ln a^x\Rightarrow \ln y=x\ln a\Rightarrow e^{\ln y}=e^{x\ln a}\Rightarrow y=e^{x\ln a}$。

(2) 令 $y=\log_a b$，故 $a^y=b$。

$\ln(a^y)=\ln b\Rightarrow y\ln a=\ln b\Rightarrow y=\dfrac{\ln b}{\ln a}\Rightarrow \log_a b=\dfrac{\ln b}{\ln a}$

例題 6 藉由換底公式，將下列函數進行轉換。

(1) $y=\log_2 x$
(2) $y=\log_3(x-2)^5$
(3) $y=2^x$
(4) $y=2^{3x+4}$

解 (1) $y=\log_2 x$，$y=\dfrac{\ln x}{\ln 2}$。　　(2) $y=\log_3(x-2)^5$，$y=\dfrac{5\ln(x-2)}{\ln 3}$。

(3) $y=2^x$，$y=e^{x\ln 2}$。　　(4) $y=3^{3x+4}$，$y=e^{(3x+4)\ln 3}$。

習題 4.3

1〜4 題,利用對數函數的性質,展開下列對數函數。

1. $\ln\left(\dfrac{2^x}{x}\right)$

2. $\ln\left(\dfrac{x-e^{2x}}{3e^{-x}}\right)^3$

3. $\ln\left[\dfrac{(x-2)^5 e^{x-3}}{e^x+e^{-x}}\right]$

4. $\log_2 (x-2)\sqrt[3]{x^2+x+1}$

5〜6 題,利用對數函數的性質,合併下列對數函數。

5. $\ln x - \ln(x+2) + 2\ln(x^2-3)$

6. $2\ln(x-1) - \dfrac{1}{2}\ln(x+2) - x\ln(x-x^2)$

7〜11 題,求下列極限值。

7. $\lim\limits_{x\to 0^+} \dfrac{\ln x}{\ln x + 1}$

8. $\lim\limits_{x\to\infty} \dfrac{\ln x}{\ln 2x + 1}$

9. $\lim\limits_{x\to\infty} \ln(1+e^{-2x})$

10. $\lim\limits_{x\to 0} \ln\left(\dfrac{e^x}{1-x}\right)$

11. $\lim\limits_{x\to 0^+} \dfrac{\ln x}{5+(\ln x)^2}$

4.4　對數函數之導函數

在本節將介紹對數函數的導函數。首先從自然對數函數開始。

定理 4.5　自然指數函數的導函數

$$\dfrac{d}{dx}\ln x = \dfrac{1}{x},\ \forall\, x > 0$$

證明　令 $y = \ln x$,則 $e^y = x$。

$$\dfrac{d}{dx}e^y = \dfrac{d}{dx}x \Rightarrow e^y \dfrac{dy}{dx} = 1 \Rightarrow \dfrac{dy}{dx} = \dfrac{1}{e^y} = \dfrac{1}{x}$$

故可得 $\dfrac{d}{dx}\ln x = \dfrac{1}{x}$。

例題 1 求下列導函數 (1) $f(x) = \ln x + e^x$ (2) $f(x) = e^x \cdot \ln x$。

解 (1) $f'(x) = (\ln x)' + (e^x)' = \dfrac{1}{x} + e^x$

(2) $f'(x) = (e^x)'\ln x + e^x(\ln x)' = e^x \cdot \ln x + e^x \cdot \dfrac{1}{x}' = e^x\left(\ln x + \dfrac{1}{x}\right)$

若 $y = \ln u$，其中 u 為 x 的函數。根據連鎖法則，$\dfrac{dy}{dx} = \dfrac{dy}{du}\dfrac{du}{dx}$。故 $\dfrac{d}{dx}\ln u = \dfrac{1}{u}\dfrac{du}{dx}$。

例題 2 求 $\dfrac{d}{dx}\ln\dfrac{\sqrt{x+2}}{x+1}$。

解 方法一：直接微分

$$\dfrac{d}{dx}\ln\dfrac{\sqrt{x+2}}{x+1} = \dfrac{1}{\left(\dfrac{\sqrt{x+2}}{x+1}\right)} \times \dfrac{\dfrac{1}{2}(x+2)^{-\frac{1}{2}}(x+1) - (x+2)^{\frac{1}{2}}}{(x+1)^2}$$

$$= \dfrac{x+1}{\sqrt{x+2}} \times \dfrac{(x+1) - 2(x+2)}{2(x+1)^2\sqrt{x+2}} = \dfrac{-(x+3)}{2(x+1)(x+2)}$$

方法二：依對數函數的性質將函數拆解後再微分

$$\ln\dfrac{\sqrt{x+2}}{x+1} = \dfrac{1}{2}\ln(x+2) - \ln(x+1)$$

$$\dfrac{d}{dx}\ln\dfrac{\sqrt{x+2}}{x+1} = \dfrac{d}{dx}\left(\dfrac{1}{2}\ln(x+2)\right) - \dfrac{d}{dx}(\ln(x+1))$$

$$= \dfrac{1}{2(x+2)} - \dfrac{1}{x+1} = \dfrac{-(x+3)}{2(x+2)(x+1)}$$

例題 3 求 (1) $\dfrac{d}{dx}\ln(x^2+1)$ (2) $\dfrac{d}{dx}(e^{-x^3})$ (3) $\dfrac{d}{dx}\left(\dfrac{\ln 2x}{1+e^{2x}}\right)$。

解 (1) $\dfrac{d}{dx}\ln(x^2+1)=\dfrac{1}{x^2+1}\dfrac{d}{dx}(x^2+1)=\dfrac{2x}{x^2+1}$。

(2) $\dfrac{d}{dx}(e^{-x^3})=e^{-x^3}\dfrac{d}{dx}(-x^3)=-3x^2\,e^{-x^3}$。

(3) $\dfrac{d}{dx}\left(\dfrac{\ln 2x}{1+e^{2x}}\right)=\dfrac{(1+e^{2x})\dfrac{d}{dx}(\ln 2x)-\ln 2x\dfrac{d}{dx}(1+e^{2x})}{(1+e^{2x})^2}$

$=\dfrac{\dfrac{2}{2x}(1+e^{2x})-2e^{2x}\ln 2x}{(1+e^{2x})^2}$

$=\dfrac{\dfrac{(1+e^{2x})}{x}-2e^{2x}\ln 2x}{(1+e^{2x})^2}$

例題 4 若 $f(x)=\ln|x|$，求 $f'(x)$。

解 $f(x)=\ln|x|=\begin{cases}\ln x &, x>0\\ \ln(-x) &, x<0\end{cases}$

$f'(x)=\begin{cases}\dfrac{1}{x} &, x>0\\ \dfrac{1}{-x}(-1)=\dfrac{1}{x} &, x<0\end{cases}$

故 $f'(x)=\dfrac{1}{x}$。

定理 4.6　廣義的指數函數及對數函數之導函數

當 $a>0$ 且 $a\neq 1$，可得下列結果
(1) $\dfrac{d}{dx}(\log_a x)=\dfrac{1}{x\ln a}$
(2) $\dfrac{d}{dx}(a^x)=a^x\ln a$

證明 (1) 因為 $\log_a x = \dfrac{\ln x}{\ln a}$，故

$$\dfrac{d}{dx}(\log_a x) = \dfrac{d}{dx}\left(\dfrac{\ln x}{\ln a}\right) = \dfrac{1}{\ln a}\left(\dfrac{d}{dx}(\ln x)\right)$$

$$= \dfrac{1}{\ln a}\left(\dfrac{1}{x}\right) = \dfrac{1}{x\ln a}$$

(2) 令 $y = a^x$，同時對等式左右取自然對數，$\ln y = x \ln a$。

$$\dfrac{d}{dx}\ln y = \dfrac{d}{dx} x\ln a$$

$$\Rightarrow \dfrac{1}{y}\cdot y' = \ln a \Rightarrow y' = y\ln a = a^x \ln a$$

亦可利用下列方法證明。根據換底公式，$a^x = e^{x\ln a}$。

$$\dfrac{d}{dx}a^x = \dfrac{d}{dx}e^{x\ln a} = e^{x\ln a}\dfrac{d}{dx}(x\ln a) = e^{x\ln a}\ln a = a^x \ln a$$

例題 5 若 $y = \log_2(x^3 + 2x + 1)$，$z = 10^{x^2+1}$，求 (1) $\dfrac{dy}{dx}$；(2) $\dfrac{dz}{dx}$。

解 (1) $y = \dfrac{\ln(x^3 + 2x + 1)}{\ln 2}$，

$$\dfrac{dy}{dx} = \dfrac{d}{dx}\left[\dfrac{\ln(x^3 + 2x + 1)}{\ln 2}\right]$$

$$= \dfrac{1}{\ln 2}\left(\dfrac{1}{x^3 + 2x + 1}(3x^2 + 2)\right)$$

$$= \dfrac{3x^2 + 2}{(x^3 + 2x + 1)\ln 2}$$

(2) $z = e^{(x^2+1)\ln 10}$，

$$\dfrac{dz}{dx} = \dfrac{d}{dx}(e^{(x^2+1)\ln 10}) = e^{(x^2+1)\ln 10}(\ln 10)(2x) = 2x \cdot 10^{x^2+1}\ln 10$$

當微分函數的形式有複雜的相乘、相除或乘冪時，可以先對函數取自然對數，依據對數函數的性質，將函數簡化成加、減及常數乘積後，再微分求解。此種微分技巧稱為**對數微分法**。

對數微分法的步驟如下：

步驟一：對函數 $y = f(x)$ 取自然對數 $\ln y = \ln f(x)$，根據對數函數的性質將函數簡化。

步驟二：將所得方程式等式左右皆對 x 進行微分，利用隱函數微分，得

$$\frac{d}{dx} \ln y = \frac{d}{dx} (\ln f(x)) \Rightarrow \frac{y'}{y} = \frac{d}{dx} (\ln f(x))$$

步驟三：求解 $y' = y \dfrac{d}{dx} (\ln f(x))$。

例題 6 若 $y = \dfrac{(\sqrt{x}+1)\sqrt{2+x^2}}{(x^3+1)^{\frac{1}{3}}}$，求 y'。

解 步驟一：$\ln y = \ln \left[\dfrac{(\sqrt{x}+1)\sqrt{2+x^2}}{(x^3+1)^{\frac{1}{3}}} \right] = \ln \left[\dfrac{(x^{\frac{1}{2}}+1)(2+x^2)^{\frac{1}{2}}}{(x^3+1)^{\frac{1}{3}}} \right]$

$\qquad\qquad = \ln (x^{\frac{1}{2}}+1) + \dfrac{1}{2} \ln (2+x^2) - \dfrac{1}{3} \ln (x^3+1)$

步驟二：$\dfrac{d}{dx} (\ln y) = \dfrac{d}{dx} \left[\ln (x^{\frac{1}{2}}+1) + \dfrac{1}{2} \ln (2+x^2) - \dfrac{1}{3} \ln (x^3+1) \right]$

$\qquad\Rightarrow \dfrac{y'}{y} = \dfrac{x^{-\frac{1}{2}}}{2(x^{\frac{1}{2}}+1)} + \dfrac{x}{2+x^2} - \dfrac{x^2}{x^3+1}$

步驟三：$y' = y \left[\dfrac{x^{-\frac{1}{2}}}{2(x^{\frac{1}{2}}+1)} + \dfrac{x}{2+x^2} - \dfrac{x^2}{x^3+1} \right]$

$\qquad\qquad = \dfrac{(\sqrt{x}+1)\sqrt{2+x^2}}{(x^3+1)^{\frac{1}{3}}} \left[\dfrac{x^{-\frac{1}{2}}}{2(x^{\frac{1}{2}}+1)} + \dfrac{x}{2+x^2} - \dfrac{x^2}{x^3+1} \right]$

例題 7 求 $\dfrac{d}{dx} (x^x)$。

解 方法一：根據換底公式，直接微分 $x^x = e^{x\ln x}$，得

$$\frac{d}{dx}(x^x) = \frac{d}{dx}(e^{x\ln x}) = e^{x\ln x}\left(\ln x + x\frac{1}{x}\right) = x^x(\ln x + 1)$$

方法二：利用對數微分法

步驟一：$y = x^x \Rightarrow \ln y = x\ln x$

步驟二：$\dfrac{d}{dx}(\ln y) = \dfrac{d}{dx}(x\ln x)$

$$\frac{y'}{y} = x\left(\frac{d}{dx}\ln x\right) + \ln x\left(\frac{d}{dx}x\right) = x\cdot\frac{1}{x} + \ln x = 1 + \ln x$$

步驟三：$y' = y(\ln x + 1) = x^x(\ln x + 1)$

以下介紹如何利用極限公式表示自然指數 e，若 $f(x) = \ln x$，則 $f'(x) = \dfrac{1}{x}$。故當 $x = 1$ 時，$f'(1) = 1$。

根據導函數的定義，得

$$f'(1) = \lim_{h\to 0}\frac{f(1+h)-f(1)}{h} = \lim_{h\to 0}\frac{\ln(1+h)-\ln 1}{h}$$

$$= \lim_{h\to 0}\frac{\ln(1+h)}{h} = \lim_{h\to 0}\ln(1+h)^{\frac{1}{h}} = \ln[\lim_{h\to 0}(1+h)^{\frac{1}{h}}] = 1$$

因為 $\ln e = 1$，故可得 $\lim_{h\to 0}(1+h)^{\frac{1}{h}} = e$。亦可將自然指數表示成 $e = \lim_{t\to\infty}\left(1+\dfrac{1}{t}\right)^t$。

習題 4.4

1～5 題，求下列函數之微分。

1. $f(x) = (\ln x)^2$

2. $f(x) = \ln\left(\dfrac{x-e^x}{2e^{-x}}\right)$

3. $f(x) = \log_2[(x-2)e^x]$

4. $f(x) = 2^{x-3}\log_3(x^2+1)$

5. $f(x) = \ln\ln(x+1)$

6～9 題，利用對數微分法求下列函數之微分。

6. $f(x) = \sqrt[3]{\dfrac{(x^2+2x+3)^3(x-1)^5}{(x^2+3)^7}}$

7. $f(x) = x^{\frac{1}{x}}$，$x > 0$

8. $f(x) = (\ln x)^x$, $x > 0$

9. $f(x) = 10^{x \ln x}$, $x > 0$

10～13 題，求下列極限值。

10. $\lim\limits_{x \to \infty} \left(1 + \dfrac{1}{2x}\right)^x$

11. $\lim\limits_{x \to \infty} \left(1 + \dfrac{1}{x}\right)^{2x}$

12. $\lim\limits_{x \to \infty} \ln \left(1 + \dfrac{2}{x}\right)^x$

13. $\lim\limits_{x \to 0} \ln (1 + 3x)^{\frac{2}{x}}$

4.5 羅比達定理

在實際的應用方面，我們經常會碰到一些極限難以求出的情形，例如：$\lim\limits_{x \to 1} \dfrac{x^2 - 1}{x - 1}$，當 x 逼近至 1，分子及分母同時逼近至 0 ($\lim\limits_{x \to 1}(x^2 - 1) = 0$，$\lim\limits_{x \to 1}(x - 1) = 0$)，藉由因式拆解，$\dfrac{x^2 - 1}{x - 1} = \dfrac{(x - 1)(x + 1)}{x - 1} = x + 1$，故 $\lim\limits_{x \to 1} \dfrac{x^2 - 1}{x - 1}$ 亦等同於 $\lim\limits_{x \to 1}(x + 1) = 2$，但若無法藉由因式拆解或代數計算處理，則函數的極值要如何判斷？本節將介紹**羅比達定理** (L' Hospital's Rule)，藉由此定理的結果判斷函數的極限值。若函數極限形式如 $\dfrac{0}{0}$，$\dfrac{\infty}{\infty}$，$0 \cdot \infty$，$\infty - \infty$，0^0，0^∞，∞^0 不易決定其極限，此種無法直接判斷極限結果的函數形式，通稱為**不定型** (indeterminate forms)。本節將介紹上述不定型之極限判斷方式。

定理 4.7　羅比達定理：不定型 $\dfrac{0}{0}$ 及 $\dfrac{\infty}{\infty}$

若 $\lim\limits_{x \to a} f(x) = 0\ (\infty)$ 及 $\lim\limits_{x \to a} g(x) = 0\ (\infty)$，則

$$\lim_{x \to a} \dfrac{f(x)}{g(x)} = \lim_{x \to a} \dfrac{f'(x)}{g'(x)}$$

其中 $g'(x)$ 在 x 逼近 a 時不為 0。

例題 1 求 $\lim\limits_{x\to 1}\dfrac{x^2-1}{x-1}$。

解 因為 $\lim\limits_{x\to 1}(x^2-1)=0$，$\lim\limits_{x\to 1}(x-1)=0$，所以 $\lim\limits_{x\to 1}\dfrac{x^2-1}{x-1}$ 為不定型 $\dfrac{0}{0}$。

藉由羅比達定理，$\lim\limits_{x\to 1}\dfrac{x^2-1}{x-1}=\lim\limits_{x\to 1}\dfrac{2x}{1}=2$。

例題 2 求 $\lim\limits_{x\to 0}\dfrac{3^x-2^x}{x}$。

解 因為 $\lim\limits_{x\to 0}(3^x-2^x)=0$，$\lim\limits_{x\to 0}x=0$，所以 $\lim\limits_{x\to 0}\dfrac{3^x-2^x}{x}$ 為不定型 $\dfrac{0}{0}$。

藉由羅比達定理，$\lim\limits_{x\to 0}\dfrac{3^x-2^x}{x}=\lim\limits_{x\to 0}\dfrac{3^x\ln 3-2^x\ln 2}{1}=\ln 3-\ln 2$。

例題 3 求 $\lim\limits_{x\to\infty}\dfrac{e^x}{5x}$。

解 因為 $\lim\limits_{x\to\infty}e^x=\infty$，$\lim\limits_{x\to\infty}5x=\infty$，所以 $\lim\limits_{x\to\infty}\dfrac{e^x}{5x}$ 為不定型 $\dfrac{\infty}{\infty}$。

藉由羅比達定理，$\lim\limits_{x\to\infty}\dfrac{e^x}{5x}=\lim\limits_{x\to\infty}\dfrac{e^x}{5}=\infty$。

例題 4 求 $\lim\limits_{x\to\infty}\dfrac{\ln(x+1)}{5x}$。

解 因為 $\lim\limits_{x\to\infty}\ln(x+1)=\infty$，$\lim\limits_{x\to\infty}5x=\infty$，所以 $\lim\limits_{x\to\infty}\dfrac{\ln(x+1)}{5x}$ 為不定型 $\dfrac{\infty}{\infty}$。

藉由羅比達定理，$\lim\limits_{x\to\infty}\dfrac{\ln(x+1)}{5x}=\lim\limits_{x\to\infty}\dfrac{\dfrac{1}{x+1}}{5}=\lim\limits_{x\to\infty}\dfrac{1}{5(x+1)}=0$。

例題 5 求 $\lim\limits_{x\to\infty}\dfrac{e^{2x}}{5x^2}$。

解 (1) $\lim\limits_{x\to\infty}e^{2x}=\infty$，$\lim\limits_{x\to\infty}5x^2=\infty$，故 $\lim\limits_{x\to\infty}\dfrac{e^{2x}}{5x^2}$ 為不定型 $\dfrac{\infty}{\infty}$。

$\lim\limits_{x\to\infty}\dfrac{e^{2x}}{5x^2}=\lim\limits_{x\to\infty}\dfrac{2e^{2x}}{5(2x)}=\lim\limits_{x\to\infty}\dfrac{e^{2x}}{5x}$。

(2) $\lim\limits_{x\to\infty} e^{2x}=\infty$，$\lim\limits_{x\to\infty} 5x=\infty$，故 $\lim\limits_{x\to\infty}\dfrac{e^{2x}}{5x}$ 為不定型 $\dfrac{\infty}{\infty}$。

$$\lim_{x\to\infty}\dfrac{e^{2x}}{5x^2}=\lim_{x\to\infty}\dfrac{e^{2x}}{5x}=\lim_{x\to\infty}\dfrac{2e^{2x}}{5}=\infty。$$

羅比達定理可以重複使用，只要有滿足定理的條件，皆可再次使用羅比達定理求取極限值。

若 $\lim\limits_{x\to a} f(x)=0$ 及 $\lim\limits_{x\to a} g(x)=\infty$ 時，則 $\lim\limits_{x\to a} f(x)g(x)$ 為不定型 $0\cdot\infty$。此類函數的極限值無法直接判斷。當遇到不定型 $0\cdot\infty$ 時，可以依據下列步驟處理。

步驟一：將 $f(x)\cdot g(x)$ 寫成 $\dfrac{f(x)}{\dfrac{1}{g(x)}}$（不定型 $\dfrac{0}{0}$）或 $\dfrac{g(x)}{\dfrac{1}{f(x)}}$（不定型 $\dfrac{\infty}{\infty}$）的形式。

步驟二：應用羅比達定理求解。

例題 6 求 $\lim\limits_{x\to\infty} xe^{-x}$。

解 因為 $\lim\limits_{x\to\infty} x=\infty$，$\lim\limits_{x\to\infty} e^{-x}=0$，所以 $\lim\limits_{x\to\infty} xe^{-x}$ 為不定型 $\infty\cdot 0$。

(1) $xe^{-x}=\dfrac{x}{\dfrac{1}{e^{-x}}}=\dfrac{x}{e^x}$（不定型 $\dfrac{\infty}{\infty}$）

(2) 藉由羅比達定理，$\lim\limits_{x\to\infty} xe^{-x}=\lim\limits_{x\to\infty}\dfrac{x}{e^x}=\lim\limits_{x\to\infty}\dfrac{1}{e^x}=0$。

若 $\lim\limits_{x\to a} f(x)=\infty$ 及 $\lim\limits_{x\to a} g(x)=\infty$ 時，則 $\lim\limits_{x\to a}[f(x)-g(x)]$ 為不定型 $\infty-\infty$。此類函數的極限值無法直接判斷。當遇到不定型 $\infty-\infty$ 時，需將 $f(x)-g(x)$ 改寫成單一項後再求其極值。

例題 7 求 $\lim\limits_{x\to 0^+}\left(\dfrac{1}{\ln(x+1)}-\dfrac{1}{x}\right)$。

解 $\lim\limits_{x\to 0^+}\dfrac{1}{\ln(x+1)}=\infty$，$\lim\limits_{x\to 0^+}\dfrac{1}{x}=\infty$，故 $\lim\limits_{x\to 0^+}\left(\dfrac{1}{\ln(x+1)}-\dfrac{1}{x}\right)$ 為不定型 $\infty-\infty$。

$$\lim_{x\to 0^+}\left(\dfrac{1}{\ln(x+1)}-\dfrac{1}{x}\right)=\lim_{x\to 0^+}\dfrac{x-\ln(x+1)}{x\ln(x+1)}\ (\dfrac{0}{0})。$$

藉由羅比達定理，

$$\lim_{x\to 0^+}\left(\frac{1}{\ln(x+1)}-\frac{1}{x}\right)=\lim_{x\to 0^+}\frac{1-\frac{1}{x+1}}{\ln(x+1)+\frac{x}{x+1}}=\lim_{x\to 0^+}\frac{x}{(x+1)\ln(x+1)+x}\ (\frac{0}{0})$$

$$=\lim_{x\to 0^+}\frac{1}{\ln(x+1)+(x+1)\frac{1}{x+1}+1}=\frac{1}{2}$$

故 $\lim_{x\to 0^+}\left(\dfrac{1}{\ln(x+1)}-\dfrac{1}{x}\right)=\dfrac{1}{2}$。

例題 8 求 $\lim_{x\to\infty} x^2(7^{\frac{1}{x}}-5^{\frac{1}{x}})$。

解 $\lim_{x\to\infty} x^2\cdot 7^{\frac{1}{x}}=\infty$，$\lim_{x\to\infty} x^2\cdot 5^{\frac{1}{x}}=\infty$，故 $\lim_{x\to\infty} x^2(7^{\frac{1}{x}}-5^{\frac{1}{x}})$ 為不定型 $\infty-\infty$。

令 $y=\dfrac{1}{x}$，當 $x\to\infty$，則 $y\to 0$。

$$\lim_{x\to\infty} x^2(7^{\frac{1}{x}}-5^{\frac{1}{x}})=\lim_{y\to 0}\left(\frac{7^y-5^y}{y^2}\right)(\frac{0}{0})。$$

藉由羅比達定理，$\lim_{x\to\infty} x^2(7^{\frac{1}{x}}-5^{\frac{1}{x}})=\lim_{y\to 0}\dfrac{7^y\ln 7-5^y\ln 5}{2y}=\infty$。

最後介紹不定型 0^0、∞^0 及 1^∞ 的處理。

1. 若 $\lim_{x\to a} f(x)=0$ 及 $\lim_{x\to a} g(x)=0$ 時，則 $\lim_{x\to a} f(x)^{g(x)}$ 為不定型 0^0。
2. 若 $\lim_{x\to a} f(x)=\infty$ 及 $\lim_{x\to a} g(x)=0$ 時，則 $\lim_{x\to a} f(x)^{g(x)}$ 為不定型 ∞^0。
3. 若 $\lim_{x\to a} f(x)=1$ 及 $\lim_{x\to a} g(x)=\infty$ 時，則 $\lim_{x\to a} f(x)^{g(x)}$ 為不定型 1^∞。

上述函數的極限值無法直接判斷。當遇到此類不定型時，可以依據下列步驟處理。

步驟一：令 $y=f(x)^{g(x)}$。
步驟二：$\ln y=\ln[f(x)^{g(x)}]=g(x)\ln f(x)$。
步驟三：若 $\lim_{x\to a} g(x)\ln f(x)$ 的極值存在並等於 L，則 $\lim_{x\to a} f(x)^{g(x)}=e^L$。

例題 9 求 $\lim_{x\to 0^+} x^x$。

解 $\lim\limits_{x \to 0^+} x = 0$，故 $\lim\limits_{x \to 0^+} x^x$ 為不定型 0^0。

步驟一：$y = x^x$

步驟二：$\ln y = x \ln x$

步驟三：$\lim\limits_{x \to 0^+} \ln y = \lim\limits_{x \to 0^+} x \ln x = \lim\limits_{x \to 0^+} \dfrac{\ln x}{\dfrac{1}{x}} \ (\dfrac{\infty}{\infty})$

$$= \lim\limits_{x \to 0^+} \dfrac{\dfrac{1}{x}}{\dfrac{-1}{x^2}} = \lim\limits_{x \to 0^+} -x = 0$$

因為 $\lim\limits_{x \to 0^+} \ln y = 0$，故 $\lim\limits_{x \to 0^+} y = e^0 = 1$，$\lim\limits_{x \to 0^+} x^x = 1$。

例題 10 求 $\lim\limits_{x \to \infty} \left(1 + \dfrac{1}{x}\right)^x$。

解 $\lim\limits_{x \to \infty} \left(1 + \dfrac{1}{x}\right) = 1$，故 $\lim\limits_{x \to \infty} \left(1 + \dfrac{1}{x}\right)^x$ 為不定型 1^∞。

步驟一：$y = \left(1 + \dfrac{1}{x}\right)^x$

步驟二：$\ln y = x \ln \left(1 + \dfrac{1}{x}\right)$

步驟三：$\lim\limits_{x \to \infty} \ln y = \lim\limits_{x \to \infty} x \ln \left(1 + \dfrac{1}{x}\right) = \lim\limits_{x \to \infty} \dfrac{\ln \left(1 + \dfrac{1}{x}\right)}{\dfrac{1}{x}} \ (\dfrac{0}{0})$

$$= \lim\limits_{x \to \infty} \dfrac{\dfrac{1}{1 + \dfrac{1}{x}} \left(-\dfrac{1}{x^2}\right)}{\dfrac{-1}{x^2}} = \lim\limits_{x \to \infty} \dfrac{1}{1 + \dfrac{1}{x}} = 1$$

因為 $\lim\limits_{x \to \infty} \ln y = 1$，故 $\lim\limits_{x \to \infty} y = e^1$，$\lim\limits_{x \to \infty} \left(1 + \dfrac{1}{x}\right)^x = e$。

習題 4.5

1. $\lim\limits_{x \to 2} \dfrac{x^2-4}{2-x}$

2. $\lim\limits_{x \to 1} \dfrac{1-x^a}{1-x^b}$

3. $\lim\limits_{x \to 1} \dfrac{\ln x^a}{\ln x^b}$

4. $\lim\limits_{x \to 1^+} \ln(x-1)\sqrt{x-1}$

5. $\lim\limits_{x \to \infty} x^2 e^{-2x}$

6. $\lim\limits_{x \to \infty} (2+3e^x)e^{-x}$

7. $\lim\limits_{x \to \infty} \dfrac{x^2}{x+1} - \dfrac{x^2}{x-1}$

8. $\lim\limits_{x \to 0} x^{x^x}$

9. $\lim\limits_{x \to \infty} \left(1 - \dfrac{1}{x}\right)^{2x}$

10. $\lim\limits_{x \to 0} (1+5x)^{\frac{10}{x}}$

11. $\lim\limits_{x \to \infty} \dfrac{x^8}{e^x}$

12. $\lim\limits_{x \to \infty} \dfrac{e^x}{x^8}$

4.6 相關導數與最佳化問題

在應用上，許多變數的變化率是有相關性，當一個變化率已知時，可利用其相關性求出另一個變化率。當遇到此類問題時可依照下列步驟求解。相關速率問題的處理步驟：

1. 將問題用圖形描繪下來。
2. 將圖形中固定的數值標示上去。對應變化情形利用隨機變數表示。
3. 找出隨機變數之間的關係式。
4. 將步驟 3 中的關係式微分，通常是隱函數微分法。
5. 將已知的訊息代入步驟 4 中的式子，並解未知變化率。

例題 1 將一長 13 呎的梯子斜靠在牆邊，若梯子的底部以每秒 0.5 呎的速度滑開，試問經過 10 秒後，梯子頂部靠牆下滑的速度為何？

解 (1) 用圖形描繪問題

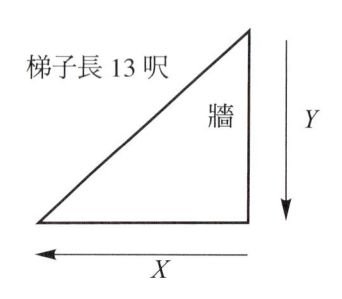

(2) 令 Y 為梯子靠牆時的高度

　　X 為梯子底部和牆角間的距離

　　t 為移動的時間

已知梯子的底部以每秒 0.5 呎的速度滑開，故 $\dfrac{dX}{dt}=0.5$（呎 / 秒），現在有興趣的問題是經過 10 秒後，梯子頂部靠牆下滑的速度為何，也就是 $\left.\dfrac{dY}{dt}\right|_{t=10}=$?

(3) 因為梯子斜放在牆邊形成一個三角形，所以可得 X 及 Y 關係式：

$$X^2+Y^2=13^2$$

$$\Rightarrow \frac{d}{dt}(X^2+Y^2)=\frac{d}{dt}(13^2)=0$$

$$\Rightarrow 2X\frac{dX}{dt}+2Y\frac{dY}{dt}=0 \Rightarrow \frac{dY}{dt}=-\frac{X}{Y}\frac{dX}{dt}$$

$$X=0.5\times 10=5 \rightarrow Y=\sqrt{13^2-5^2}=12$$

$$\left.\frac{dY}{dt}\right|_{t=10}=-\frac{5}{12}(0.5)=-\frac{5}{24} \text{（呎 / 秒）}$$

例題 2 一球狀體直徑以每秒 3 公分增加。試問當半徑到達 15 公分時，球狀體的體積增加的速度為何？

解 (1) 用圖形描繪問題

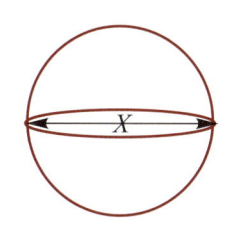

(2) X：球狀體之直徑，直徑以每秒 3 公分增加：$\frac{dX}{dt}=3$（公分／秒）

　　V：球狀體之體積

(3) V 和 X 之關係：$V=\frac{\pi}{6}X^3$

(4) $\frac{dV}{dt}=\frac{dV}{dx}\frac{dX}{dt}=\left[\frac{d}{dX}\left(\frac{\pi}{6}X^3\right)\right]\frac{dX}{dt}=\frac{\pi}{6}(3X^2)3=\frac{3}{2}\pi X^2$

(5) 當半徑為 15 時，直徑為 30，$X=30$。

$$\frac{dV}{dt}=\frac{3}{2}\pi(30)^2=\frac{2700}{2}\pi\text{（公分}^3\text{／秒）}$$

在應用問題中，有時會要去求函數的最大值或是最小值。例如：綠豆的生長實驗中，在水量是多少時能有最大的收成。公司營業額，在聘請多少位員工時能有最大收益。上述問題稱為最佳化問題。當遇到最佳化問題時，可以依下列步驟回答問題：

步驟一：利用圖形描述問題，並運用符號標示重要的變數。
步驟二：根據步驟一的符號，寫下想要最大或最小化的目標函數 Q。
步驟三：根據已知訊息或條件，定義變數的範圍及將 Q 中的變數消減。
步驟四：求 Q 中的臨界值。
步驟五：將臨界值代入 Q 中，計算 Q 的最大值或最小值。

例題 ③ 長 24 英呎、寬 9 英呎的長方形紙板，若將四邊切去同樣大小的正方形後，可折成一紙盒。試問正方形的邊長為多少時，紙盒會有最大容積？最大的容積為何？

解 步驟一：

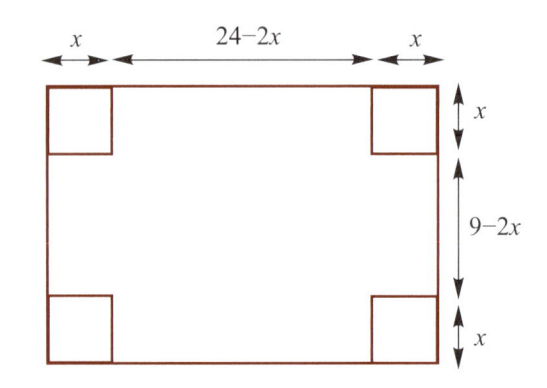

步驟二：令 x：正方形的寬

　　　　　V：紙盒的體積，其中 $V = x(9-2x)(24-2x) = 216x - 66x^2 + 4x^3$

步驟三：因為 $9 - 2x \geq 0$，$0 \leq x \leq 4.5$

步驟四：$\dfrac{dV}{dx} = 216 - 132x + 12x^2 = 12(18 - 11x + x^2) = 12(9-x)(2-x) = 0$

　　　　$\Rightarrow x = 2, 9$（$9 > 4.5$，不合）

　　　　臨界值包括 2（一次微分為 0 或不存在），0, 4.5（端點）

步驟五：$V(0) = 0$，$V(2) = 200$，$V(4.5) = 0$。正方形寬為 2 英呎時，可獲得紙盒的最大體積為 200 英呎^3。

例題 4 一農夫擁有建立 100 公尺長圍欄材料。他計畫要興建兩個相鄰且同樣大小的矩型圍欄（兩矩形圍欄共用一邊圍欄）。試問如何興建可以獲得最大的圍欄面積？

解 步驟一：

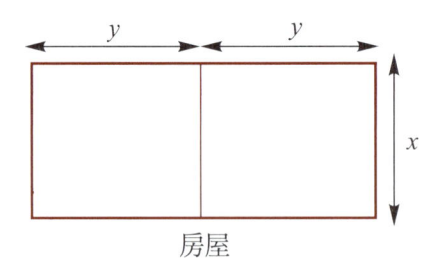

步驟二：令 x：圍欄的寬

　　　　　y：圍欄的長

　　　　圍欄材料總共有 100 公尺，$3x + 4y = 100$，可得 $y = 25 - \dfrac{3}{4}x$

圍欄面積定義 A，其中 $A = 2xy = 50x - \dfrac{3}{2}x^2$

步驟三：$y \geq 0 \Rightarrow 0 \leq x \leq \dfrac{100}{3}$

步驟四：$\dfrac{dA}{dx} = 50 - 3x = 0, x = \dfrac{50}{3}$

臨界值為 $\dfrac{50}{3}, 0, \dfrac{100}{3}$（端點）

步驟五：$A(0) = 0$，$A\left(\dfrac{50}{3}\right) \approx 416.67$，$A\left(\dfrac{100}{3}\right) = 0$。

在 $x = \dfrac{50}{3} \approx 16.67$ 公尺，$y = 25 - \dfrac{3}{4} \cdot \dfrac{50}{3} = 12.5$ 公尺時，可得最大圍籬面積 416.67 公尺^2。

習題 4.6

1. 將一長 20 呎的梯子斜靠在牆邊，若梯子的底部以每秒 0.6 呎的速度滑開，試問經過 20 秒後，梯子頂部靠牆下滑的速度為何？
2. 長 48 公分、寬 18 公分的長方形紙板，若將四邊切去同樣大小的正方形後，可折成一紙盒。試問正方形的邊長為多少時，紙盒會有最大容積？最大的容積為何？
3. 在半徑為 25 公分之圓中，所有內接矩形的最大面積為何？
4. 若兩數之和為 50，使其乘積最大，則兩數為何？
5. 若兩正數之積為 25，使其和最小，則兩正數為何？

第五章

積分觀念與性質

5.1 反導函數

我們稱 F 為函數 f 在區間 I 的**反導函數**，表示區間 I 中任意的 x，F 的導函數即為函數 f。故

$$\forall x \in I , \frac{d}{dx}F(x)=f(x)。$$

或可表示為 $F'(x)=f(x)$。求函數 f 的反導函數，也就是在問什麼函數的微分會等於 f。

例題 1 當 x 介於 $(-\infty, \infty)$ 之間，求函數 $f(x)=4x^3$ 之反導函數。

解 $F(x)=x^4+C$，不管 C 為何，其微分皆為

$$F'(x)=4x^3$$

我們稱 $F(x)$ 為一般反導函數，其中 C 為積分常數。不管積分常數為何，其導函數皆相同。

常見反導函數的符號表示方法：

A_x：反導函數符號。例：$A_x(x^2)=\dfrac{1}{3}x^3+C$。

$\displaystyle\int \cdots dx$：萊布尼茲符號。例：$\displaystyle\int x^2\,dx=\dfrac{1}{3}x^3+C$，$\displaystyle\int 4x^3\,dx=x^4+C$。

函數的反導函數就是一般所謂的不定積分。

不定積分 $\int f(x)\,dx = F(x)+C$，其中 $\int$ 為積分的符號，$f(x)$ 為欲積分的函數。可得下列等式：

1. $\dfrac{d}{dx}\int f(x)\,dx = f(x)$

2. $\int \dfrac{d}{dx} f(x)\,dx = f(x)+C$

定理 5.1　冪法則

若 r 為一實數，且 $r \neq -1$，則

$$\int x^r\,dx = \dfrac{1}{r+1}x^{r+1}+C$$

證明　因為 $\dfrac{d}{dx}\left(\dfrac{1}{r+1}x^{r+1}\right) = \dfrac{1}{r+1}(r+1)x^r = x^r$，所以

$$\int x^r\,dx = \dfrac{1}{r+1}x^{r+1}+C$$

例題 2　求函數 $f(x) = x^{\frac{4}{3}}$ 的一般反導函數。

解　$\int x^{\frac{4}{3}}\,dx = \dfrac{1}{\frac{4}{3}+1}x^{\frac{4}{3}+1}+C = \dfrac{3}{7}x^{\frac{7}{3}}+C$。

若兩函數的反導函數皆存在，其相加、相減或乘上一常數的不定積分，等於其反導函數相加、相減或乘上一常數。

定理 5.2

若 f 和 g 之反導函數皆存在，令 k 為一常數，則

(1) $\int kf(x)\,dx = k\int f(x)\,dx$

$\dfrac{d}{dx}\left[k\int f(x)\,dx\right] = k\dfrac{d}{dx}\left[\int f(x)\,dx\right] = kf(x)$

(2) $\int [f(x) \pm g(x)]\,dx = \int f(x)\,dx \pm \int g(x)\,dx$

$\dfrac{d}{dx}\left[\int f(x)\,dx \pm \int g(x)\,dx\right] = \dfrac{d}{dx}\left[\int f(x)\,dx\right] \pm \dfrac{d}{dx}\left[\int g(x)\,dx\right] = f(x) \pm g(x)$

例題 3 計算下列不定積分：

(1) $\int (4x^3 + 2x)\,dx$ (2) $\int (7u^{\frac{5}{2}} - 4u + 3)\,du$ (3) $\int \left(\dfrac{1}{t^3} + \sqrt[3]{t}\right)dt$

解 (1) $\int (4x^3 + 2x)\,dx = \int 4x^3\,dx + \int 2x\,dx = 4\int x^3\,dx + 2\int x\,dx$

$= 4\left(\dfrac{1}{4}x^4 + C_1\right) + 2\left(\dfrac{1}{2}x^2 + C_2\right)$

$= x^4 + x^2 + (4C_1 + 2C_2) = x^4 + x^2 + C$

(2) $\int (7u^{\frac{5}{2}} - 4u + 3)\,du = \int 7u^{\frac{5}{2}}\,du - \int 4u\,du + \int 3\,du$

$= 7\int u^{\frac{5}{2}}\,du - 4\int u\,du + 3\int 1\,du$

$= 7\left(\dfrac{2}{7}u^{\frac{7}{2}} + C_1\right) - 4\left(\dfrac{1}{2}u^2 + C_2\right) + 3(u + C_3)$

$= 2u^{\frac{7}{2}} + 7C_1 - 2u^2 - 4C_2 + 3u + 3C_2$

$= 2u^{\frac{7}{2}} - 2u^2 + 3u + (7C_1 - 4C_2 + 3C_2)$

$= 2u^{\frac{7}{2}} - 2u^2 + 3u + C$

(3) $\int (\frac{1}{t^3} + \sqrt[3]{t})\, dt = \int t^{-3}\, dt + \int t^{\frac{1}{3}}\, dt$

$$= \frac{1}{-3+1} t^{-3+1} + \frac{1}{\frac{1}{3}+1} t^{\frac{1}{3}+1} + C$$

$$= \frac{1}{-2} t^{-2} + \frac{3}{4} t^{\frac{4}{3}} + C$$

$$= -\frac{1}{2t^2} + \frac{3}{4} t^{\frac{4}{3}} + C$$

定理 5.3　廣義冪法則

令 g 為一可微分的函數，且 r 為一不等於 -1 的實數，則

$$\int [g(x)]^r g'(x)\, dx = \frac{[g(x)]^{r+1}}{r+1} + C \Leftrightarrow \int u^r\, du = \frac{u^{r+1}}{r+1} + C \quad (u = g(x))$$

證明　$\dfrac{d}{dx} \left[\dfrac{[g(x)]^{r+1}}{r+1} + C \right] = \dfrac{1}{r+1} (r+1)[g(x)]^r g'(x) = [g(x)]^r g'(x)$

$\dfrac{d}{du} \left[\dfrac{u^{r+1}}{r+1} + C \right] = \dfrac{1}{r+1} (r+1) u^r = u^r$

例題 4　計算 (1) $\int (x^2+1)^{10}\, 2x\, dx$　(2) $\int (x^4+2x^2)^{50}\, (4x^3+4x)\, dx$

解　(1) 令 $u = x^2 + 1$，$du = 2x\, dx$，則

$$\int (x^2+1)^{10}\, 2x\, dx = \int u^{10}\, du = \frac{1}{10+1} u^{10+1} + C$$

$$= \frac{1}{11} (x^2+1)^{11} + C$$

(2) 令 $u = x^4 + 2x^2$，$du = (4x^3 + 4x)\, dx$，則

$$\int (x^4+2x^2)^{50} (4x^3+4x)\, dx = \int u^{50}\, du = \frac{1}{50+1} u^{50+1} + C$$

$$= \frac{1}{51} (x^4+2x^2)^{51} + C$$

例題 5 計算 (1) $\int (x^4+2x^3)^5 (8x^3+12x^2)\, dx$ (2) $\int \frac{x}{(x^2+5)^{10}}\, dx$

解 (1) 令 $u = x^4+2x^3$，$du = (4x^3+6x^2)\, dx$，則

$$\int (x^4+2x^3)^5\, 2(4x^3+6)\, dx = \int u^5\, 2\, du = 2\int u^5\, du$$

$$= \frac{2}{5+1} u^{5+1} + C$$

$$= \frac{1}{3} (x^4+2x^3)^6 + C$$

(2) 令 $u = x^2+5$，$du = 2x\, dx$，則

$$\int \frac{x}{(x^2+5)^{10}}\, dx = \int u^{-10} \left(\frac{1}{2}\, du\right) = \frac{1}{2} \int u^{-10}\, du$$

$$= \left(\frac{1}{2}\right) \frac{1}{-10+1} u^{-10+1} + C$$

$$= -\frac{1}{18} (x^2+5)^{-9} + C$$

習題 5.1

1~6 題，求下列函數之一般反導函數。

1. $f(x) = 2$ **2.** $f(x) = 3x^2 + 2x + 1$

3. $f(x) = \frac{1}{x^3}$ **4.** $f(x) = \sqrt[3]{\frac{1}{x^5}}$

5. $f(x) = (x+1)^2$ **6.** $f(x) = \frac{4x^3+2x}{x^2}$

求 7～11 題之不定積分。

7. $\int (2x^2+1)\,dx$　　　　8. $\int (5x^4+3x^3+6x^2+2x+8)\,dx$

9. $\int 2x(x^2+1)^3\,dx$　　　　10. $\int (3x^2+x)\sqrt{2x^3+x^2+1}\,dx$

11. $\int \dfrac{(x^3+1)^2}{\sqrt{x}}\,dx$

12. 若 $f'(x)=3x^2+2x+1$ 且 $f(1)=4$，求 $f(x)$。

13. 若 $f'(x)=3(3x+1)\sqrt{3x^2+2x}$ 且 $f(0)=2$，求 $f(x)$。

14. 若 $f''(x)=x+2$，$f(0)=4$ 且 $f(1)=6$，求 $f(x)$。

一般來說，積分可分為**不定積分** (indefinite integral) 及**定積分** (definite integral) 兩種型態。在前兩章與導函數有關係的部分，是歸類在**反導函數** (antiderivative) 中。幾何學上的兩個問題，其實就構成了微積分中的兩個重要的概念，如求**切線** (tangent line) 的問題引導到導函數上，而求**面積** (area) 的問題就引導到所謂的定積分上。

5.2　不定積分

我們已經了解求解已知函數的導函數稱為「微分」，相對地，求解一函數的反導函數即稱為**不定積分**，表 5.1 整理出相關不定積分的公式。

表 5.1　相關不定積分公式表

1. $\int x^n\,dx=\dfrac{x^{n+1}}{n+1}+C\ (n\neq -1)$　　　2. $\int e^x\,dx=e^x+C$

3. $\int e^{kx}\,dx=\dfrac{e^{kx}}{k}+C,\ k\neq 0$　　　4. $\int a^x\,dx=\dfrac{a^x}{\ln a}+C$

5. $\int a^{kx}\,dx=\dfrac{a^{kx}}{k(\ln a)}+C,\ k\neq 0$　　　6. $\int \dfrac{1}{x}\,dx=\ln|x|+C\ (x\neq 0)$

例題 1 求 $\int t(1-t)^2\, dt$。

解 $\int t(1-t)^2\, dt = \int t(1-2t+t^2)\, dt = \int t\, dt - 2\int t^2\, dt + \int t^3\, dt$

$= \dfrac{1}{2} t^2 - \dfrac{2}{3} t^3 + \dfrac{1}{4} t^4 + C$

例題 2 求 $\int (1-t)(2+t^2)\, dt$。

解 $\int (1-t)(2+t^2)\, dt = \int (2-2t+t^2-t^3)\, dt = 2t - 2\dfrac{t^2}{2} + \dfrac{t^3}{3} - \dfrac{t^4}{4} + C$

$= 2t - t^2 + \dfrac{1}{3} t^3 - \dfrac{1}{4} t^4 + C$

例題 3 求 $\int x(\sqrt{x}+3x)\, dx$。

解 $\int x(\sqrt{x}+3x)\, dx = \int (x^{\frac{3}{2}}+3x^2)\, dx = \dfrac{2}{5} x^{\frac{5}{2}} + 3\left(\dfrac{1}{3} x^3\right) + C$

$= \dfrac{2}{5} x^{\frac{5}{2}} + x^3 + C$

例題 4 求 $\int (2-\sqrt{x})^2\, dx$。

解 $\int (2-\sqrt{x})^2\, dx = \int (4-4\sqrt{x}+x)\, dx = 4x - 4\left(\dfrac{2}{3}\cdot x^{\frac{3}{2}}\right) + \dfrac{x^2}{2} + C$

$= 4x - \dfrac{8}{3} x^{\frac{3}{2}} + \dfrac{1}{2} x^2 + C$

例題 5 求 $\int (x-1)^3\, dx$。

解 $\int (x-1)^3\, dx = \int (x^3-3x^2+3x-1)\, dx$

$$= \frac{1}{4}x^4 - x^3 + \frac{3}{2}x^2 - x + C$$

例題 6 求 $\int 3^{x+1}\,dx$。

解 $\int 3^{x+1}\,dx = \int 3(3^x)\,dx = 3\int 3^x\,dx = \frac{3}{\ln 3}3^x + C$

$$= \frac{1}{\ln 3}3^{x+1} + C$$

例題 7 求 $\displaystyle\int \frac{1}{\sqrt{x}+\sqrt{x+1}}\,dx$。

解
$$\int \frac{1}{\sqrt{x}+\sqrt{x+1}}\,dx = \int \frac{\sqrt{x}-\sqrt{x+1}}{(\sqrt{x}+\sqrt{x+1})(\sqrt{x}-\sqrt{x+1})}\,dx$$

$$= \int \frac{\sqrt{x}-\sqrt{x+1}}{x-(x+1)}\,dx = \int \sqrt{x+1}\,dx - \int \sqrt{x}\,dx$$

$$= \int (x+1)^{\frac{1}{2}}\,dx - \int x^{\frac{1}{2}}\,dx$$

$$= \frac{2}{3}(x+1)^{\frac{3}{2}} - \frac{2}{3}x^{\frac{3}{2}} + C$$

習題 5.2

試求下列各不定積分的值。

1. $\displaystyle\int \left(\frac{1-x}{x}\right)^2 dx$

2. $\displaystyle\int \left(1-\frac{1}{x^2}\right)\sqrt{x\sqrt{x}}\,dx$

3. $\displaystyle\int \frac{x^2+1}{\sqrt{x}}\,dx$

4. $\displaystyle\int (x^2-1)^2\,dx$

5. $\displaystyle\int 2^{-5x}\,dx$

6. $\displaystyle\int \left(-\frac{5}{x}+e^{-2x}\right)dx$

7. $\displaystyle\int \frac{2e^x - e^{2x}}{e^x}\,dx$

5.3 定積分

定理 5.4　微積分基本定理

函數 $f(x)$ 在區間 $[a, b]$ 連續，$F(x)$ 為另一函數，使得 $F'(x)=f(x)$，則稱 $F(x)$ 為 $f(x)$ 之反導函數，且

$$\int_a^b f(x)\,dx = F(x)\Big|_a^b = F(b)-F(a) \text{ 及 } \frac{d}{dx}\int_a^x f(t)\,dt = f(x)$$

定理 5.5　定積分簡單運算公式

若 $F'(x) = f(x)$，則

(1) $\displaystyle\int_a^a f(x)\,dx = F(a)-F(a) = 0$

(2) $\displaystyle\int_a^b f(x)\,dx = \int_a^c f(x)\,dx + \int_c^b f(x)\,dx$

(3) $\displaystyle\int_a^b kf(x)\,dx = kF(b)-kF(a) = k[F(b)-F(a)] = k\int_a^b f(x)\,dx$

(4) $\displaystyle\int_a^b f(x)\,dx = F(b)-F(a) = -[F(a)-F(b)] = -\int_b^a f(x)\,dx$

定理 5.6　同號性質

(1) 若 $f(x) > 0$，$\forall x \in (a, b)$，則 $\displaystyle\int_a^b f(x)\,dx > 0$。

(2) 若 $f(x) > g(x)$，$\forall x \in (a, b)$，則 $\displaystyle\int_a^b f(x)\,dx > \int_a^b g(x)\,dx$。

例題 1 求 $\int_1^8 \sqrt[3]{u}\, du$。

解 $\int_1^8 \sqrt[3]{u}\, du = \int_1^8 u^{\frac{1}{3}}\, du = \frac{3}{4} u^{\frac{4}{3}} \Big|_1^8 = \left(\frac{3}{4}\right)(16) - \left(\frac{3}{4}\right)(1) = \frac{45}{4}$

例題 2 求 $\int_1^4 \frac{s^4 - 8}{s^2}\, ds$。

解 $\int_1^4 \frac{s^4 - 8}{s^2}\, ds = \int_1^4 s^2 - 8s^{-2}\, ds = \left(\frac{s^3}{3} + \frac{8}{s}\right) \Big|_1^4$

$= \left(\frac{64}{3} + 2\right) - \left(\frac{1}{3} + 8\right) = 15$

例題 3 求 $\int_{-8}^{-1} \frac{5x - 8x^2}{3\sqrt[3]{x}}\, dx$。

解 $\int_{-8}^{-1} \frac{5x - 8x^2}{3\sqrt[3]{x}}\, dx = \int_{-8}^{-1} \frac{5x - 8x^2}{3x^{\frac{1}{3}}}\, dx = \int_{-8}^{-1} \frac{5}{3} x^{\frac{2}{3}} - \frac{8}{3} x^{\frac{5}{3}}\, dx$

$= (x^{\frac{5}{3}} - x^{\frac{8}{3}}) \Big|_{-8}^{-1}$

$= [(-1)^{\frac{5}{3}} - (-1)^{\frac{8}{3}}] - [(-8)^{\frac{5}{3}} - (-8)^{\frac{8}{3}}]$

$= (-1 - 1) - (-32 - 256) = 286$

例題 4 求 $\int_{-1}^{2} (3x^2 - 2x + 3)\, dx$。

解 $\int_{-1}^{2} (3x^2 - 2x + 3)\, dx = (x^3 - x^2 + 3x) \Big|_{-1}^{2}$

$= (8 - 4 + 6) - (-1 - 1 - 3) = 15$

例題 5 求 $\int_{-4}^{-2}\left(y^2+\dfrac{1}{y^3}\right)dy$。

解 $\int_{-4}^{-2}\left(y^2+\dfrac{1}{y^3}\right)dy=\left(\dfrac{y^3}{3}-\dfrac{1}{2y^2}\right)\Big|_{-4}^{-2}=\left(-\dfrac{8}{3}-\dfrac{1}{8}\right)-\left(-\dfrac{64}{3}-\dfrac{1}{32}\right)$

$\qquad\qquad =\dfrac{1783}{96}$

例題 6 求 $\int_{1}^{e}\dfrac{2}{x}dx$。

解 $\int_{1}^{e}\dfrac{2}{x}dx=2\ln|x|\Big|_{1}^{e}=2(\ln e-\ln 1)=2$

例題 7 求 $\int_{-2}^{0}(3e^x+x)dx$。

解 $\int_{-2}^{0}(3e^x+x)dx=\left(3e^x+\dfrac{x^2}{2}\right)\Big|_{-2}^{0}=(3e^0+0)-(3e^{-2}+2)$

$\qquad\qquad =1-\dfrac{3}{e^2}$

例題 8 求 $\int_{1}^{2}\left(\dfrac{3x+5}{x}\right)dx$。

解 $\int_{1}^{2}\left(\dfrac{3x+5}{x}\right)dx=\int_{1}^{2}3\,dx+\int_{1}^{2}\dfrac{5}{x}dx=3x\Big|_{1}^{2}+5\ln|x|\Big|_{1}^{2}$

$\qquad\qquad =3+5(\ln 2-\ln 1)=3+5\ln 2$

習題 5.3

求下列各定積分的值。

1. $\int_0^4 \sqrt{x} + \sqrt{2x+1}\, dx$

2. $\int_{-5}^{-1} \frac{1-t^4}{2t^2}\, dt$

3. $\int_{-2}^{-1} \left(4t^3 + \frac{2}{t^3}\right) dt$

4. $\int_1^9 \frac{3y-2}{\sqrt{y}}\, dy$

5. $\int_{-1}^{2} (v - 2|v|)\, dv$

6. $\int_{-2}^{3} |x^3 - x|\, dx$

第六章

積分技巧

除了第五章所介紹的**簡單積分法**，或稱為**直接積分法**（利用微分公式，反向操作計算積分公式），案例如表 6.1 外（詳細請看各個單元的公式），其他**積分方法** (techniques of integration) 還包括**變數代換法** (substitution of variables)，又稱為 u 代換法，基本上有關 u 的設定在此方法中最為關鍵（6.1 節）；**分部積分法** (integration by parts, IBP)，口訣公式為 $\int u\,dv = uv - \int v\,du$（6.2 節）；以及**有理函數部分分式積分** (integration of rational functions by partial fractions)（6.3 節）。

表 6.1　直接積分法

函數名稱	微分公式	積分公式
冪函數	$\dfrac{d}{dx}(x^{n+1}) = (n+1)x^n$	$\int x^n\,dx = \dfrac{x^{n+1}}{n+1} + C,\ n \neq -1$
三角函數	$\dfrac{d}{dx}\sin x = \cos x$	$\int \cos x\,dx = \sin x + C$
反三角函數	$\dfrac{d}{dx}\sin^{-1} x = \dfrac{1}{\sqrt{1-x^2}},\ \ |x|<1$	$\int \dfrac{1}{\sqrt{1-x^2}}\,dx = \sin^{-1} x + C,\ \ |x|<1$
對　　數	$\dfrac{d}{dx}(\ln|x|) = x^{-1}$	$\int x^{-1}\,dx = \ln|x| + C$
指　　數	$\dfrac{d}{dx}e^x = e^x$	$\int e^x\,dx = e^x + C$

6.1 變數代換法

如前所述,變數代換法中的關鍵在於如何設 u,實際上使用此方法的目的就是化簡被積分函數,因而容易求其積分。事實上,此方法的觀念是從微分方法中的**連鎖律** (chain rule) 所延伸出來的,其公式為:

$$\frac{d}{dx}[f(g(x))] = f'(g(x)) \cdot g'(x)$$

從以上公式中,可以觀察到連鎖律的公式通常為兩個函數的相乘積,正因為如此,積分兩個函數乘積所形成的函數,剛好可視為微分連鎖律的逆步驟,即積分方法的「變數代換法」,其解題步驟歸納如表 6.2。

表 6.2 變數代換法解題步驟

步驟	技巧	簡記
1.	確定被積分函數類似微分連鎖律的公式,即可利用變數代換法。	$\int f(g(x)) g'(x) dx$
2.	利用 u 變數代換 $g(x)$ 變數,則 $du = g'(x) dx$。	$\int f(u) du$
3.	應用直接積分求解 $\int f(u) du$。	參考表 6.1
4.	變數還原。	$u = g(x)$

以下是設定 u 的一些考量或是原則;第一個就是 u 取代積分中的某因式,一般常常會令積分內有括弧 ( ) 或 $\sqrt{\ }$ 中的部分、對數、指數或分母為 u 變數;第二個就是 u 必須是某個因式的反導函數,不在乎常數乘積項中的係數,諸如:$3x^2$ 中的 3。表 6.3 是根據表 6.2 及以上探討的策略表,可供讀者實際運算的參考。

例題 1 求 $\int 6x(3x^2+4)^4 dx$。

解 如前所述,括弧內可設定成 $u = 3x^2 + 4$,則 $du = 6x\, dx$,因此原式被代換成如下:

$$\int 6x(3x^2+4)^4 dx = \int (3x^2+4)^4 (6x\, dx) = \int u^4 du$$

表 6.3 變數代換積分替換 u 的策略表

型　態	積分案例	替換 u 的策略
1.	$\int \dfrac{3}{(2x-5)^4} dx$	$u = 2x - 5$
2.	$\int x^2 e^{-x^3} dx$	$u = x^3$（或 $u = -x^3$）
3.	$\int \dfrac{e^t}{e^t + 1} dx$	$u = e^t + 1$
4.	$\int \dfrac{t+3}{\sqrt[3]{t^2+6t+5}} dx$	$u = t^2 + 6t + 5$

再利用直接積分法求代換後的不定積分，得

$$\int u^4 \, du = \frac{u^5}{5} + C$$

最後將 u 代換回來，得

$$\int 6x(3x^2+4)^4 \, dx = \frac{u^5}{5} + C = \frac{(3x^2+4)^5}{5} + C$$

例題 2 求 $\int \dfrac{x+3}{(x^2+6x)^2} dx$。

解 令 $u = x^2 + 6x$，則 $du = (2x+6) \, dx = 2(x+3) \, dx$，因此原式被代換成如下：

$$\int \frac{x+3}{(x^2+6x)^2} dx = \frac{1}{2} \int \frac{2(x+3)}{(x^2+6x)^2} dx = \frac{1}{2} \int u^{-2} \, du$$

$$= \frac{1}{2} \cdot \frac{u^{-1}}{-1} = \frac{-1}{2u} + C$$

最後將 u 代換回來，得

$$\int \frac{x+3}{(x^2+6x)^2} dx = \frac{-1}{2(x^2+6x)} + C$$

例題 3 求 $\int x^2 e^{x^3} dx$。

解 令 $u = x^3$，則 $du = 3x^2\,dx$，因此原式被代換成如下：

$$\int x^2 e^{x^3}\,dx = \frac{1}{3}\int e^{x^3}(3x^2\,dx) = \frac{1}{3}\int e^u\,du = \frac{1}{3}e^u + C$$

$$= \frac{1}{3}e^{x^3} + C$$

例題 4 求 $\displaystyle\int \frac{e^{-x} - e^x}{(e^{-x} + e^x)^2}\,dx$。

解 令 $u = e^{-x} + e^x$，則 $du = (-e^{-x} + e^x)\,dx = -(e^{-x} - e^x)\,dx$，因此原式被代換成如下：

$$\int \frac{e^{-x} - e^x}{(e^{-x} + e^x)^2}\,dx = -\int \frac{1}{u^2}\,du = -\int u^{-2}\,du = u^{-1} + C$$

$$= \frac{1}{u} + C = \frac{1}{e^{-x} + e^x} + C$$

例題 5 求 $\displaystyle\int \frac{2x-3}{x^2-3x}\,dx$。

解 令 $u = x^2 - 3x$，則 $du = (2x-3)\,dx$，因此原式被代換成如下：

$$\int \frac{2x-3}{x^2-3x}\,dx = \int \frac{1}{u}\,du = \ln|u| + C = \ln|x^2 - 3x| + C$$

例題 6 求 $\displaystyle\int x\sqrt{1-x}\,dx$。

解 令 $u = 1 - x$，則 $x = 1 - u$，$dx = -du$，因此原式被代換成如下：

$$\int x\sqrt{1-x}\,dx = \int (1-u)\sqrt{u}\,(-du) = \int (u-1)u^{\frac{1}{2}}\,du$$

$$= \int u^{\frac{3}{2}} - u^{\frac{1}{2}}\,du = \frac{2}{5}u^{\frac{5}{2}} - \frac{2}{3}u^{\frac{3}{2}} + C$$

$$= \frac{2}{5}(1-x)^{\frac{5}{2}} - \frac{2}{3}(1-x)^{\frac{3}{2}} + C$$

例題 7 求 $\int_0^2 x^2 \sqrt{1+x^3}\, dx$。

解 令 $u = 1 + x^3$，則 $du = 3x^2\, dx$，$x^2\, dx = \dfrac{1}{3} du$，再對積分上下限做轉換，當 $x = 0$ 時，$u = 1$；當 $x = 2$ 時，$u = 9$，故原式被代換成如下：

$$\int_0^2 x^2 \sqrt{1+x^3}\, dx = \int_0^2 \sqrt{1+x^3}\, x^2\, dx = \int_1^9 \sqrt{u}\, \frac{1}{3}\, du$$

$$= \frac{1}{3} \int_1^9 \sqrt{u}\, du = \frac{1}{3} \int_1^9 u^{\frac{1}{2}}\, du$$

$$= \frac{1}{3} \left(\frac{2}{3} u^{\frac{3}{2}}\right)\Big|_1^9 = \frac{2}{9} \left(9^{\frac{3}{2}} - 1^{\frac{3}{2}}\right)$$

$$= \frac{52}{9}$$

例題 8 求 $\int_0^1 (x^2+2)(x^3+6x+2)\, dx$。

解 令 $u = x^3 + 6x + 2$，則 $du = (3x^2 + 6)\, dx = 3(x^2 + 2)\, dx$，再對積分上下限做轉換，當 $x = 0$ 時，$u = 2$；當 $x = 1$ 時，$u = 9$，故原式被代換成如下：

$$\int_0^1 (x^2+2)(x^3+6x+2)\, dx = \frac{1}{3} \int_0^1 (x^3+6x+2)\, 3(x^2+2)\, dx$$

$$= \frac{1}{3} \int_2^9 u\, du = \frac{1}{3} \left(\frac{1}{2} u^2\right)\Big|_2^9$$

$$= \frac{1}{6}(81 - 4) = \frac{77}{6}$$

習題 6.1

請利用變數代換法，求下列各積分。

1. $\int_0^2 \dfrac{x+2}{(x^2+4x+1)^2}\, dx$

2. $\int x(1-x)^{102}\, dx$

3. $\int \dfrac{1}{x-\sqrt{x}}\,dx$

4. $\int \dfrac{\sqrt{1+\sqrt{x}}}{\sqrt{x}}\,dx$

5. $\int_{-3}^{3} \dfrac{x}{\sqrt{1+3x^2}}\,dx$

6. $\int_{e}^{e^4} \dfrac{1}{x\sqrt{\ln x}}\,dx$

6.2 分部積分法

每一個對應的微分規則都有相對應的積分規則。例如本章第一個介紹的變數代換法其所對應的微分規則，即是連鎖律，而對應到乘積的微分規則就是分部積分法。實務上，若是變數代換法失效時，可能需要一種雙重代換法，即是所謂**分部積分法**，此方法是對兩函數乘積的導函數公式積分而導出的結果，其內容如下：

定理 6.1

若 $u = f(x)$，$v = g(x)$，則

$$\int u\,dv = uv - \int v\,du$$

定理 6.1 的公式 $\int u\,dv = uv - \int v\,du$，即為之前所提分部積分的口訣。如果 f 及 g 都是可微分函數，其乘積的微分如下：

$$\dfrac{d}{dx}[f(x)\,g(x)] = f(x)\,g'(x) + g(x)\,f'(x)$$

以不定積分表示時，上面方程式變成如下：

$$\int [f(x)\,g'(x) + g(x)\,f'(x)]\,dx = f(x)\,g(x)$$

或

$$\int f(x)\,g'(x)\,dx + \int g(x)\,f'(x)\,dx = f(x)\,g(x)$$

可以再進一步改寫成如下：

$$\int f(x)\,g'(x)\,dx = f(x)\,g(x) - \int g(x)\,f'(x)\,dx$$

上面方程式即稱為**分部積分的公式**，但改寫成定理 6.1 的公式可能會比較好記，作法就是令 $u=f(x)$，$v=g(x)$，然後 $du=f'(x)\,dx$，$dv=g'(x)\,dx$，經由這些相關的代換，即可獲得定理 6.1 公式的型式。

例題 1 求 $\int xe^x\,dx$。

解 分部積分的公式 $\int u\,dv = uv - \int v\,du$ 內有四個主要的部分，分別為 u、v、du、dv；題目處理的方式可參考如下：

$u=x$	$dv=e^x\,dx$
$du=dx$	$v=e^x$

← 此列檢測是否與題目一致
← 需檢測微分、積分是否有誤

↑ 此欄是 u 微分的關係
↑ 此欄是 v 積分的關係

原式經由分部積分得 $\int xe^x\,dx = xe^x - \int e^x\,dx = xe^x - e^x + C$。

例題 2 求 $\int \ln x\,dx$。

解

$u=\ln x$	$dv=dx$
$du=\dfrac{1}{x}dx$	$v=x$

原式經由分部積分得 $\int \ln x\,dx = x\ln x - \int x\,\dfrac{dx}{x} = x\ln x - x + C$。

例題 3 求 $\int \log x \, dx$。

解

$u = \log x$	$dv = dx$
$du = \dfrac{1}{x \ln 10} dx$	$v = x$

原式經由分部積分得 $\int \log x \, dx = x \log x - \int x \dfrac{1}{x \ln 10} dx$

$$= x \log x - \dfrac{x}{\ln 10} + C \text{。}$$

例題 4 求 $\int x \, 2^x \, dx$。

解

$u = x$	$dv = 2^x \, dx$
$du = dx$	$v = \dfrac{1}{\ln 2} 2^x$

原式經由分部積分得

$$\int x \, 2^x \, dx = \dfrac{x \, 2^x}{\ln 2} - \int \dfrac{1}{\ln 2} 2^x \, dx$$

$$= \dfrac{x \, 2^x}{\ln 2} - \dfrac{1}{\ln 2} \left(\dfrac{2^x}{\ln 2} \right) + C$$

$$= \dfrac{x \, 2^x}{\ln 2} - \dfrac{2^x}{\ln^2 2} + C$$

習題 6.2

請利用分部積分法,求下列各積分。

1. $\int x e^{-x} \, dx$
2. $\int \ln^n x \, dx$
3. $\int \ln^2 x \, dx$

6.3　有理函數部分分式積分

$f(x) = \dfrac{P(x)}{Q(x)}$ 是一個有理函數，其中 $P(x)$、$Q(x)$ 均為多項式函數，有理函數一般的積分類型歸納如表 6.4。

表 6.4　有理函數積分的兩種類型

型　式	案　例
1. 分母為二次多項式且不可因式分解	$\int \dfrac{x+5}{x^2+x+1}\,dx$
2. 分母可因式分解	$\int \dfrac{x+5}{x^2+x-2}\,dx$

型 1

為了解說方便，型 1 的公式整理為：

$$\int \frac{P(x)}{ax^2+bx+c}\,dx$$

其中 $P(x)$ 為多項式，而 $ax^2 + bx + c$ 無法因式分解且 $a \neq 0$。型 1 可以進一步分成 (1) $P(x)$ 為常數多項式；(2) $P(x)$ 為一次多項式 $ax + b$ 的型式；以及 (3) $P(x)$ 為二次或二次以上的多項式函數。

(1) $P(x)$ 為常數多項式

$P(x)$ 為常數多項式的積分公式表示法：

$$\int \frac{d}{ax^2+bx+c}\,dx$$

解題時可以先將分母 $ax^2 + bx + c$ 做完全配方：

$$\int \frac{d}{a\left(x+\dfrac{b}{2a}\right)^2 + \dfrac{4ac-b^2}{4a}}\,dx$$

然後，再利用三角代換求取積分。

(2) $P(x)$ 為一次多項式 $Ax+B$ 的型式

當然，$A \neq 0$，積分公式表示法：

$$\int \frac{Ax+B}{ax^2+bx+c} dx$$

解題時將分子 $Ax+B$ 適當地組合成如下：

$$Ax+B = \frac{A}{2a}(2ax+b) + \left(B - \frac{Ab}{2a}\right)$$

代入原式並寫成二項：

$$\frac{A}{2a}\int \frac{2ax+b}{ax^2+bx+c} dx + \left(B - \frac{Ab}{2a}\right)\int \frac{1}{ax^2+bx+c} dx$$

最後，第一項 $\int \frac{2ax+b}{ax^2+bx+c} dx$ 直接利用變數代換法積分，第二項 $\int \frac{1}{ax^2+bx+c} dx$ 分母 ax^2+bx+c 配方後再利用三角代換法積分。

(3) 若 $P(x) = a_n x^n + a_{n-1} x^{n-1} + \cdots + a_1 x + a_0$，其中 $n \geq 2$

先利用**長除法** (long division) 將 $\int \frac{P(x)}{ax^2+bx+c} dx$ 化為代分數。

例題 1 求 $\int \frac{x^3+x}{x^2-1} dx$。

解 長除法：

$$\begin{array}{r} x \\ x^2-1 \overline{\smash{)}\, x^3+x } \\ \underline{x^3-x} \\ 2x \end{array}$$

將原式改寫成如下：

$$\int \frac{x^3+x}{x^2-1} dx = \int x + \frac{2x}{x^2-1} dx$$

$$= \frac{1}{2}x^2 + \ln|x^2-1| + C$$

型 2

$f(x) = \dfrac{P(x)}{Q(x)}$，假設 $P(x)$ 為 n 次多項式，而 $Q(x)$ 為 m 次多項式，且可因式分解，這一種類型的積分，需先介紹部分分式法，為了方便說明，有關部分分式法的處理規則，整理如表 6.5。

表 6.5　有理函數部分分式法處理規則

狀　況	處　理	公　式
$\dfrac{P(x)}{Q(x)}$ 中，$n \geq m$	長除法（分子次方 n 大於等於分母次方 m）	$\dfrac{P(x)}{Q(x)} = q(x) + \dfrac{r(x)}{Q(x)}$，其中 $q(x)$ 為商數，而 $r(x)$ 為餘數。
$Q(x)$ 分解成數個不可再因式分解的一次項或二次項	分解為一次項或二次項	$\dfrac{P(x)}{Q(x)} = \dfrac{P(x)}{A_1(x)A_2(x)\cdots A_k(x)}$，其中 $A_k(x)$ 可以為 $(ax+b)^m$ 及 $(ax^2+bx+c)^n$ 型式的連乘積，且 m、n 為非負的整數。
$Q(x)$ 因式為 $(ax+b)^n$ 或 $(ax^2+bx+c)^n$ 的型式且 $m \geq 1$	$Q(x)$ 的部分分式含有 n 項的 $(ax+b)$	$\dfrac{P(x)}{Q(x)}$ 的部分分式編排如下：$\dfrac{P(x)}{Q(x)} = \dfrac{A}{ax+b} + \dfrac{B}{(ax+b)^2} + \cdots + \dfrac{C}{(ax+b)^n}$
	$Q(x)$ 的部分分式含有 n 項的 (ax^2+bx+c)	$\dfrac{P(x)}{Q(x)}$ 的部分分式編排如下：$\dfrac{P(x)}{Q(x)} = \dfrac{Ax+B}{ax^2+bx+c} + \dfrac{Cx+D}{(ax^2+bx+c)^2} + \cdots + \dfrac{Ex+F}{(ax^2+bx+c)^n}$

以下彙整一些案例供讀者參考：

1. $\dfrac{1}{(x-1)(x+2)} \Rightarrow \dfrac{A}{x-1} + \dfrac{B}{x+2}$

2. $\dfrac{x+2}{(x-1)^2} \Rightarrow \dfrac{A}{x-1} + \dfrac{B}{(x-1)^2}$

3. $\dfrac{x^2-6x+1}{x(x^2+x+1)} \Rightarrow \dfrac{A}{x} + \dfrac{Bx+C}{x^2+x+1}$

4. $\dfrac{x+7}{x^2(x-2)^2} \Rightarrow \dfrac{A}{x}+\dfrac{B}{x^2}+\dfrac{C}{x-2}+\dfrac{D}{(x-2)^2}$

5. $\dfrac{x^3+6x+1}{x(x^2+x+1)^2} \Rightarrow \dfrac{A}{x}+\dfrac{Bx+C}{x^2+x+1}+\dfrac{Dx+E}{(x^2+x+1)^2}$

6. $\dfrac{x^3-x^2+1}{(x-1)^3(x^2+x+2)^2} \Rightarrow \dfrac{A}{x-1}+\dfrac{B}{(x-1)^2}+\dfrac{C}{(x-1)^3}+\dfrac{Dx+E}{x^2+x+2}+\dfrac{Fx+G}{(x^2+x+2)^2}$

例題 2 求 $\displaystyle\int \dfrac{x}{(x-1)(x-2)(x-3)}\,dx$。

解 按照表 6.5 的規則：

$$\dfrac{x}{(x-1)(x-2)(x-3)}=\dfrac{A}{x-1}+\dfrac{B}{x-2}+\dfrac{C}{x-3}$$

解以上方程式：

$$x=A(x-2)(x-3)+B(x-1)(x-3)+C(x-1)(x-2)$$

(1) 令 $x=1 \Rightarrow 2A=1 \Rightarrow A=\dfrac{1}{2}$

(2) 令 $x=2 \Rightarrow -B=2 \Rightarrow B=-2$

(3) 令 $x=3 \Rightarrow 2C=3 \Rightarrow C=\dfrac{3}{2}$

$$\begin{aligned}\int \dfrac{x}{(x-1)(x-2)(x-3)}\,dx &= \int\left(\dfrac{\frac{1}{2}}{x-1}+\dfrac{-2}{x-2}+\dfrac{\frac{3}{2}}{x-3}\right)dx\\ &=\dfrac{1}{2}\int \dfrac{1}{x-1}\,dx-2\int\dfrac{1}{x-2}\,dx+\dfrac{3}{2}\int\dfrac{1}{x-3}\,dx\\ &=\dfrac{1}{2}\ln|x-1|-2\ln|x-2|+\dfrac{3}{2}\ln|x-3|+C\end{aligned}$$

例題 3 求 $\displaystyle\int \dfrac{1}{x^3+8}\,dx$。

解 按照表 6.5 的規則：

$$\frac{1}{x^3+8} = \frac{1}{(x+2)(x^2-2x+4)} = \frac{A}{x+2} + \frac{Bx+C}{x^2-2x+4}$$

解以上方程式：

$$1 = A(x^2-2x+4) + (Bx+C)(x+2)$$

(1) 令 $x = -2 \Rightarrow 12A = 1 \Rightarrow A = \frac{1}{12}$

(2) 令 $x = 0 \Rightarrow 4A + 2C = 1 \Rightarrow 4 \times \frac{1}{12} + 2C = 1 \Rightarrow C = \frac{1}{3}$

(3) 比較 x^2 的係數得 $A + B = 0 \Rightarrow B = -\frac{1}{12}$

故

$$\int \frac{1}{x^3+8} dx = \int \frac{\frac{1}{12}}{x+2} + \frac{-\frac{1}{12}x + \frac{1}{3}}{x^2-2x+4} dx$$

$$= \frac{1}{12} \int \frac{1}{x+2} dx - \frac{1}{12} \int \frac{x-4}{x^2-2x+4} dx$$

$$= \frac{1}{12} \ln|x+2| - \frac{1}{12} \int \frac{\frac{1}{2}(2x-2)-3}{(x^2-2x+4)} dx$$

$$= \frac{1}{12} \ln|x+2| - \frac{1}{24} \int \frac{2x-2}{(x^2-2x+4)} dx + \frac{1}{4} \int \frac{1}{(x^2-2x+4)} dx$$

$$= \frac{1}{12} \ln|x+2| - \frac{1}{24} \ln|x^2-2x+4| + \frac{1}{4} \int \frac{1}{(x-1)^2+3} dx$$

$$= \frac{1}{12} \ln|x+2| - \frac{1}{24} \ln|x^2-2x+4| + \frac{1}{4\sqrt{3}} \tan^{-1} \frac{x-1}{\sqrt{3}} + C$$

例題 4 求 $\int \frac{1}{x^4-16} dx$。

解 按照表 6.5 的規則：

$$\frac{1}{x^4-16} = \frac{1}{(x^2-4)(x^2+4)} = \frac{1}{(x-2)(x+2)(x^2+4)} = \frac{A}{x-2} + \frac{B}{x+2} + \frac{Cx+D}{x^2+4}$$

解以上方程式：

$$1 = A(x+2)(x^2+4) + B(x-2)(x^2+4) + (Cx+D)(x-2)(x+2)$$

(1) 令 $x = -2 \Rightarrow -32B = 1 \Rightarrow B = -\dfrac{1}{32}$

(2) 令 $x = 2 \Rightarrow 32A = 1 \Rightarrow A = \dfrac{1}{32}$

(3) 令 $x = 0 \Rightarrow 8A - 8B - 4D = 1$

$$\Rightarrow 4D = \dfrac{1}{4} + \dfrac{1}{4} - 1 = -\dfrac{1}{2} \Rightarrow D = -\dfrac{1}{8}$$

比較 x^3 的係數，得 $C = 0$，故

$$\dfrac{1}{x^4 - 16} = \dfrac{1}{32} \dfrac{1}{x-2} - \dfrac{1}{32} \dfrac{1}{x+2} - \dfrac{1}{8} \dfrac{1}{x^2+4}$$

$$\int \dfrac{1}{x^4 - 16} dx = -\dfrac{1}{32} \int \dfrac{1}{x+2} dx + \dfrac{1}{32} \int \dfrac{1}{x-2} dx - \dfrac{1}{8} \int \dfrac{1}{x^2+4} dx$$

$$= -\dfrac{1}{32} \ln|x+2| + \dfrac{1}{32} \ln|x-2| - \dfrac{1}{16} \tan^{-1}\left(\dfrac{x}{2}\right) + C$$

例題 5 求 $\int \dfrac{x^4}{x^2-1} dx$。

解 分子次方比分母大，故為假分式，此時應用長除法來處理：

$$\dfrac{x^4}{x^2-1} = x^2 + 1 + \dfrac{1}{x^2-1}$$

再經由部分分式分解等號右邊第三項，原式轉換如下：

$$\int \dfrac{x^4}{x^2-1} dx = \int x^2 + 1 + \dfrac{1}{x^2-1} dx$$

$$= \int x^2 + 1 + \dfrac{1}{2(x-1)} - \dfrac{1}{2(x+1)} dx$$

$$= \dfrac{1}{3} x^3 + x + \dfrac{1}{2} \ln|x-1| - \dfrac{1}{2} \ln|x+1| + C$$

$$= \dfrac{1}{3} x^3 + x + \dfrac{1}{2} \ln\left|\dfrac{x-1}{x+1}\right| + C$$

Heaviside 方法

使用 Heaviside 方法，在於部分分式分解過程中未知係數的快速運算，以下直接舉例來做說明。

例題 6 求 $\int \dfrac{6x^2+6x-6}{x^3+2x^2-x-2}\, dx$。

解 首先，將分母因式分解：

$$x^3+2x^2-x-2=(x-1)(x+1)(x+2)$$

然後將原式部分分式分解如下：

$$\dfrac{6x^2+6x-6}{x^3+2x^2-x-2}=\dfrac{A}{x-1}+\dfrac{B}{x+1}+\dfrac{C}{x+2}$$

以下使用 Heaviside 方法，設定 $x=1$ 以求解 A 係數：

$$A=\dfrac{6(1)^2+6(1)-6}{(1+1)(1+2)}=1$$

同理可得

$$B=\dfrac{6(-1)^2+6(-1)-6}{(-1-1)(-1+2)}=3$$

及

$$C=\dfrac{6(-2)^2+6(-2)-6}{(-2-1)(-2+1)}=2$$

因此

$$\int \dfrac{6x^2+6x-6}{x^3+2x^2-x-2}\, dx=\int \dfrac{1}{x-1}\, dx+\int \dfrac{3}{x+1}\, dx+\int \dfrac{2}{x+2}\, dx$$

$$=\ln|x-1|+3\ln|x+1|+2\ln|x+2|+C$$

習題 6.3

請利用有理函數部分分式積分法，求下列各積分。

1. $\displaystyle\int \frac{x^4}{x^4+x^3+x^2+x}\,dx$

2. $\displaystyle\int \frac{1}{x^3+1}\,dx$

3. $\displaystyle\int \frac{1}{\sqrt{7+6x-x^2}}\,dx$

4. $\displaystyle\int \frac{3x+1}{(x^2-4)^2}\,dx$

5. $\displaystyle\int \frac{4x^2-x+5}{x^3-x^2-15x-25}\,dx$

第七章

廣義積分

7.1　第一類廣義積分

若 $f(x) \geq 0$，則定積分 $\int_a^b f(x)\,dx$ 表示曲線 $y=f(x)$、x 軸、$x=a$ 與 $x=b$ 所圍成封閉區域的面積，如果 $y=f(x)$ 曲線下的區域不是封閉的，可否規範積分或面積呢？如圖 7.1，顏色區域的面積。

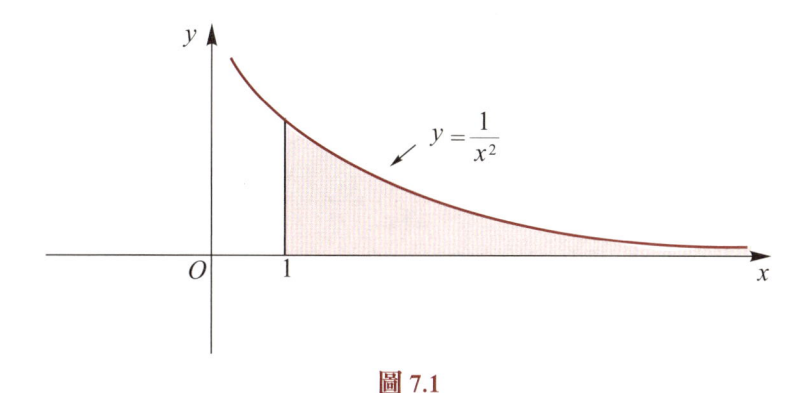

圖 7.1

定義 7.1

(1) 對任意 $t > a$，已知 $f(x)$ 在 $[a, t]$ 是可積分，令 $F(t) = \int_a^t f(x)\,dx$。若 $\lim\limits_{t \to \infty} F(t)$ 存在，則定義

$$\int_a^\infty f(x)\,dx = \lim_{t\to\infty} F(t)$$

並稱 $\int_a^\infty f(x)\,dx$ 是 **收斂**；若 $\lim_{t\to\infty} F(t)$ 不存在，則稱 $\int_a^\infty f(x)\,dx$ 是 **發散**（或不存在）。

(2) 對任意 $t < b$，已知 $f(x)$ 在 $[t, b]$ 是可積分，令 $G(t) = \int_t^b f(x)\,dx$。若 $\lim_{t\to -\infty} G(t)$ 存在，則定義

$$\int_{-\infty}^b f(x)\,dx = \lim_{t\to -\infty} G(t)$$

並稱 $\int_{-\infty}^b f(x)\,dx$ 是 **收斂**；若 $\lim_{t\to -\infty} G(t)$ 不存在，則稱 $\int_{-\infty}^b f(x)\,dx$ 是 **發散**（或不存在）。

(3) 若 $\int_{-\infty}^0 f(x)\,dx$ 與 $\int_0^\infty f(x)\,dx$ 皆收斂，則定義

$$\int_{-\infty}^\infty f(x)\,dx = \int_{-\infty}^0 f(x)\,dx + \int_0^\infty f(x)\,dx$$

並稱 $\int_{-\infty}^\infty f(x)\,dx$ 是 **收斂**；否則稱 $\int_{-\infty}^\infty f(x)\,dx$ 是 **發散**（或不存在）。

定義 7.2

形如 $\int_a^\infty f(x)\,dx$、$\int_{-\infty}^b f(x)\,dx$ 或 $\int_{-\infty}^\infty f(x)\,dx$ 的積分，稱為 **第一類廣義積分** (improper integral of the first kind) 或 **第一類瑕積分**。

例題 1 求 $\int_1^\infty \dfrac{1}{x^2}\,dx$ 的值。

解 $\int_1^\infty \frac{1}{x^2}\,dx = \lim_{t\to\infty}\int_1^t \frac{1}{x^2}\,dx = \lim_{t\to\infty}\left(\frac{-1}{x}\bigg|_1^t\right) = \lim_{t\to\infty}\left(1-\frac{1}{t}\right) = 1$。

例題 2 求 $\int_1^\infty \frac{1}{x}\,dx$ 的值。

解 $\int_1^\infty \frac{1}{x}\,dx = \lim_{t\to\infty}\int_1^t \frac{1}{x}\,dx = \lim_{t\to\infty}\left(\ln|x|\bigg|_1^t\right) = \lim_{t\to\infty}\ln t = \infty$

換言之，$\int_1^\infty \frac{1}{x}\,dx$ 是發散。

例題 3 求 $\int_0^\infty e^{-x}\,dx$ 的值。

解 $\int_0^\infty e^{-x}\,dx = \lim_{t\to\infty}\int_0^t e^{-x}\,dx = \lim_{t\to\infty}\left(-e^{-x}\bigg|_0^t\right) = \lim_{t\to\infty}(1-e^{-t}) = 1$。

說明： 如圖 7.2 所示，$y = e^{-x}$ 曲線下的顏色部分，雖然可無窮延伸，但其面積還是有限值。

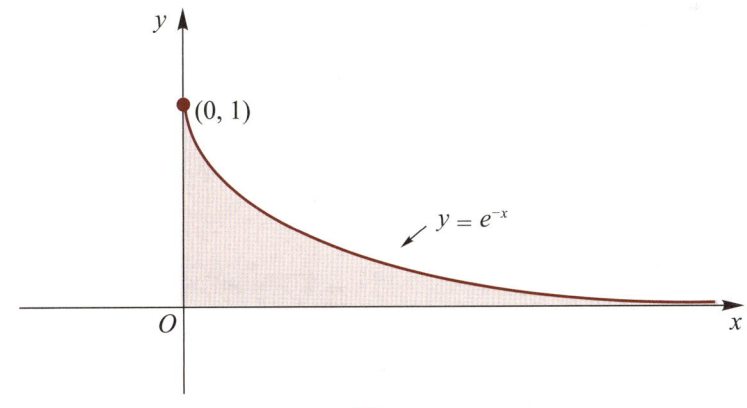

圖 7.2

例題 4 求 $\int_{-\infty}^0 e^x\,dx$ 的值。

解 $\int_{-\infty}^0 e^x\,dx = \lim_{t\to-\infty}\int_t^0 e^x\,dx = \lim_{t\to-\infty}(e^0 - e^t) = 1$。

例題 5 求 $\int_{-\infty}^{-2} \dfrac{1}{1+x}\, dx$ 的值。

解 $\int_{-\infty}^{-2} \dfrac{1}{1+x}\, dx = \lim\limits_{t \to -\infty} \int_{t}^{-2} \dfrac{1}{1+x}\, dx = \lim\limits_{t \to -\infty}\left(\ln|1+x|\,\Big|_{t}^{-2}\right) = -\infty$

換言之，$\int_{-\infty}^{-2} \dfrac{1}{1+x}\, dx$ 是發散。

統計學上，有一很重要的分布，叫作**標準常態分配**。大自然的現象皆符合此分布。而計算發生事情的機率，就是對其機率密度函數積分，這原理相當於求算物體的重量，就是對此物體的密度積分一樣（即重量等於體積乘以物體密度）。

例題 6 標準常態分配的機率密度函數

$$f(x) = \dfrac{1}{\sqrt{2\pi}}\, e^{-\frac{x^2}{2}},\ \ x \in (-\infty,\ \infty)$$

求此分配的期望值 $\int_{-\infty}^{\infty} x f(x)\, dx$。

解 $\int_{-\infty}^{\infty} x f(x)\, dx = \int_{-\infty}^{\infty} \dfrac{1}{\sqrt{2\pi}} x e^{-\frac{x^2}{2}}\, dx$

$\qquad\qquad\qquad = \int_{-\infty}^{0} \dfrac{1}{\sqrt{2\pi}} x e^{-\frac{x^2}{2}}\, dx + \int_{0}^{\infty} \dfrac{1}{\sqrt{2\pi}} x e^{-\frac{x^2}{2}}\, dx$

現在

$$\int_{-\infty}^{0} \dfrac{1}{\sqrt{2\pi}} x e^{-\frac{x^2}{2}}\, dx = \lim\limits_{t \to -\infty} \int_{t}^{0} \dfrac{1}{\sqrt{2\pi}} x e^{-\frac{x^2}{2}}\, dx$$

$$= \lim\limits_{t \to -\infty}\left(\dfrac{-1}{\sqrt{2\pi}} e^{-\frac{x^2}{2}}\,\Big|_{t}^{0}\right)$$

$$= \lim\limits_{t \to -\infty}\left(\dfrac{-1}{\sqrt{2\pi}} + \dfrac{1}{\sqrt{2\pi}} e^{-\frac{t^2}{2}}\right)$$

$$= -\dfrac{1}{\sqrt{2\pi}}$$

又

$$\int_0^\infty \frac{1}{\sqrt{2\pi}} xe^{-\frac{x^2}{2}} dx = \lim_{t\to\infty} \int_0^t \frac{1}{\sqrt{2\pi}} xe^{-\frac{x^2}{2}} dx$$

$$= \lim_{t\to\infty} \left(\frac{-1}{\sqrt{2\pi}} e^{-\frac{x^2}{2}} \bigg|_0^t \right)$$

$$= \lim_{t\to\infty} \left(\frac{-1}{\sqrt{2\pi}} e^{-\frac{t^2}{2}} + \frac{1}{\sqrt{2\pi}} \right)$$

$$= \frac{1}{\sqrt{2\pi}}$$

因此，

$$\int_{-\infty}^\infty x f(x)\, dx = \int_{-\infty}^0 \frac{1}{\sqrt{2\pi}} xe^{-\frac{x^2}{2}} dx + \int_0^\infty \frac{1}{\sqrt{2\pi}} xe^{-\frac{x^2}{2}} dx$$

$$= -\frac{1}{\sqrt{2\pi}} + \frac{1}{\sqrt{2\pi}} = 0$$

即標準常態分配的期望值為 0。

例題 7 曲線 $y = \dfrac{1}{x}$，$x \in [1, \infty)$，令此曲線下區域（如圖 7.3 的有顏色部分）對 x 軸旋轉一圈所得旋轉體為一喇叭形狀的物體，如圖 7.4。

(1) 求此物體的體積 V。
(2) 求此物體的表面積 A。

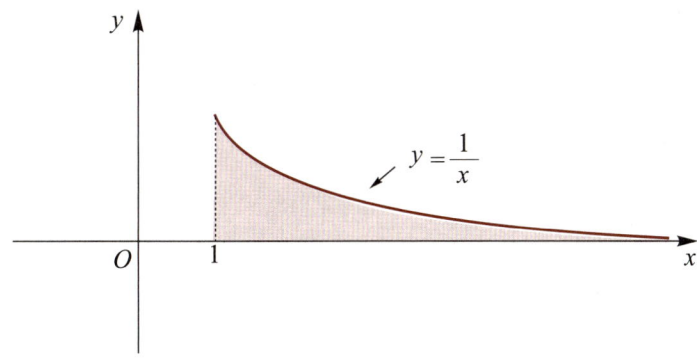

圖 7.3

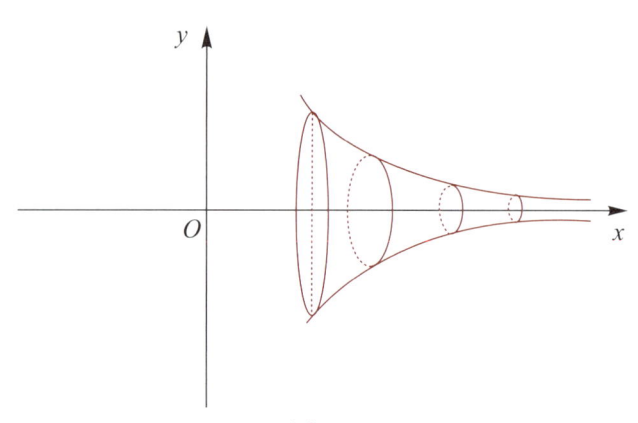

圖 7.4

解 $V = \int_1^\infty \pi \left(\dfrac{1}{x}\right)^2 dx$

$= \lim\limits_{t \to \infty} \int_1^t \pi \dfrac{1}{x^2} dx$

$= \lim\limits_{t \to \infty} \pi \left(\dfrac{-1}{x} \bigg|_1^t \right) = \pi$

$A = \int_1^\infty 2\pi y \, ds = \int_1^\infty 2\pi y \sqrt{1+(y')^2} \, dx \quad (\because (ds)^2 = (dx)^2 + (dy)^2)$

$= \int_1^\infty 2\pi \dfrac{1}{x} \sqrt{1+\left(\dfrac{-1}{x^2}\right)^2} \, dx$

$= \int_1^\infty 2\pi \sqrt{\dfrac{x^4+1}{x^6}} \, dx$

$= \lim\limits_{t \to \infty} \int_1^t 2\pi \sqrt{\dfrac{x^4+1}{x^6}} \, dx$

又 $\sqrt{\dfrac{x^4+1}{x^6}} > \sqrt{\dfrac{x^4}{x^6}} = \dfrac{1}{x}, \ \forall x \in [1, t], \ t > 0$

有 $\int_1^t 2\pi \sqrt{\dfrac{x^4+1}{x^6}} \, dx > \int_1^t 2\pi \dfrac{1}{x} dx = 2\pi \ln t$

得 $A = \lim\limits_{t \to \infty} \int_1^t 2\pi \sqrt{\dfrac{x^4+1}{x^6}} \, dx > \lim\limits_{t \to \infty} 2\pi \ln t = \infty$

因此，物體的表面積 A 是 ∞。

第七章　廣義積分

一個喇叭形狀的物體，體積有限，表面積卻是無窮大，這是否與我們的直覺發生矛盾呢？無窮材料的東西，卻圍出一個有限體積的物體；事實上，我們已經有了無窮長的線，圍出有限面積的例子，如圖 7.5 中的顏色面積 A，

$$A = \int_1^\infty \frac{1}{x^2}\, dx = \lim_{t\to\infty} \int_1^t \frac{1}{x^2}\, dx = 1$$

但 $y = \dfrac{1}{x^2}$ 的曲線長卻是 ∞。可以接受圖 7.5，即能接受圖 7.4 的例子。

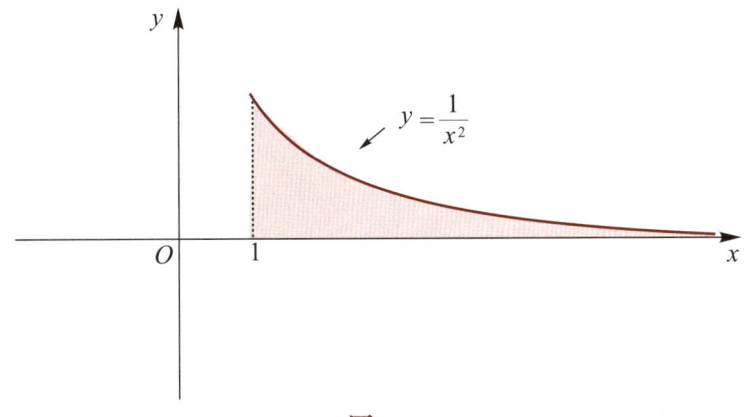

圖 7.5

定理 7.1

若 $\displaystyle\int_a^\infty |f(x)|\, dx$ 收斂，則 $\displaystyle\int_a^\infty f(x)\, dx$ 收斂。

證明　　$0 \leq |f(x)| - f(x) \leq |f(x)| + |f(x)|$

有　　$0 \leq |f(x)| - f(x) \leq 2|f(x)|$

得　　$0 \leq \displaystyle\int_a^\infty (|f(x)| - f(x))\, dx \leq \int_a^\infty 2|f(x)|\, dx$

即 $\displaystyle\int_a^\infty (|f(x)| - f(x))\, dx$ 收斂。

另一方面，

$$f(x) = |f(x)| - (|f(x)| - f(x))$$

亦有

$$\int_a^\infty f(x)\,dx = \int_a^\infty [\,|f(x)| - (|f(x)| - f(x))\,]\,dx$$
$$= \int_a^\infty |f(x)|\,dx - \int_a^\infty (|f(x)| - f(x))\,dx$$
$$= 收斂 - 收斂$$
$$= 收斂$$

上述的結論是說明 $\int_a^\infty |f(x)|\,dx$ 與 $\int_a^\infty f(x)\,dx$ 收斂的關聯性。

定理 7.2

已知 $0 \leq f(x) \leq g(x)$，$\forall\, x \in [a, \infty)$，且對任意 $t > a$，$f(x)$ 與 $g(x)$ 在 $[a, t]$ 皆可積分，則有下列結果：

(1) 若 $\int_a^\infty g(x)\,dx$ 收斂，則 $\int_a^\infty f(x)\,dx$ 收斂。

(2) 若 $\int_a^\infty f(x)\,dx$ 發散，則 $\int_a^\infty g(x)\,dx$ 發散。

證明 由一般積分 $\int_a^b f(x)\,dx$ 與 $\int_a^b g(x)\,dx$ 的大小關係，很容易得到此定理的證明。

例題 8 判斷 $\int_1^\infty \dfrac{x}{1+x^2}\,dx$ 的斂散性。

解 $\because 0 < \dfrac{1}{1+x} \leq \dfrac{1}{\frac{1}{x}+x} = \dfrac{x}{1+x^2}$，$\forall\, x \in [1, \infty)$

又 $\int_1^\infty \dfrac{1}{1+x}\,dx$ 是發散，依據定理 7.2，得 $\int_1^\infty \dfrac{x}{1+x^2}\,dx$ 發散。

習題 7.1

求 1～6 題的積分值。

1. $\displaystyle\int_{1}^{\infty} xe^{-x^2}\,dx$

2. $\displaystyle\int_{1}^{\infty} \frac{1}{x^{1.1}}\,dx$

3. $\displaystyle\int_{0}^{\infty} xe^{-x}x\,dx$

4. $\displaystyle\int_{-\infty}^{\infty} xe^{-x^2}\,dx$

5. $\displaystyle\int_{-\infty}^{-1} \frac{1}{x^{\frac{4}{3}}}\,dx$

6. $\displaystyle\int_{2}^{\infty} \frac{1}{(x-1)^{\frac{4}{3}}}\,dx$

判斷 7～10 題的積分是收斂或發散。

7. $\displaystyle\int_{1}^{\infty} \frac{1}{\sqrt{x+1}}\,dx$

8. $\displaystyle\int_{0}^{\infty} \frac{\sin x}{1+x^2}\,dx$

9. $\displaystyle\int_{-\infty}^{0} \frac{1}{(4x-1)^3}\,dx$

10. $\displaystyle\int_{1}^{\infty} \frac{\sqrt{x}}{1+x^2}\,dx$

7.2　第二類廣義積分

本節將探討被積分函數 $f(x)$ 在積分區間是無窮大（或負無窮大）的積分情形。

定義 7.3

(1) 對任意 $a < t < b$，已知 $f(x)$ 在 $[a, t]$ 是可積分，且 $\displaystyle\lim_{x \to b^-} |f(x)| = \infty$，若 $\displaystyle\lim_{t \to b^-} \int_{a}^{t} f(x)\,dx$ 存在，則稱 $\displaystyle\int_{a}^{b} f(x)\,dx$ 收斂，且定義

$$\int_{a}^{b} f(x)\,dx = \lim_{t \to b^-} \int_{a}^{t} f(x)\,dx$$

否則稱 $\displaystyle\int_{a}^{b} f(x)\,dx$ 是 **發散**。

(2) 對任意 $a < t < b$，已知 $f(x)$ 在 $[t, b]$ 是可積分，且 $\lim\limits_{t \to a^+} |f(x)| = \infty$，若 $\lim\limits_{t \to a^+} \int_t^b f(x)\,dx$ 存在，則稱 $\int_a^b f(x)\,dx$ 收斂，且定義

$$\int_a^b f(x)\,dx = \lim\limits_{t \to a^+} \int_t^b f(x)\,dx$$

否則稱 $\int_a^b f(x)\,dx$ 是 **發散**。

(3) 已知存在一點 $c \in (a, b)$，使得 $\lim\limits_{x \to c} |f(x)| = \infty$，若 $\int_a^c f(x)\,dx$ 與 $\int_c^b f(x)\,dx$ 皆收斂，則稱 $\int_a^b f(x)\,dx$ 是收斂，且定義

$$\int_a^b f(x)\,dx = \int_a^c f(x)\,dx + \int_c^b f(x)\,dx$$

否則稱 $\int_a^b f(x)\,dx$ 是 **發散**。

(4) 已知 $\lim\limits_{t \to a^+} |f(x)| = \infty$，$\lim\limits_{x \to b^-} |f(x)| = \infty$，若存在一點 $c \in (a, b)$，使得 $\int_a^c f(x)\,dx$ 與 $\int_c^b f(x)\,dx$ 皆收斂，則稱 $\int_a^b f(x)\,dx$ **收斂**，且定義

$$\int_a^b f(x)\,dx = \int_a^c f(x)\,dx + \int_c^b f(x)\,dx$$

否則稱 $\int_a^b f(x)\,dx$ 是 **發散**。

(5) 上述 (1)、(2)、(3)、(4) 所描述的積分 $\int_a^b f(x)\,dx$ 皆歸類為 **第二類廣義積分**（或 **第二類瑕積分**）。

例題 1

(1) $\int_1^3 \dfrac{1}{(x-3)^2}\,dx$ 為定義 7.3(1) 所描述的積分。

(2) $\int_\pi^4 \dfrac{1}{\sin x}\,dx$ 為定義 7.3(2) 所描述的積分。

(3) $\int_{-1}^1 \dfrac{1}{x^2-1}\,dx$ 為定義 7.3(4) 所描述的積分。

(4) $\int_{-1}^1 \dfrac{1}{x}\,dx$ 為定義 7.3(3) 所描述的積分。

例題 2 求 $\int_0^1 \dfrac{1}{x-1}\,dx$ 的值。

解 由於 $\lim\limits_{x\to 1^-}\left|\dfrac{1}{x-1}\right|=\infty$，因此 $\int_0^1 \dfrac{1}{x-1}\,dx$ 是第二類廣義積分，即

$$\int_0^1 \dfrac{1}{x-1}\,dx = \lim_{t\to 1^-}\int_0^t \dfrac{1}{x-1}\,dx = \lim_{t\to 1^-}\left(\ln|x-1|\,\Big|_0^t\right)$$

$$= \lim_{t\to 1^-}\ln|t-1| = -\infty$$

因此，$\int_0^1 \dfrac{1}{x-1}\,dx$ 發散。

例題 3 求 $\int_0^1 \dfrac{1}{\sqrt{x}}\,dx$ 的值。

解 由於 $\lim\limits_{x\to 0^+}\left|\dfrac{1}{\sqrt{x}}\right|=\infty$，因此 $\int_0^1 \dfrac{1}{\sqrt{x}}\,dx$ 是第二類廣義積分，即

$$\int_0^1 \dfrac{1}{\sqrt{x}}\,dx = \lim_{t\to 0^+}\int_t^1 \dfrac{1}{\sqrt{x}}\,dx = \lim_{t\to 0^+}\left(2\sqrt{x}\,\Big|_t^1\right)$$

$$= \lim_{t\to 0^+}(2-2\sqrt{t})=2$$

例題 4 求 $\int_1^3 \dfrac{1}{(x-1)^{\frac{1}{3}}}\, dx$ 的值。

解 由於 $\lim\limits_{x\to 1^+}\left|\dfrac{1}{(x-1)^{\frac{1}{3}}}\right|=\infty$，所以

$$\int_1^3 \dfrac{1}{(x-1)^{\frac{1}{3}}}\, dx = \lim_{t\to 1^+}\int_t^3 \dfrac{1}{(x-1)^{\frac{1}{3}}}\, dx = \lim_{t\to 1^+}\left(\dfrac{3}{2}(x-1)^{\frac{2}{3}}\bigg|_t^3\right)$$

$$= \lim_{t\to 1^+}\left(\dfrac{3}{2}(3-1)^{\frac{2}{3}} - \dfrac{3}{2}(t-1)^{\frac{2}{3}}\right)$$

$$= \dfrac{3}{2}(4^{\frac{1}{3}}) - 0 = \dfrac{3}{2}(4^{\frac{1}{3}})$$

例題 5 求 $\int_{-1}^1 \dfrac{1}{x^2-1}\, dx$ 的值。

解 考慮 $\int_{-1}^1 \dfrac{1}{x^2-1}\, dx = \int_{-1}^0 \dfrac{1}{x^2-1}\, dx + \int_0^1 \dfrac{1}{x^2-1}\, dx$

因為

$$\int_{-1}^0 \dfrac{1}{x^2-1}\, dx = \lim_{t\to -1^+}\int_t^0 \dfrac{1}{x^2-1}\, dx = \lim_{t\to -1^+}\int_t^0 \left(\dfrac{\frac{1}{2}}{x-1} - \dfrac{\frac{1}{2}}{x+1}\right) dx$$

$$= \lim_{t\to -1^+}\left(\int_t^0 \dfrac{\frac{1}{2}}{x-1}\, dx - \int_t^0 \dfrac{\frac{1}{2}}{x+1}\, dx\right)$$

$$\left(\because \dfrac{1}{x^2-1} = \dfrac{1}{(x+1)(x-1)} = \dfrac{A}{x-1} + \dfrac{B}{x+1} = \dfrac{\frac{1}{2}}{x-1} - \dfrac{\frac{1}{2}}{x+1}\right)$$

$$= \lim_{t\to -1^+}\left(\left(\dfrac{1}{2}\ln|x-1|\bigg|_t^0\right) - \left(\dfrac{1}{2}\ln|x+1|\bigg|_t^0\right)\right)$$

$$= \lim_{t\to -1^+}\left(-\dfrac{1}{2}\ln|t-1| + \dfrac{1}{2}\ln|t+1|\right) = -\infty$$

所以 $\int_{-1}^{1} \frac{1}{x^2-1} dx$ 是發散。

例題 6 求 $\int_{-1}^{1} \frac{1}{x^2} dx$ 的值。

解 (1) 錯誤作法：

$$\int_{-1}^{1} \frac{1}{x^2} dx = -\frac{1}{x} \bigg|_{-1}^{1} = -\frac{1}{1} + \frac{1}{-1} = -2$$

$\frac{1}{x^2}$ 是正數函數，其定積分值不可能為負，到底錯在哪裡？觀察 $y = \frac{1}{x^2}$ 的圖形（圖 7.6），$\int_{-1}^{1} \frac{1}{x^2} dx$ 有顏色部分的面積，此面積不是有限的正數，所以是發散，理由如下：

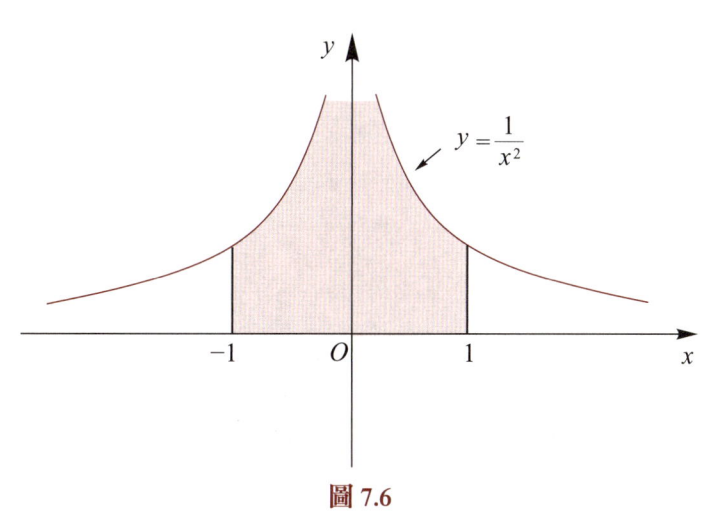

圖 7.6

(2) 正確作法：

由於 $\int_{-1}^{1} \frac{1}{x^2} dx$ 是第二類廣義積分，且 $\lim_{x \to 0} \left| \frac{1}{x^2} \right| = \infty$，因此

$$\int_{-1}^{1} \frac{1}{x^2} dx = \int_{-1}^{0} \frac{1}{x^2} dx + \int_{0}^{1} \frac{1}{x^2} dx$$

計算

$$\int_{-1}^{0} \frac{1}{x^2}\,dx = \lim_{t \to 0^-} \int_{-1}^{t} \frac{1}{x^2}\,dx = \lim_{t \to 0^-} \left(\left. \frac{-1}{x} \right|_{-1}^{t} \right)$$

$$= \lim_{t \to 0^-} \left(\frac{-1}{t} + \frac{1}{-1} \right) = \infty \text{，不收斂}$$

得 $\int_{-1}^{1} \frac{1}{x^2}\,dx$ 是**發散**。

在廣義積分中，$\int_{a}^{b} f(x)\,dx = \int_{a}^{c} f(x)\,dx + \int_{c}^{b} f(x)\,dx$，只有 $\int_{a}^{c} f(x)\,dx$ 與 $\int_{c}^{b} f(x)\,dx$ 同時收斂時，$\int_{a}^{b} f(x)\,dx$ 才收斂；換言之，只要 $\int_{a}^{c} f(x)\,dx$ 或 $\int_{c}^{b} f(x)\,dx$ 有一發散，則 $\int_{a}^{b} f(x)\,dx$ 一定發散。

有些廣義積分是無法找出反導函數，因此無法直接計算其積分值，但可利用一些比較的辦法，判斷其收斂或發散，若確認是收斂，再利用數值分析 (數學的學門之一) 的辦法求其近似值。

定理 7.3

已知 $\int_{a}^{b} f(x)\,dx$ 是第二類廣義積分，若 $\int_{a}^{b} |f(x)|\,dx$ **收斂**，則 $\int_{a}^{b} f(x)\,dx$ **收斂**。

證明 此定理的證明，類似於定理 7.1，理解定理 7.1 的證明方式，即容易證得。

定理 7.4

已知 $\int_{a}^{b} f(x)\,dx$ 與 $\int_{a}^{b} g(x)\,dx$ 皆是第二類廣義積分，且 f 與 g 有相同的定義域 D，若 $0 \leq f(x) \leq g(x)$，$\forall x \in D$，則有下列結果：

(1) 若 $\int_{a}^{b} g(x)\,dx$ **收斂**，則 $\int_{a}^{b} f(x)\,dx$ **收斂**，且

$$\int_a^b f(x)\,dx \le \int_a^b g(x)\,dx$$

(2) 若 $\int_a^b f(x)\,dx$ **發散**，則 $\int_a^b g(x)\,dx$ **發散**。

證明 此定理與定理 7.2 可以用相同的方式證得。

例題 7 判斷 $\int_0^1 \dfrac{\cos x}{x^2}\,dx$ 的斂散性。

解 由於 $\int_0^1 \dfrac{\cos x}{x^2}\,dx$ 與 $\int_0^1 \dfrac{\cos 1}{x^2}\,dx$ 皆是第二類廣義積分，且

$$0 \le \frac{\cos 1}{x^2} \le \frac{\cos x}{x^2}, \quad \forall\, x \in (0,\,1]$$

又

$$\int_0^1 \frac{\cos 1}{x^2}\,dx = \lim_{t \to 0^+}\int_t^1 \frac{\cos 1}{x^2}\,dx = \lim_{t \to 0^+}\left(\left.\frac{-\cos 1}{x}\right|_t^1\right)$$

$$= \lim_{t \to 0^+}(\cos 1)\left(\frac{-1}{1} + \frac{1}{t}\right) = \infty$$

即 $\int_0^1 \dfrac{\cos 1}{x^2}\,dx$ 發散，依據定理 7.4，得 $\int_0^1 \dfrac{\cos x}{x^2}\,dx$ 是發散。

例題 8 判斷 $\int_0^{2\pi} \dfrac{\cos x}{\sqrt{x}}\,dx$ 的斂散性。

解 由於 $\int_0^{2\pi}\left|\dfrac{\cos x}{\sqrt{x}}\right|dx$ 與 $\int_0^{2\pi}\dfrac{1}{\sqrt{x}}\,dx$ 皆是第二類廣義積分，且

$$0 \le \left|\frac{\cos x}{\sqrt{x}}\right| \le \frac{1}{\sqrt{x}}, \quad \forall\, x \in (0,\,2\pi]$$

又
$$\int_0^{2\pi} \frac{1}{\sqrt{x}}\,dx = \lim_{t \to 0^+}\int_t^{2\pi} \frac{1}{\sqrt{x}}\,dx = \lim_{t \to 0^+}\left(2x^{\frac{1}{2}}\Big|_t^{2\pi}\right)$$
$$= \lim_{t \to 0^+}(2\sqrt{2\pi} - 2\sqrt{t}) = 2\sqrt{2\pi}$$

即 $\int_0^{2\pi} \frac{1}{\sqrt{x}}\,dx$ 收斂，依據定理 7.4，得 $\int_0^{2\pi}\left|\frac{\cos x}{\sqrt{x}}\right|dx$ 收斂，再由定理 7.3，得 $\int_0^{2\pi} \frac{\cos x}{\sqrt{x}}\,dx$ 收斂。

習題 7.2

求 1～6 題的積分值。

1. $\int_1^2 \frac{1}{\sqrt{2-x}}\,dx$

2. $\int_1^2 \frac{1}{x-1}\,dx$

3. $\int_{-3}^0 \frac{1}{3+2x}\,dx$

4. $\int_0^3 \frac{1}{x^2-3x+2}\,dx$

5. $\int_{-1}^1 \frac{1}{x^{\frac{1}{3}}}\,dx$

6. $\int_{-1}^2 \frac{1}{x^{\frac{2}{3}}}\,dx$

判斷 7～10 題的斂散性。

7. $\int_0^1 \frac{e^x}{\sqrt{x}}\,dx$

8. $\int_0^1 \frac{1}{\sqrt{x}(1+x^2)}\,dx$

9. $\int_3^5 \frac{1}{(4-x)^{\frac{2}{3}}}\,dx$

10. $\int_0^2 \frac{\ln x}{x}\,dx$

第八章

多變數函數及其偏導數

實際上，多變數函數的理論基礎皆來自單變數函數，所以一些單變數函數的性質會在本章及下一章出現，因此多了解單變函數的性質有助於學習多變數函數。

8.1 認識多變數函數

前面所遇到的函數皆僅有一個自變數 x，此種函數稱為**單變數函數**，簡記為 $f(x)$。若函數有兩個或兩個以上自變數 x_1，$\cdots$，x_n，$n \geq 2$，則此種函數稱為**多變數函數**且簡記為 $f(x_1, \cdots, x_n)$。為了解說上的方便，本章及下一章所討論的函數皆為兩個或三個變數的多變數函數，因為兩個或三個變數函數的性質可以直接推廣到更多變數的多變數函數。

在日常生活當中，有很多事情可以用多變數函數來描述，例如長及寬分別為 x 與 y 的長方形面積為 $A = xy$，這是兩個變數的函數。另外，長、寬與高分別為 x、y 與 z 的長方體體積為 $V = xyz$，這是三個變數的函數。若某工廠生產 A 與 B 產品的單位成本分別為 a 與 b，且每個月的固定成本為 d，則該工廠每個月生產 A 與 B 產品分別為 x 與 y 單位的總成本為 $C = ax + by + d$。

基本上可以從函數的定義域、值域、圖形或等高線圖了解多變數函數的變化情形。

例題 1 決定函數 $f(x, y)=\sqrt{4-x^2-y^2}$ 的定義域及值域。

解 因為 $f(x, y)=\sqrt{4-x^2-y^2}$ 是開平方根函數且被開平方根的值必須大於或等於零，所以函數 $f(x, y)$ 的定義域為 $D_f=\{(x, y) \mid x^2+y^2 \leq 4\}$，即圓 $x^2+y^2=4$ 所包圍的區域。因為平方根是非負實數且 $4-x^2-y^2 \leq 4$，故函數 $f(x, y)$ 的值域為 $R_f=\{f(x, y) \mid (x, y) \in D_f\}=[0, 2]$。

若考慮兩個變數函數 $f(x, y)$，則其圖形是方程式 $z=f(x, y)$ 在三度空間 R^3 的點集合 $\{(x, y, z) \mid (x, y) \in D_f\}$。由此可知描繪兩個變數函數圖形需要三度空間，描繪三個變數函數圖形需要四度空間，以此類推。描繪三個或三個以上變數函數圖形對人類而言是不容易的事，市面上一般數學套裝軟體可以描繪兩個變數函數的三度空間圖形，讀者可以試試看。有了函數圖形，就能清楚看出函數值的變化情形。另外，也可利用等高線圖了解兩個變數函數變化的趨勢。

定義 8.1

兩個變數函數 $f(x, y)$ 的等高線圖是曲線 $f(x, y)=k$，$k \in R_f$（值域）所組成的圖形。

注意 (1) 取不同的 k 值，就有不同的等高線，例如取五個不同的 k 值，就有五個不同的等高線，即取愈多不同的 k 值，就有愈多不同的等高線，若取的 k 值差愈小，則等高線愈密集；反之，則愈鬆散。
(2) 在同一條等高線上任一點 (x, y) 的函數值皆相等。

例題 2 描繪函數 $f(x, y)=x^2+y^2$ 的等高線圖且包含五條不同的等高線。

解 因為函數 $f(x, y)=x^2+y^2$ 的值域 $R_f=[0, \infty]$，故取 $k=1, 2, 3, 4, 5$ 且使得 $x^2+y^2=k$，即得五個不同等高線的等高線圖，其圖如圖 8.1 所示。

第八章　多變數函數及其偏導數

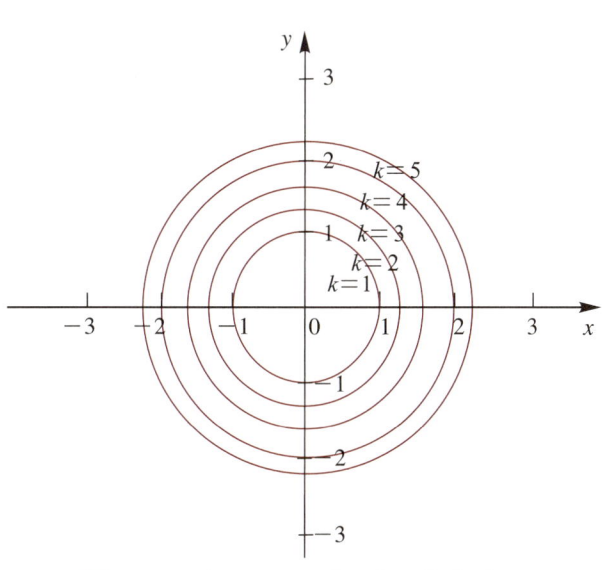

圖 8.1　函數 $f(x,y)=x^2+y^2$ 的等高線圖

例題 3　某函數 $f(x,y)$ 的等高線圖如圖 8.2。試決定函數值 $f(3,2)$ 的近似值。

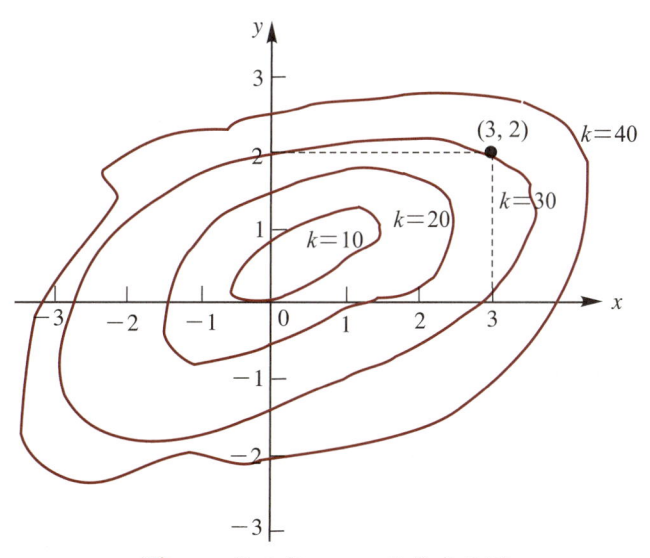

圖 8.2　某函數 $f(x,y)$ 的等高線圖

解　依據 $f(x,y)$ 的等高線圖，發現坐標 $(3,2)$ 的位置在 $k=30$ 的等高線上，故 $f(3,2)=30$。

習題 8.1

1. 描述下列函數的圖形。
   (1) $f(x, y) = 2 - x - 2y$
   (2) $f(x, y) = \sqrt{4 - x^2 - y^2}$

2. 決定下列函數的定義域與值域。
   (1) $f(x, y) = (x - y)^{-1}$
   (2) $f(x, y) = \sqrt{144 - 9x^2 - 16y^2}$
   (3) $f(x, y) = y^2 \ln(x - y)$

3. 描繪下列函數任意四條等高線圖。
   (1) $f(x, y) = 2 - x + y$
   (2) $f(x, y) = x^2 + 4y^2$
   (3) $f(x, y) = x^2 - y$
   (4) $f(x, y) = \sqrt{x^2 + y^2}$

4. 依據圖 8.2，決定函數值 $f(-2, 1)$、$f(-2, -1)$ 與 $f(-1, 2)$ 的近似值。

8.2 兩個變數函數的極限與連續性

回顧單變數函數的極限 $\lim_{x \to a} f(x)$，此處 a 是實數線上某一點，因此 x 從點 a 的右邊或左邊靠近點 a，即極限 $\lim_{x \to a} f(x)$ 包含右極限 $\lim_{x \to a^+} f(x)$ 與左極限 $\lim_{x \to a^-} f(x)$，故只要觀察 $\lim_{x \to a^+} f(x)$ 及 $\lim_{x \to a^-} f(x)$ 是否相等，就可以決定 $\lim_{x \to a} f(x)$ 是否存在。考慮兩個變數函數的極限 $\lim_{(x, y) \to (a, b)} f(x, y)$，此處 (a, b) 是 xy 平面上某一點，因此 (x, y) 從點 (a, b) 的四面八方靠近點 (a, b)，即兩個變數函數的極限 $\lim_{(x, y) \to (a, b)} f(x, y)$ 包含無限多個單邊極限，故無法利用單邊極限討論 $\lim_{(x, y) \to (a, b)} f(x, y)$ 是否存在。依上面的討論，我們給兩個變數函數的極限下一個直觀上的定義。對嚴格的數學定義有興趣的讀者可參考其他微積分書籍。

定義 8.2

若 (x, y) 沿著所有可能路徑趨近 (a, b) 時，$f(x, y)$ 趨近某一定數 L，則稱 L 是 $f(x, y)$ 在點 (a, b) 的極限值，記為 $\lim_{(x, y) \to (a, b)} f(x, y) = L$。

注意 (1) 定義 8.2 的反面意義如下，若 (x, y) 沿著兩個不同路徑趨近 (a, b) 時，

$f(x, y)$ 不趨近某一定數,則稱 $f(x, y)$ 在點 (a, b) 的極限值不存在。

(2) 定義 8.2 可以直接推廣到三個或三個以上變數的多變數函數。

(3) 若沿著兩個不同路徑函數有不同的極限值,則不論單變數或多變數函數的極限值皆不存在。

(4) 所有單變數函數的極限運算性質,對多變數函數而言仍然有效。

例題 1 決定 $\lim\limits_{(x,y)\to(0,0)} \dfrac{x^2+y^2}{x^2-y^2}$ 是否存在。

解 一般而言,判斷多變數函數的極限不存在比較容易,故考慮兩個最簡單的路徑 x 軸及 y 軸。

(a) 當 (x, y) 沿著 x 軸趨近 $(0, 0)$,則 $y=0$ 且

$$\lim_{(x,y)\to(0,0)} \frac{x^2+y^2}{x^2-y^2} = \lim_{x\to 0} \frac{x^2}{x^2} = 1 \text{。}$$

(b) 當 (x, y) 沿著 y 軸趨近 $(0, 0)$,則 $x=0$ 且

$$\lim_{(x,y)\to(0,0)} \frac{x^2+y^2}{x^2-y^2} = \lim_{y\to 0} \frac{y^2}{-y^2} = -1 \text{。}$$

即沿著不同路徑函數有不同的極限值,故 $\lim\limits_{(x,y)\to(0,0)} \dfrac{x^2+y^2}{x^2-y^2}$ 不存在。

另一解法,將直角坐標轉換為極坐標,即 $x = r\cos\theta$,$y = r\sin\theta$ 且 $(x, y) \to (0, 0)$ 轉換為 $r \to 0$,故

$$\lim_{(x,y)\to(0,0)} \frac{x^2+y^2}{x^2-y^2} = \lim_{r\to 0} \frac{r^2}{r^2(\cos^2\theta - \sin^2\theta)} = \frac{1}{\cos^2\theta - \sin^2\theta}$$

此極限值隨著 θ 變化且 θ 表示趨近原點 $(0, 0)$ 的路徑,即不同路徑函數有不同的極限值,故 $\lim\limits_{(x,y)\to(0,0)} \dfrac{x^2+y^2}{x^2-y^2}$ 不存在。

注意 極坐標法僅適用於兩個變數函數 $f(x, y)$ 在原點 $(0, 0)$ 的極限值,三個或三個以上變數函數不適用。

例題 2 決定 $\lim\limits_{(x,y)\to(0,0)} \dfrac{x^2 y}{x^2+y^2}$ 是否存在。

解 嘗試下列不同路徑 x 軸、y 軸、$x=y$ 或 $y=y^2$ 趨近原點 $(0, 0)$，所得極限值皆相等，故猜測其極限值存在且利用極坐標法求其值。

$$\lim_{(x, y) \to (0, 0)} \frac{x^2 y}{x^2+y^2} = \lim_{r \to 0} \frac{(r \cos \theta)^2 (r \sin \theta)}{r^2}$$

$$= \lim_{r \to 0} r \cos^2 \theta \sin \theta = 0$$

有了多變數函數的極限觀念，就可以利用它定義多變數函數的連續性。

定義 8.3

若 $\lim_{(x, y) \to (a, b)} f(x, y) = f(a, b)$ 且 (a, b) 是函數 $f(x, y)$ 定義域內的點，則稱 $f(x, y)$ 在點 (a, b) 處連續。

注意 多變數函數在其連續處的極限值與函數值相等。

定理 8.1

兩個變數的多項式函數在 xy 平面連續。兩個變數的有理函數在其定義域（即使得分母不為零的點集合）連續。

證明 直接引用極限運算性質，即可證得。

例題 3 決定 $\lim_{(x, y) \to (1, 2)} \frac{x^2-y^2}{x^2+y^2}$ 是否存在。

解 因為函數 $f(x, y) = \frac{x^2-y^2}{x^2+y^2}$ 是兩個變數的有理函數且其定義域為 $D_f = R^2 - \{(0, 0)\}$。根據定理 8.1，得

$$\lim_{(x, y) \to (1, 2)} \frac{x^2-y^2}{x^2+y^2} = \frac{-3}{5}$$

多變數連續函數與單變數連續函數的合成函數仍然是連續函數。

定理 8.2

若函數 $f(x, y)$ 在點 (a, b) 連續且單變數函數 g 在 $f(a, b)$ 連續,則其合成函數 $(g \circ f)(x, y) = g(f(x, y))$ 在點 (a, b) 連續。

證明 已知 $\lim_{(x, y) \to (a, b)} f(x, y) = f(a, b)$,因此

$$\lim_{(x, y) \to (a, b)} g(f(x, y)) = \lim_{f(x, y) \to f(a, b)} g(f(x, y)) = g(f(a, b))$$

故合成函數 $(g \circ f)(x, y)$ 在點 (a, b) 連續。

例題 4 決定函數 $f(x, y) = \ln(x^2 + y^2 - 4)$ 連續的區域。

解 函數 $f(x, y)$ 是函數 $h(x, y) = x^2 + y^2 - 4$ 與 $g(u) = \ln u$ 的合成函數,已知函數 $g(u) = \ln u$ 在其定義域 $D_g = \{u \mid u > 0\}$ 連續且函數 $h(x, y) = x^2 + y^2 - 4$ 在整個 xy 平面 R^2 連續,故合成函數 $g(h(x, y))$ 在 $x^2 + y^2 - 4 > 0$ 區域連續,即函數 $f(x, y) = \ln(x^2 + y^2 - 4)$ 在圓 $x^2 + y^2 = 4$ 的外部區域連續。

例題 5 決定函數 $f(x, y) = \begin{cases} \dfrac{x^2 y}{x^2 + y^2}, & \text{若 } (x, y) \neq (0, 0) \\ 2, & \text{若 } (x, y) = (0, 0) \end{cases}$ 在何處不連續。

解 依據定理 8.1,得知函數 $g(x, y) = \dfrac{x^2 y}{x^2 + y^2}$ 在其定義域 $R^2 - \{(0, 0)\}$ 連續,故 $f(x, y)$ 在 $R^2 - \{(0, 0)\}$ 區域連續,最後只要檢驗 $f(x, y)$ 在原點 $(0, 0)$ 是否連續,依據例題 2,得知 $\lim_{(x, y) \to (0, 0)} f(x, y) = 0$,但 $f(0, 0) = 2$,因此 $\lim_{(x, y) \to (0, 0)} f(x, y) \neq f(0, 0)$,故 $f(x, y)$ 在原點 $(0, 0)$ 不連續。

在上個例題中,若將函數 $f(x, y)$ 在原點 $(0, 0)$ 的函數值改為零,即 $f(0, 0) = 0$,則函數

$$f(x, y) = \begin{cases} \dfrac{x^2 y}{x^2 + y^2}, & \text{若 } (x, y) \neq (0, 0) \\ 0, & \text{若 } (x, y) = (0, 0) \end{cases}$$

在原點 $(0, 0)$ 連續。

因此例題 5 中的不連續稱為可移除的不連續。

習題 8.2

1. 求下列極限，或說明極限不存在的理由。

   (1) $\lim_{(x,y,z) \to (1,2,3)} (xy + yz + xz)$

   (2) $\lim_{(x,y) \to (0,1)} \dfrac{x^2 + xy + 2y^2 + 1}{x^2 + y^2 + 1}$

   (3) $\lim_{(x,y) \to (\pi,\pi)} x \cos\left(\dfrac{x+y}{3}\right)$

   (4) $\lim_{(x,y) \to (0,0)} e^{\frac{x^2 y}{x^2 + y^2}}$

   (5) $\lim_{(x,y) \to (0,0)} \dfrac{x^2 + y^2}{\sqrt{x^2 + y^2 + 9} - 3}$

   (6) $\lim_{(x,y) \to (0,0)} \dfrac{y^2 - x^2}{x^2 + y^2}$

2. 決定函數 $f(x, y) = \begin{cases} \dfrac{\sin(x^2 + y^2)}{x^2 + y^2}, & \text{若 } (x, y) \neq (0, 0) \\ 0, & \text{若 } (x, y) = (0, 0) \end{cases}$ 在何處不連續，且說明理由。

3. 決定函數 $f(x, y) = \ln(36 - 4x^2 - 9y^2)$ 連續的區域。

4. 求 $\lim_{(x,y) \to (\infty, \infty)} (x^2 + y^2) e^{-(x^2 + y^2)}$。

5. 決定函數 $f(x, y) = \begin{cases} (x^2 + y^2) \ln(x^2 + y^2), & \text{若 } (x, y) \neq (0, 0) \\ 1, & \text{若 } (x, y) = (0, 0) \end{cases}$ 在何處不連續，且說明理由。

8.3 偏導數與可微分

考慮兩個變數函數 $f(x, y)$ 且 $y = b$，則函數 $g(x) = f(x, b)$ 是曲面 $z = f(x, y)$ 與平面 $y = b$ 相交曲線的函數，若 $g'(a)$ 存在，則 $g'(a)$ 稱為函數 $f(x, y)$ 在點 (a, b) 相對於變數 x 的偏導數且記為 $f_x(a, b)$，即 $f_x(a, b) = g'(a)$，其幾何意義就是曲線 $z = f(x, b)$ 於點 $(a, b, f(a, b))$ 的切線斜率，也就是曲面 $z = f(x, y)$ 於點 (a, b) 在 x 軸方向的變化率。類似地，考慮兩個變數函數 $f(x, y)$ 且 $x = a$，則函數 $p(y) = f(a, y)$ 是曲面 $z = f(x, y)$ 與平面 $x = a$ 相交曲線的函數，若 $p'(b)$ 存在，則 $p'(b)$ 稱為函數 $f(x, y)$ 在

點 (a, b) 相對於變數 y 的偏導數且記為 $f_y(a, b)$，即 $f_y(a, b) = p'(b)$，其幾何意義就是曲線 $z = f(a, y)$ 於點 $(a, b, f(a, b))$ 的切線斜率，也就是曲面 $z = f(x, y)$ 於點 (a, b) 在 y 軸方向的變化率。最後依據導數的定義，得

$$f_x(a, b) = g'(a) = \lim_{h \to 0} \frac{g(a+h) - g(a)}{h} = \lim_{h \to 0} \frac{f(a+h, b) - f(a, b)}{h}$$

與

$$f_y(a, b) = p'(b) = \lim_{h \to 0} \frac{p(b+h) - p(b)}{h} = \lim_{h \to 0} \frac{f(a, b+h) - f(a, b)}{h}$$

故形成下面偏導數的定義。

定義 8.4

考慮兩個變數函數 $f(x, y)$，若 $\lim_{h \to 0} \dfrac{f(a+h, b) - f(a, b)}{h}$ 存在，則此極限值稱為函數 $f(x, y)$ 在點 (a, b) 相對於變數 x 的偏導數，記為 $f_x(a, b)$，即

$$f_x(a, b) = \lim_{h \to 0} \frac{f(a+h, b) - f(a, b)}{h}$$

相似地，若 $\lim_{h \to 0} \dfrac{f(a, b+h) - f(a, b)}{h}$ 存在，則此極限稱為函數 $f(x, y)$ 在點 (a, b) 相對於變數 y 的偏導數，記為 $f_y(a, b)$，即

$$f_y(a, b) = \lim_{h \to 0} \frac{f(a, b+h) - f(a, b)}{h}$$

注意 (1) 此定義的模式也適用於三個或三個以上變數函數的偏導數。

(2) 同理，$f(x, y)$ 的偏導數可定義為 $f_x(x, y) = \lim\limits_{h \to 0} \dfrac{f(x+h, y) - f(x, y)}{h}$ 與 $f_y(x, y) = \lim\limits_{h \to 0} \dfrac{f(x, y+h) - f(x, y)}{h}$。

(3) 依據偏導數的定義公式，可知求相對於某變數的偏導數時，只要將此變數以外之變數視為常數，其微分法則與單變數完全一樣。

下列是偏導數常用的符號，若 $z = f(x, y)$，則其偏導數可寫成

$$f_x(x,\ y)=f_x=\frac{\partial f}{\partial x}=\frac{\partial}{\partial x}f(x,\ y)=\frac{\partial z}{\partial x}=f_1=D_1f=D_xf$$

與

$$f_y(x,\ y)=f_y=\frac{\partial f}{\partial y}=\frac{\partial}{\partial y}f(x,\ y)=\frac{\partial z}{\partial y}=f_2=D_2f=D_yf。$$

另外，函數 $z=f(x,y)$ 在特定點 (a,b) 的偏導數可寫成

$$f_x(a,\ b)=\frac{\partial f}{\partial x}\bigg|_{(a,\ b)}=\frac{\partial z}{\partial x}\bigg|_{(a,\ b)}=f_1(a,\ b)=D_xf(a,\ b)$$

與

$$f_y(a,\ b)=\frac{\partial f}{\partial y}\bigg|_{(a,\ b)}=\frac{\partial z}{\partial y}\bigg|_{(a,\ b)}=f_2(a,\ b)=D_yf(a,\ b)。$$

例題 1 若 $f(x,y)=x^2+xy+y^2$，求 $f_x(1,-1)$ 與 $f_y(1,-1)$ 且說明其幾何意義。

解 先求 $f(x,y)$ 的偏導數，$f_x(x,y)=2x+y$ 及 $f_y(x,y)=x+2y$，再求得 $f_x(1,-1)=2-1=1$ 及 $f_y(1,-1)=1-2=-1$。其幾何意義如下，$f_x(1,-1)=1$ 是曲面 $z=x^2+xy+y^2$ 與平面 $y=-1$ 相交曲線 $z=x^2-x+1$ 於點 $(1,-1,1)$ 在 x 軸方向的切線斜率。同理，$f_y(1,-1)=-1$ 是曲面 $z=x^2+xy+y^2$ 與平面 $x=1$ 相交曲線 $z=1+y+y^2$ 於點 $(1,-1,1)$ 在 y 軸方向的切線斜率。

例題 2 求曲面 $z=x^2+y^2$ 與平面 $x=1$ 的相交曲線於點 $(1,1,2)$ 的切線參數方程式。

解 首先，求此切線在平面 $x=1$ 的方向數，即求此切線在平面 $x=1$ 的斜率 $\frac{\partial z}{\partial y}\big|_{(1,\ 1)}$。因為 $\frac{\partial z}{\partial y}=2y$ 且 $\frac{\partial z}{\partial y}\big|_{(1,\ 1)}=2$，故此切線在平面 $x=1$ 的方向數為 $\langle 1, 2 \rangle$，即此切線在三度空間的方向數為 $\langle 0, 1, 2 \rangle$ 且通過點 $(1,1,2)$，因此，所求的切線參數方程式為 $x=1$，$y=1+t$，$z=2+2t$。

例題 3 若 $f(x,y,z)=\cos(x^2+y^2+z^2)$，求 f_x、f_y 與 f_z。

解 記住求多變數函數 $f(x, y, z)$ 相對於某一變數的偏導數時，此變數以外的變數視為常數，微分的方法與單變數函數一樣。故

$$f_x = [-\sin(x^2+y^2+z^2)](2x) = -2x\sin(x^2+y^2+z^2)$$
$$f_y = [-\sin(x^2+y^2+z^2)](2y) = -2y\sin(x^2+y^2+z^2)$$
$$f_z = [-\sin(x^2+y^2+z^2)](2z) = -2z\sin(x^2+y^2+z^2)$$

已知兩個變數函數 $f(x, y)$ 有兩個偏導數 $f_x(x, y)$ 與 $f_y(x, y)$，此兩個偏導數分別有兩個偏導數 $f_{xx}(x, y)$、$f_{xy}(x, y)$ 與 $f_{yx}(x, y)$、$f_{yy}(x, y)$，此四個偏導數是 $f(x, y)$ 的第二階偏導數，如此繼續微分下去，可求得第三階、第四階等高階偏導數。函數方程式 $z = f(x, y)$ 第二階偏導數的常用符號如下：

$$f_{xx} = f_{xx}(x, y) = \frac{\partial}{\partial x}\left(\frac{\partial f}{\partial x}\right) = \frac{\partial^2 f}{\partial x^2} = \frac{\partial}{\partial x}\left(\frac{\partial z}{\partial x}\right) = \frac{\partial^2 z}{\partial x^2}$$

$$f_{xy} = f_{xy}(x, y) = \frac{\partial}{\partial y}\left(\frac{\partial f}{\partial x}\right) = \frac{\partial^2 f}{\partial y \partial x} = \frac{\partial}{\partial y}\left(\frac{\partial z}{\partial x}\right) = \frac{\partial^2 z}{\partial y \partial x}$$

$$f_{yx} = f_{yx}(x, y) = \frac{\partial}{\partial x}\left(\frac{\partial f}{\partial y}\right) = \frac{\partial^2 f}{\partial x \partial y} = \frac{\partial}{\partial x}\left(\frac{\partial z}{\partial y}\right) = \frac{\partial^2 z}{\partial x \partial y}$$

$$f_{yy} = f_{yy}(x, y) = \frac{\partial}{\partial y}\left(\frac{\partial f}{\partial y}\right) = \frac{\partial^2 f}{\partial y^2} = \frac{\partial}{\partial y}\left(\frac{\partial z}{\partial y}\right) = \frac{\partial^2 z}{\partial y^2}$$

注意 (1) 混合偏導數 f_{xy} 與 f_{yx} 在某條件下才會相等。

(2) m 個變數函數 $f(x_1, \cdots, x_m)$ 有 m^n 個第 n 階偏導數。

定理 8.3

若 $f(x, y)$ 定義在開集合 D 且 f_{xy} 與 f_{yx} 在 D 連續，則 $f_{xy}(x, y) = f_{yx}(x, y)$。

證明 證明內容請參考 J. Stewart 所著 *Calculus* 第三版，附錄第 A41 頁。反例請參考 D. Varberg, E. J. Purcell & S. T. Rigdon 所著 *Calculus* 第九版，第 635 頁問題 42。

例題 4 求 $f(x, y) = e^{x^2+y^2}$ 的第二階偏導數。

解 先求 $f(x, y)$ 的偏導數 $f_x = 2x\, e^{x^2+y^2}$ 與 $f_y = 2y\, e^{x^2+y^2}$，再求其第二階偏導數，結果如下。

$$f_{xx} = \frac{\partial}{\partial x}(2x\, e^{x^2+y^2}) = 2e^{x^2+y^2} + 4x^2 e^{x^2+y^2}$$

$$f_{xy} = \frac{\partial}{\partial y}(2x\, e^{x^2+y^2}) = 4xy\, e^{x^2+y^2}$$

$$f_{yx} = \frac{\partial}{\partial x}(2y\, e^{x^2+y^2}) = 4xy\, e^{x^2+y^2}$$

$$f_{yy} = \frac{\partial}{\partial y}(2y\, e^{x^2+y^2}) = 2e^{x^2+y^2} + 4y^2 e^{x^2+y^2}$$

注意 利用例題 4 的結果 $f_{xy} = f_{yx}$，可檢驗定理 8.3 的結論。

回想單變數函數 $f(x)$ 在 $x = a$ 可微分的意義，即 $f'(a)$ 存在，或函數 $f(x)$ 的圖形在 $x = a$ 的切線斜率存在，就是函數 $f(x)$ 在 $x = a$ 可局部線性化。現在我們將利用這樣的觀念來定義多變數函數的可微分性。

定義 8.5

若函數 $f(x, y)$ 在點 (a, b) 可局部線性化，則函數 $f(x, y)$ 在點 (a, b) 可微分。

注意 函數在 (a, b) 可微分意義，不僅指偏導數 $f_x(a, b)$ 與 $f_y(a, b)$ 存在而已，還包括在點 (a, b) 其他方向的導數皆存在。

如果想利用定義 8.5 檢驗函數是否可微分，這樣的作法不是很容易，下面定理是比較便捷的作法。

定理 8.4

若函數 $f(x, y)$ 的偏導數 $f_x(x, y)$ 與 $f_y(x, y)$ 在開集合 D 連續，則 $f(x, y)$ 在 D 可微分，即在 D 的每一點可微分。

證明 省略，請參考其他微積分書籍。

例題 5 證明函數 $f(x, y) = \ln(x^2 + y^2)$ 在 $R^2 - \{(0, 0)\}$ 可微分。

解 直接引用定理 8.4，先求函數 $f(x, y)$ 的偏導數，$f_x(x, y) = \dfrac{2x}{x^2 + y^2}$ 與 $f_y(x, y) = \dfrac{2y}{x^2 + y^2}$，且 f_x 與 f_y 在 $R^2 - \{(0, 0)\}$ 連續，故 $f(x, y) = \ln(x^2 + y^2)$ 在 $R^2 - \{(0, 0)\}$ 可微分。

定理 8.5

若函數 $f(x, y)$ 在點 (a, b) 可微分，則 $f(x, y)$ 在點 (a, b) 連續。

證明 直接引用定義 8.5，得

$$f(a + \Delta x, b + \Delta y) - f(a, b) = f_x(a, b) \Delta x + f_y(a, b) \Delta y + \varepsilon_1 \Delta x + \varepsilon_2 \Delta y$$

此處 $\lim\limits_{(\Delta x, \Delta y) \to (0, 0)} (\varepsilon_1, \varepsilon_2) = (0, 0)$

因此 $\lim\limits_{(\Delta x, \Delta y) \to (0, 0)} f(a + \Delta x, b + \Delta y) = f(a, b)$，

故 $f(x, y)$ 在點 (a, b) 連續。

習題 8.3

1. 求下列函數的偏導數。
   (1) $f(x, y) = \tan^{-1}(xy)$
   (2) $f(x, y) = \sqrt{1 - x^2 - y^2}$
   (3) $f(x, y, z) = xyz$
   (4) $f(x, y, z) = \ln(x^2 + y^2 + z^2)$
2. 求下列函數的第二階偏導數。
   (1) $f(x, y) = e^{xy}$
   (2) $f(x, y) = \cos(x + y) + \sin(x - y)$
   (3) $f(x, y) = xy^2 + \sqrt{x}\, y$
   (4) $f(x, y) = \cos(x^2 + y^2)$
3. 求曲面 $z = x^2 + y^2$ 與平面 $y = 1$ 的相交曲線於點 $(1, 1, 2)$ 的切線參數方程式。

4. 已知 $x^2+y^2+z^2=3$，求 $\left.\dfrac{\partial z}{\partial x}\right|_{(1,1)}$ 與 $\left.\dfrac{\partial z}{\partial y}\right|_{(1,1)}$ 且說明其幾何意義。

5. 承第 2 題，檢驗各函數的 f_{xy} 與 f_{yx} 是否相等。

6. 承第 2 題，決定各函數可微分的區域。

7. 某地區根據過去的資料，發現其生產量 P 單位與資本 x 單位及勞動力 y 單位的關係方程式為 $P=30x^{\frac{2}{3}}y^{\frac{1}{3}}$。

    (1) 求 $P_x(216, 125)$ 與 $P_y(216, 125)$。
    (2) 解釋 $P_x(216, 125)$ 與 $P_y(216, 125)$ 的意義。
    (3) 當資本與勞動力的投資分別達到 216 單位與 125 單位時，若該地區想增加生產量，則應該增加哪一項投資？

8.4 連鎖法則

跟單變數函數一樣，多變數函數合成的微分方法也稱為**連鎖法則**（或**連鎖律**）。多變數函數合成大致可分為兩種，內層函數為**單變數函數**或**多變數函數**。

定理 8.6

若 $x=x(t)$ 與 $y=y(t)$ 可微分，且 $z=f(x, y)$ 亦可微分，則 $z=f(x(t), y(t))$ 可微分且

$$\frac{dz}{dt}=\frac{\partial z}{\partial x}\frac{dx}{dt}+\frac{\partial z}{\partial y}\frac{dy}{dt}$$

證明 令 $\Delta z=f(x+\Delta x, y+\Delta y)-f(x, y)$，依據可微分的性質，得

$$\Delta z=f_x(x, y)\Delta x+f_y(x, y)\Delta y+\varepsilon_1\Delta x+\varepsilon_2\Delta y$$

此處 $\lim\limits_{(\Delta x, \Delta y)\to(0, 0)}(\varepsilon_1, \varepsilon_2)=(0, 0)$，故

$$\frac{\Delta z}{\Delta t}=f_x(x, y)\frac{\Delta x}{\Delta t}+f_y(x, y)\frac{\Delta y}{\Delta t}+\varepsilon_1\frac{\Delta x}{\Delta t}+\varepsilon_2\frac{\Delta y}{\Delta t}$$

即 $\lim_{\Delta t \to 0} \dfrac{\Delta z}{\Delta t} = \lim_{\Delta t \to 0} \left[f_x(x,y) \dfrac{\Delta x}{\Delta t} + f_y(x,y) \dfrac{\Delta y}{\Delta t} + \varepsilon_1 \dfrac{\Delta x}{\Delta t} + \varepsilon_2 \dfrac{\Delta y}{\Delta t} \right]$

因為 $x(t)$ 與 $y(t)$ 可微分，即 $\lim_{\Delta t \to 0} (\Delta x, \Delta y) = (0, 0)$，

且 $\lim_{(\Delta x, \Delta y) \to (0,0)} (\varepsilon_1, \varepsilon_2) = (0, 0)$，故 $\lim_{\Delta t \to 0} (\varepsilon_1, \varepsilon_2) = (0, 0)$。

因此，$\dfrac{dz}{dt} = \dfrac{\partial z}{\partial x} \dfrac{dx}{dt} + \dfrac{\partial z}{\partial y} \dfrac{dy}{dt}$。

例題 1 若 $z = x^2 + y^2$，且 $x = \cos t$，$y = \sin t$，求 $\dfrac{dz}{dt}$。

解 直接引用定理 8.6，得

$$\dfrac{dz}{dt} = \dfrac{\partial z}{\partial x} \dfrac{dx}{dt} + \dfrac{\partial z}{\partial y} \dfrac{dy}{dt} = 2x(-\sin t) + 2y(\cos t)$$
$$= -2\cos t \sin t + 2\sin t \cos t$$
$$= 0$$

另一解法，先將 $x = \cos t$ 與 $y = \sin t$ 代入 $z = x^2 + y^2$，得 $z = \cos^2 t + \sin^2 t = 1$，故 $\dfrac{dz}{dt} = 0$。

例題 2 設一圓柱體的半徑與高分別以 2 公分／小時與 3 公分／小時的速度增加，當半徑與高分別為 20 公分與 50 公分時，此圓柱體體積的增加率為何？

解 令 V 表示體積，r 表示半徑，h 表示高，則 $V = \pi r^2 h$。因為 r 與 h 是時間 t 的函數，所以直接引用定理 8.6，得

$$\dfrac{dV}{dt} = \dfrac{\partial V}{\partial r} \dfrac{dr}{dt} + \dfrac{\partial V}{\partial h} \dfrac{dh}{dt}$$
$$= 2\pi r h \dfrac{dr}{dt} + \pi r^2 \dfrac{dh}{dt}$$
$$= 2\pi(20)(50)(2) + \pi(20)^2(3)$$
$$= 5200\pi \text{ 立方公分／小時}$$

即當半徑與高分別為 20 公分與 50 公分時，此圓柱體體積的增加率為 5200π 立方公分／小時。

定理 8.7

若 $x=x(s,t)$ 與 $y=y(s,t)$ 的偏導數存在且 $z=f(x,y)$ 可微分，則 $z=f(x(s,t), y(s,t))$，且 $\dfrac{\partial z}{\partial s}$ 與 $\dfrac{\partial z}{\partial t}$ 存在，即

$$\frac{\partial z}{\partial s}=\frac{\partial z}{\partial x}\frac{\partial x}{\partial s}+\frac{\partial z}{\partial y}\frac{\partial y}{\partial s}，\frac{\partial z}{\partial t}=\frac{\partial z}{\partial x}\frac{\partial x}{\partial t}+\frac{\partial z}{\partial y}\frac{\partial y}{\partial t}。$$

證明 計算 $\dfrac{\partial z}{\partial s}$ 時，視變數 t 為常數，再直接引用定理 8.6，可得

$$\frac{\partial z}{\partial s}=\frac{\partial z}{\partial x}\frac{\partial x}{\partial s}+\frac{\partial z}{\partial y}\frac{\partial y}{\partial s}$$

同理，可得

$$\frac{\partial z}{\partial t}=\frac{\partial z}{\partial x}\frac{\partial x}{\partial t}+\frac{\partial z}{\partial y}\frac{\partial y}{\partial t}$$

例題 3 若 $z=x^2-y^2$ 且 $x=2st$，$y=2s+3t$，求 $\dfrac{\partial z}{\partial s}$ 與 $\dfrac{\partial z}{\partial t}$。

解 直接引用定理 8.7，得

$$\begin{aligned}\frac{\partial z}{\partial s}&=\frac{\partial z}{\partial x}\frac{\partial x}{\partial s}+\frac{\partial z}{\partial y}\frac{\partial y}{\partial s}\\&=(2x)(2t)+(-2y)(2)\\&=2(2st)(2t)-2(2s+3t)(2)\\&=8st^2-8s-12t\end{aligned}$$

同理，可得

$$\begin{aligned}\frac{\partial z}{\partial t}&=\frac{\partial z}{\partial x}\frac{\partial x}{\partial t}+\frac{\partial z}{\partial y}\frac{\partial y}{\partial t}\\&=(2x)(2s)+(-2y)(3)\\&=2(2st)(2s)-6(2s+3t)\\&=8s^2t-12s-18t\end{aligned}$$

另一解法是先計算合成函數，再求偏導數，留給讀者自行練習。

注意 (1) 定理 8.6 及 8.7 對三個以上變數函數或三層以上的合成函數仍然適用。

(2) 利用定理 8.6 或 8.7 可導出隱函數的導數或偏導數公式。

考慮方程式 $F(x, y) = 0$ 隱藏地定義 y 是 x 的函數，例如 $y = g(x)$，因此，$\dfrac{d}{dx} F(x, y) = 0$，再直接引用定理 8.6，得 $\dfrac{\partial F}{\partial x} \dfrac{dx}{dx} + \dfrac{\partial F}{\partial y} \dfrac{dy}{dx} = 0$，最後求得

$$\frac{dy}{dx} = -\frac{\dfrac{\partial F}{\partial x}}{\dfrac{\partial F}{\partial y}} = -\frac{F_x}{F_y}$$

同理，考慮方程式 $F(x, y, z) = 0$ 隱藏地定義 z 是 x 與 y 的函數，例如 $z = g(x, y)$，因此，$\dfrac{\partial}{\partial x} F(x, y, z) = 0$ 且 $\dfrac{\partial}{\partial y} F(x, y, z) = 0$，再直接引用定理 8.7，得

$$\frac{\partial F}{\partial x} \frac{\partial x}{\partial x} + \frac{\partial F}{\partial y} \frac{\partial y}{\partial x} + \frac{\partial F}{\partial z} \frac{\partial z}{\partial x} = 0$$

且

$$\frac{\partial F}{\partial x} \frac{\partial x}{\partial y} + \frac{\partial F}{\partial y} \frac{\partial y}{\partial y} + \frac{\partial F}{\partial z} \frac{\partial z}{\partial y} = 0,$$

但其中 $\dfrac{\partial y}{\partial x} = 0$ 與 $\dfrac{\partial x}{\partial y} = 0$，故求得 $\dfrac{\partial z}{\partial x} = -\dfrac{F_x}{F_z}$ 與 $\dfrac{\partial z}{\partial y} = -\dfrac{F_y}{F_z}$。

例題 4 求曲線 $x^3 + xy + y^3 = 3$ 於點 $(1, 1)$ 的切線方程式。

解 首先確定點 $(1, 1)$ 是曲線上一點，其次求通過此點的切線斜率 m，即求 $m = \dfrac{dy}{dx}\bigg|_{(1, 1)}$，令 $F(x, y) = x^3 + xy + y^3 - 3$ 且引用公式，得

$$\frac{dy}{dx} = -\frac{F_x}{F_y} = -\frac{3x^2 + y}{x + 3y^2}, \quad 故 \ m = \frac{dy}{dx}\bigg|_{(1, 1)} = -1$$

因此，所求的切線方程式為 $y - 1 = -(x - 1)$，即 $x + y - 2 = 0$。

例題 5 若 $xyz + e^{x+y+z} + 3 = 0$，求 $\dfrac{\partial z}{\partial x}$ 與 $\dfrac{\partial z}{\partial y}$。

解 令 $F(x, y, z) = xyz + e^{x+y+z} + 3$，再利用公式，

得 $$\frac{\partial z}{\partial x} = -\frac{F_x}{F_z} = -\frac{yz + e^{x+y+z}}{xy + e^{x+y+z}}$$

與 $$\frac{\partial z}{\partial y} = -\frac{F_y}{F_z} = -\frac{xz + e^{x+y+z}}{xy + e^{x+y+z}}$$

習題 8.4

1. 利用連鎖法則求 $\frac{du}{dt}$，且答案以 t 函數表示之。
   (1) $u = x^2 y^3$；$x = \cos t$，$y = \sin t$
   (2) $u = e^x \cos y + e^y \sin x$；$x = 2t$，$y = 3t$
   (3) $u = \sin(x^2 yz)$；$x = t$，$y = t^2$，$z = t^3$

2. 利用連鎖法則求 $\frac{\partial u}{\partial s}$，且答案以 s、t 函數表示之。
   (1) $u = xy^2$；$x = s - t$，$y = st$
   (2) $u = e^{xy}$；$x = s \cos t$，$y = s \sin t$
   (3) $u = \sqrt{x^2 + y^2 + z^2}$；$x = \cos st$，$y = \sin st$，$z = st$

3. 求曲線 $x \sin y + y \cos x + \pi = 0$ 於點 (π, π) 的切線方程式。

4. 求曲線 $ye^{-x} + 3x - 1 = 0$ 於點 $(0, 1)$ 的切線方程式。

5. 某一長方形的長與寬分別以 5 公分／小時與 3 公分／小時的速度增加，當長與寬分別為 30 公分與 20 公分時，此長方形對角線的增加率為何？

6. 某一長方形體的長、寬與高分別以 2 公分／小時、3 公分／小時與 4 公分／小時的速度增加，當長、寬與高分別為 20 公分、30 公分與 40 公分時，此長方體體積的增加率為何？

7. 承習題 8.3 第 7 題，若資本與勞動力分別以 1 單位／年與 0.125 單位／年的速度增加，當資本與勞動力分別為 216 單位與 125 單位時，該地區生產量的增加率為何？

8.5 切平面與全微分

　　根據幾何的觀念，切平面相對於曲面及切線相對於曲線有異曲同工之處，在分析學上，切平面與切線分別是曲面與曲線的線性近似。即在切點附近切平面與曲面或切線與曲線幾乎重疊，因此，切平面的定義及求法是本節的主題之一。

　　考慮三度空間曲面的一般方程式 $F(x, y, z) = k$，且點 (x_0, y_0, z_0) 是此曲面上的點，如果參數方程式 $x = x(t)$，$y = y(t)$，$z = z(t)$ 是曲面上通過點 (x_0, y_0, z_0) 的任一曲線，則 $F(x(t), y(t), z(t)) = k$，利用連鎖法則，即定理 8.6，得

$$\frac{dF}{dt} = \frac{\partial F}{\partial x}\frac{dx}{dt} + \frac{\partial F}{\partial y}\frac{dy}{dt} + \frac{\partial F}{\partial z}\frac{dz}{dt} = \frac{d}{dt}(k) = 0$$

此方程式亦可寫成下面**向量內積**的式子，

$$\left\langle \frac{\partial F}{\partial x}, \frac{\partial F}{\partial y}, \frac{\partial F}{\partial z} \right\rangle \cdot \left\langle \frac{dx}{dt}, \frac{dy}{dt}, \frac{dz}{dt} \right\rangle = 0$$

此處向量 $\left\langle \frac{\partial F}{\partial x}, \frac{\partial F}{\partial y}, \frac{\partial F}{\partial z} \right\rangle$ 稱為函數 $F(x, y, z)$ 的**梯度**，記為 $\nabla F(x, y, z)$，讀作 "del f"，向量 $\left\langle \frac{dx}{dt}, \frac{dy}{dt}, \frac{dz}{dt} \right\rangle$ 是參數曲線的**切線向量**。總之，在點 (x_0, y_0, z_0) 的梯度 $\nabla F(x_0, y_0, z_0)$ 與通過此點的所有切線垂直，即這些切線必在通過點 (x_0, y_0, z_0) 且跟梯度 $\nabla F(x_0, y_0, z_0)$ 垂直的平面上，此平面就是曲面 $F(x, y, z) = k$ 於點 (x_0, y_0, z_0) 的切平面，而 $\nabla F(x_0, y_0, z_0)$ 就是曲面 $F(x, y, z) = k$ 於點 (x_0, y_0, z_0) 的**法向量**。

定義 8.6

若 (x_0, y_0, z_0) 是曲面 $F(x, y, z) = k$ 上的點，$F(x, y, z)$ 在點 (x_0, y_0, z_0) 可微分，且 $\nabla F(x_0, y_0, z_0)$ 不是零向量，則通過點 (x_0, y_0, z_0) 跟梯度 $\nabla F(x_0, y_0, z_0)$ 垂直的平面，稱為**曲面** $F(x, y, z) = k$ 於點 (x_0, y_0, z_0) 的切平面。

注意　(1) 上述定義中，「$F(x, y, z)$ 在點 (x_0, y_0, z_0) 可微分，且 $\nabla F(x_0, y_0, z_0)$ 不是零向量」是曲面 $F(x, y, z) = k$ 於點 (x_0, y_0, z_0) 有切平面的充分條件。
(2) 如果曲面 $F(x, y, z) = k$ 於點 (x_0, y_0, z_0) 的切平面存在，再利用切平面與梯度垂直的幾何關係，即可求得切平面方程式。

定理 8.8

曲面 $F(x, y, z) = k$ 於點 (x_0, y_0, z_0) 的切平面方程式為

$$\nabla F(x_0, y_0, z_0) \cdot \langle x-x_0, y-y_0, z-z_0 \rangle = 0$$

或　　$F_x(x_0, y_0, z_0)(x-x_0) + F_y(x_0, y_0, z_0)(y-y_0) + F_z(x_0, y_0, z_0)(z-z_0) = 0$。

證明　已知切平面存在，直接引用定義 8.6，切平面上任意一點 (x, y, z) 與點 (x_0, y_0, z_0) 所決定的向量 $\langle x-x_0, y-y_0, z-z_0 \rangle$ 跟 $\nabla F(x_0, y_0, z_0)$ 垂直，故切平面方程式為 $\nabla F(x_0, y_0, z_0) \cdot \langle x-x_0, y-y_0, z-z_0 \rangle = 0$，即

$$F_x(x_0, y_0, z_0)(x-x_0) + F_y(x_0, y_0, z_0)(y-y_0) + F_z(x_0, y_0, z_0)(z-z_0) = 0$$

注意　若曲面方程式為 $z = f(x, y)$，則此曲面於點 (x_0, y_0, z_0) 的切平面方程式為 $z - z_0 = f_x(x_0, y_0)(x-x_0) + f_y(x_0, y_0)(y-y_0)$。

令 $F(x, y, z) = z - f(x, y) = 0$，再引用定理 8.8 的結論，即得上述切平面方程式，請讀者自行練習。

例題 1　求曲面 $x^2 + y^2 + 2z^2 = 4$ 於點 $(1, 1, 1)$ 的切平面方程式及法線參數方程式。

解　令 $F(x, y, z) = x^2 + y^2 + 2z^2$，且點 $(1, 1, 1)$ 是曲面 $F(x, y, z) = 4$ 上的點，直接引用定理 8.8，得 $\nabla F(1, 1, 1) = \langle 2, 2, 4 \rangle$，且所求的切平面方程式為

$$2(x-1) + 2(y-1) + 4(z-1) = 0$$

即　　　　　　　　　$2x + 2y + 4z = 8$

法線參數方程式為　　$x = 1 + 2t，y = 1 + 2t，z = 1 + 4t$。

已知曲面 $z = f(x, y)$ 在點 (x_0, y_0, z_0) 的切平面方程式為

$$z - z_0 = f_x(x_0, y_0)(x-x_0) + f_y(x_0, y_0)(y-y_0)$$

若將變數 x、y、z 的變化量 $(x-x_0)$、$(y-y_0)$、$(z-z_0)$ 分別記為 dx、dy、dz，則得

$$dz = f_x(x_0, y_0)\, dx + f_y(x_0, y_0)\, dy$$

此式讓我們獲得 z 微分 (differential) 的靈感。

定義 8.7

若 $z=f(x,y)$ 可微分且 dx 與 dy 分別是變數 x 與 y 的微分，則變數 z 的微分定義為

$$dz = f_x(x,y)\,dx + f_y(x,y)\,dy$$

或稱為 $f(x,y)$ 的**全微分**且記為 $df(x,y)$。

注意 (1) 為了跟前面的微分 (differentiation) 有所區別，可將此處的微分 (differential) 視為「微小變化量」。

(2) 若 x 與 y 為自變數，則 x 與 y 的變化量等於其微分，即 $\Delta x = dx$、$\Delta y = dy$，且 $dz = f_x(x,y)\,\Delta x + f_y(x,y)\,\Delta y$ 就是切平面的變化量。

(3) 若 $z=f(x,y)$ 可微分，則在幾何學上，切平面與曲面在切點 (x_0, y_0, z_0) 附近幾乎重疊。在分析學上，切平面函數是曲面在切點 (x_0, y_0, z_0) 附近的線性近似函數。

已知 $\Delta z \approx dz$，$dz = f_x(x_0, y_0)(x-x_0) + f_y(x_0, y_0)(y-y_0)$，且 $\Delta z = f(x,y) - f(x_0, y_0)$，

故 $$f(x,y) - f(x_0, y_0) \approx f_x(x_0, y_0)(x-x_0) + f_y(x_0, y_0)(y-y_0)$$

或 $$f(x,y) \approx f(x_0, y_0) + f_x(x_0, y_0)(x-x_0) + f_y(x_0, y_0)(y-y_0)$$

此式子的右邊是切平面函數，也就是函數 $f(x,y)$ 於點 (x_0, y_0) 的線性近似函數，記為 $L(x,y)$，即

$$L(x,y) = f(x_0, y_0) + f_x(x_0, y_0)(x-x_0) + f_y(x_0, y_0)(y-y_0)$$

例題 2 求函數 $f(x,y) = xy$ 在點 $(1, 2)$ 的線性近似函數。

解 已知線性近似函數的通式為

$$L(x,y) = f(x_0, y_0) + f_x(x_0, y_0)(x-x_0) + f_y(x_0, y_0)(y-y_0)$$

此處 $f_x(x,y) = y$，$f_y(x,y) = x$，且將 $x_0 = 1$ 與 $y_0 = 2$ 代入上式，故所求的線性近似

函數為
$$L(x, y) = 2 + 2(x-1) + (y-2)$$
即
$$L(x, y) = 2x + y - 2$$

例題 3 利用線性近似函數，求 $\sqrt{(3.99)^2 + (3.01)^2}$ 的近似值。

解 首先，尋找適合此式子的函數公式，即 $f(x, y) = \sqrt{x^2 + y^2}$，再尋找點 (3.99, 3.01) 附近的點 (x_0, y_0)，使得 $x_0^2 + y_0^2$ 是完全平方數，即 $x_0 = 4$，$y_0 = 3$，因此，求得函數 $f(x, y)$ 在點 (4, 3) 的線性近似函數為
$$L(x, y) = 5 + 0.8(x-4) + 0.6(y-3)$$
故
$$\sqrt{(3.99)^2 + (3.01)^2} \approx 5 + 0.8(-0.01) + 0.6(0.01) = 4.998$$

例題 4 令壓力 P、體積 V 與溫度 T 的關係為 $P = \alpha \dfrac{T}{V}$，α 是常數。如果體積的量測誤差百分比為 $\pm 0.8\%$，溫度的量測誤差百分比為 $\pm 0.5\%$，求壓力最大誤差百分比的近似值。

解 先利用微分 (differential) 求壓力最大誤差的近似值。

因為
$$dP = \frac{\alpha}{V} dT - \frac{\alpha T}{V^2} dV$$

$$\Delta P \approx \frac{\alpha}{V} \Delta T - \frac{\alpha T}{V^2} \Delta V$$

$$|\Delta P| \leq \alpha \frac{T}{V} \left(\left| \frac{\Delta T}{T} \right| + \left| \frac{\Delta V}{V} \right| \right)$$

故
$$|dP| \leq P(0.005 + 0.008) = 0.013P$$

因此，壓力最大誤差的近似值為 $0.013P$，即最大誤差百分比的近似值為 1.3%。

習題 8.5

1. 求下列曲面於指定點 (x_0, y_0, z_0) 的切平面方程式與法線參數方程式。
(1) $x^2 + 2y^2 + 3z^2 = 6$ 於點 (2, 1, 0)

(2) $ye^{-2x} - z = 0$ 於點 $(0, 1, 1)$

(3) $z = 2e^{3x} \cos 2y$ 於點 $(0, \frac{\pi}{3}, -1)$

2. 求曲面 $z = -x^2 - 2xy + y^2 + 4x - 8y$ 之水平切平面的切點坐標。

3. 求橢圓曲面 $\frac{x^2}{a^2} + \frac{y^2}{b^2} + \frac{z^2}{c^2} = 1$ 於點 (x_0, y_0, z_0) 的切平面方程式及法線參數方程式。

4. 利用線性近似函數，求下列實數的近似值。

   (1) $2(0.99)^2(1.02)^3$　　(2) $\sqrt{1.02} + \sqrt{3.99}$

   (3) $(0.98)e^{-0.02}$

5. 求球面 $x^2 + y^2 + z^2 = a^2$ 於點 (x_0, y_0, z_0) 的切平面方程式及法線參數方程式，且描述法線的特徵。

6. 承習題 8.3 第 7 題，利用線性近似求 $P(215, 126)$ 的近似值。

7. 若長方形長與寬的量測誤差百分比分別為 0.02% 與 0.03%，求其面積最大誤差的近似值與最大誤差百分比的近似值。

8.6　方向導數

多變數函數 $f(x)$，$x = (x_1, \cdots, x_n)$ 的定義域為高維度空間的子集合，因此，函數 $f(x)$ 在定義域任意點 x 的每一個方向皆有變化率，此變化率稱為**函數 $f(x)$ 在點 x 的方向導數**，其定義如下。

定義 8.8

設 $f: R^n \to R$ 且 u 是 n 維空間的單位向量（向量長度為 1 的向量），若 $\lim_{h \to 0} \frac{f(x + hu) - f(x)}{h}$ 存在，則此極限稱為函數 $f(x)$ 在點 x 且 u 方向的方向導數，簡記為 $D_u f(x)$，即 $D_u f(x) = \lim_{h \to 0} \frac{f(x + hu) - f(x)}{h}$。

如果考慮 $u = e_i$（n 維空間中與 x_i 軸平行的單位向量），則

$$D_{e_i}f(x) = \lim_{h \to 0} \frac{f(x+he_i)-f(x)}{h}$$
$$= \lim_{h \to 0} \frac{f(x_1, \cdots, x_{i-1}, x_i+h, x_{i+1}, \cdots, x_n)-f(x_1, \cdots, x_i, \cdots, x_n)}{h}$$
$$= f_{x_i}(x)$$

即方向導數 $D_{e_i}f(x)$ 就是函數 $f(x)$ 相對於變數 x_i 的偏導數。因此，可知偏導數是函數在坐標軸方向的方向導數。通常很少使用極限公式去計算方向導數，因為其計算過程非常複雜，反而都是利用下面定理去求方向導數。

定理 8.9

若 $f(x, y)$ 可微分，則 $f(x, y)$ 在點 (x, y) 且單位向量 $u = u_1 i + u_2 j$ 方向的方向導數為

$$D_u f(x, y) = u_1 f_x(x, y) + u_2 f_y(x, y) = \nabla f(x, y) \cdot u$$

證明 因為 $f(x, y)$ 可微分，則

$$f(x+hu_1, y+hu_2) - f(x, y) = f_x(x, y)hu_1 + f_y(x, y)hu_2 + \varepsilon_1(hu_1) + \varepsilon_2(hu_2)$$

此處 $\lim_{h \to 0}(\varepsilon_1, \varepsilon_2) = (0, 0)$，因此，方向導數

$$D_u f(x, y) = \lim_{h \to 0} \frac{f(x+hu_1, y+hu_2)-f(x, y)}{h}$$
$$= \lim_{h \to 0} \frac{f_x(x, y)hu_1 + f_y(x, y)hu_2 + \varepsilon_1(hu_1) + \varepsilon_2(hu_2)}{h}$$
$$= u_1 f_x(x, y) + u_2 f_y(x, y)$$
$$= D_u f(x, y) \cdot u$$

注意 若 $f(x)$ 是 n 個變數可微分函數且 u 是 n 維空間的單位向量，則 $f(x)$ 在點 x 且 u 方向的方向導數為 $D_u f(x) = \nabla f(x) \cdot u$。

例題 1 若 $f(x, y) = x^2 - xy + y^2$，求 $f(x, y)$ 在點 $(-1, 2)$ 且 $v = i + \sqrt{3} j$ 方向的變化率。

解 其實在某方向的變化率就是在此方向的方向導數。先求

$$\nabla f(-1, 2) = \langle f_x(-1, 2), f_y(-1, 2) \rangle = \langle -4, 5 \rangle$$

且 v 方向的單位向量為 $u = \dfrac{v}{|v|} = \langle \dfrac{1}{2}, \dfrac{\sqrt{3}}{2} \rangle$，故欲求的方向導數為

$$D_u f(-1, 2) = \nabla f(-1, 2) \cdot u = \langle -4, 5 \rangle \cdot \langle \dfrac{1}{2}, \dfrac{\sqrt{3}}{2} \rangle$$
$$= -2 + \dfrac{5\sqrt{3}}{2}$$

即是 $f(x, y)$ 在點 $(-1, 2)$ 且 $v = i + \sqrt{3}j$ 方向的變化率。

依據定理 8.9 的方向導數公式及向量內積的定義得

$$D_u f(x, y) = \nabla f(x, y) \cdot u = |\nabla f(x, y)| \, |u| \cos \theta = |\nabla f(x, y)| \cos \theta$$

因此，當 $\theta = 0$ 時，即向量 u 與 $\nabla f(x, y)$ 同方向時，$D_u f(x, y) = |\nabla f(x, y)|$ 是最大值，簡言之，函數 $f(x, y)$ 在梯度 $\nabla f(x, y)$ 的方向遞增最快。當 $\theta = \pi$ 時，即向量 u 與 $\nabla f(x, y)$ 方向相反時，$D_u f(x, y) = -|\nabla f(x, y)|$ 是最小值，簡言之，函數 $f(x, y)$ 在梯度 $\nabla f(x, y)$ 的反方向遞減最快。當 $\theta = \dfrac{\pi}{2}$ 時，即向量 u 與 $\nabla f(x, y)$ 互相垂直時，$D_u f(x, y) = 0$，簡言之，函數 $f(x, y)$ 在梯度 $\nabla f(x, y)$ 的垂直方向函數值不變，即函數 $f(x, y)$ 在等高線的切線方向函數值不變，因為通過等高線上某一點的梯度 $\nabla f(x, y)$ 與切線互相垂直，以上所討論的結果皆假設 $\nabla f(x, y)$ 不是零向量。如果 $\nabla f(x, y)$ 是零向量，則表示函數 $f(x, y)$ 在此處的所有方向導數皆是零，即函數 $f(x, y)$ 在此處有局部極值，此部分待下一節再詳細討論。

定理 8.10

設 $f(x, y)$ 可微分且 $\nabla f(x, y) \neq 0$
(1) 若 u 是梯度 $\nabla f(x)$ 方向的單位向量，則 $D_u f(x, y) = |\nabla f(x, y)|$ 是最大值。
(2) 若 u 是梯度 $\nabla f(x)$ 反方向的單位向量，則 $D_u f(x, y) = -|\nabla f(x, y)|$ 是最小值。

(3) 通過等高線 $f(x, y) = k$ 上點 (x_0, y_0) 的切線方程式為

$$f_x(x_0, y_0)(x - x_0) + f_y(x_0, y_0)(y - y_0) = 0$$

其法線參數方程式為

$$x = x_0 + t f_x(x_0, y_0), y = y_0 + t f_y(x_0, y_0)。$$

證明 直接引用定理 8.9，得

$$D_u f(x, y) = \nabla f(x, y) \cdot u = |\nabla f(x, y)| |u| \cos \theta = |\nabla f(x, y)| \cos \theta$$

(1) 當 $\theta = 0$ 時，$D_u f(x, y) = |\nabla f(x, y)|$ 是最大值。

(2) 當 $\theta = \pi$ 時，$D_u f(x, y) = -|\nabla f(x, y)|$ 是最小值。

(3) 令 (x_0, y_0) 是等高線 $f(x, y) = k$ 上的點且 (x, y) 為過 (x_0, y_0) 切線上的任意點，則 $\langle x - x_0, y - y_0 \rangle$ 是此切線向量，又函數 $f(x, y)$ 在點 (x_0, y_0) 的切線單位向量 u 之變化率為零，即其方向導數 $D_u f(x_0, y_0) = 0$。已知 $D_u f(x_0, y_0) = \nabla f(x_0, y_0) \cdot u$，故通過點 (x_0, y_0) 的切線與梯度 $\nabla f(x_0, y_0)$ 互相垂直，因此，通過點 (x_0, y_0) 的切線方程式為 $\nabla f(x_0, y_0) \cdot \langle x - x_0, y - y_0 \rangle = 0$，即

$$f_x(x_0, y_0)(x - x_0) + f_y(x_0, y_0)(y - y_0) = 0$$

且其法線參數方程式為

$$x = x_0 + t f_x(x_0, y_0), y = y_0 + t f_y(x_0, y_0)$$

注意 (1) 函數 $f(x, y)$ 在點 (x_0, y_0) 的梯度 $\nabla f(x_0, y_0)$ 與其通過點 (x_0, y_0) 的等高線互相垂直。

(2) 定理 8.10 可以推廣到三個或三個以上變數的函數。

例題 2 決定函數 $f(x, y) = x^2 + \dfrac{y^2}{4}$ 通過點 $(1, 2)$ 的等高線、梯度 $\nabla f(1, 2)$ 及切等高線於此點的切線。

解 令函數 $f(x, y) = x^2 + \dfrac{y^2}{4}$ 的等高線為 $x^2 + \dfrac{y^2}{4} = k$，且通過點 $(1, 2)$，則 $k = 2$，即所求的等高線為 $x^2 + \dfrac{y^2}{4} = 2$。因為 $f_x(x, y) = 2x$，$f_y(x, y) = \dfrac{y}{2}$，故 $f_x(1, 2) = 2$，$f_y(1, 2) = 1$ 且 $\nabla f(1, 2) = \langle 2, 1 \rangle$。最後，利用隱微分法求切線斜率 m，即

$$2x + \frac{y}{2} \frac{dy}{dx} = 0 \quad \text{且} \quad m = \frac{dy}{dx}\bigg|_{(1, 2)} = -2,$$

故切線方程式為 $y - 2 = -2(x - 1)$ 或 $2x + y - 4 = 0$，此結果顯示，通過點 $(1, 2)$ 的梯度 $\nabla f(1, 2)$ 與切線互相垂直，即通過 $(1, 2)$ 的梯度與函數 $f(x, y)$ 通過點 $(1, 2)$ 的等高線互相垂直。

例題 3 某均勻物體其溫度分布為 $f(x, y, z) = e^{xy} - x^2 y - xy^2 z$，決定溫度於點 $(-1, 1, 2)$ 遞增最大的方向。

解 直接引用定理 8.10，且

$$f_x(x, y, z) = ye^{xy} - 2xy - y^2 z$$
$$f_y(x, y, z) = xe^{xy} - x^2 - 2xyz$$
$$f_z(x, y, z) = -xy^2$$

故 $\nabla f(-1, 1, 2) = \langle e^{-1}, 3 - e^{-1}, 1 \rangle = e^{-1}i + (3 - e^{-1})j + k$

是溫度於點 $(-1, 1, 2)$ 遞增最大的方向。

習題 8.6

1. 求下列函數 $f(x, y)$ 在已知點 P 及 v 方向的方向導數，
   (1) $f(x, y) = x^2 \ln y$，$P = (4, 1)$，$v = i + j$
   (2) $f(x, y) = e^y \sin x$，$P = \left(\dfrac{\pi}{4}, 0\right)$，$v = \dfrac{\sqrt{3}}{2} i + j$
   (3) $f(x, y, z) = xy^3 - x^2 z^2$，$P = (1, -2, 3)$，$v = -2j + i + 2k$

2. 承第 1 題，決定函數 f 在已知點 P 遞增最快的方向，且求其變化率。

3. 求函數 $f(x, y, z) = xz + y^2$ 在點 $(1, 1, 1)$ 指向點 $(5, 3, -3)$ 的方向導數。

4. 若某球體的球心在原點且其溫度的分布為 $f(x, y, z) = \dfrac{3200}{8+x^2+y^2+z^2}$。
   (1) 決定此球體溫度最高的點坐標及其溫度。
   (2) 決定溫度在點 $(1, 1, -1)$ 遞增最快的方向及此方向所指向的點坐標。

5. 設某座山的海拔高度為 $f(x, y) = 5000\, e^{\frac{-(2x^2+y^2)}{1000}}$，且正 x 軸與正 y 軸分別指向東方與北方，若某登山者站在海平面坐標為 $(20, 20)$ 的山上且向西北方向移動，決定此登山者是上山或下山及其坡度的變化率。

8.7　兩個變數函數的極大值與極小值

　　雖然此節僅討論如何求得**兩個變數函數極大值**及**極小值**，但是這些理論與方法可以推廣到三個或三個以上變數的函數。在前面我們曾經應用導數去求單變數函數的極大值及極小值，這裡我們將討論如何應用偏導數去求兩個變數函數的極大值與極小值。

定義 8.9

令 D 表示函數 $f(x, y)$ 的定義域且 $(x_0, y_0) \in D$，N 表示點 (x_0, y_0) 的**鄰域** (neighborhood)，即以 (x_0, y_0) 為圓心的圓區域。

(1) 若 $f(x_0, y_0) \geq f(x, y)$ 對所有 $(x, y) \in D \cap N$，則函數 $f(x, y)$ 在點 (x_0, y_0) 有**局部極大值** (local maximum) $f(x_0, y_0)$。

(2) 若 $f(x_0, y_0) \leq f(x, y)$ 對所有 $(x, y) \in D \cap N$，則函數 $f(x, y)$ 在點 (x_0, y_0) 有**局部極小值** (local minimum) $f(x_0, y_0)$。

(3) 若 $f(x_0, y_0)$ 是局部極大值或局部極小值，則稱 $f(x_0, y_0)$ 是**局部極值** (local extremum)。

　　局部極大值好比群山中山峰的頂，局部極小值好比群山中山谷的底，其中有些山谷的底可能比其他山峰的頂還要高，亦即有些局部極小值可能比其他局部極大值還要大。局部極大值可能發生在一些不同的點且其值不相等，局部極小值也有這樣類似的情形。

定義 8.10

令 D 表示函數 $f(x, y)$ 的定義域且 $(x_0, y_0) \in D$。
(1) 若 $f(x_0, y_0) \geq f(x, y)$ 對所有 $(x, y) \in D$，則函數 $f(x, y)$ 在點 (x_0, y_0) 有**絕對極大值** (absolute maximum)。
(2) 若 $f(x_0, y_0) \leq f(x, y)$ 對所有 $(x, y) \in D$，則函數 $f(x, y)$ 在點 (x_0, y_0) 有**絕對極小值** (absolute minimum)。
(3) 若 $f(x_0, y_0)$ 是絕對極大值或絕對極小值，則稱 $f(x_0, y_0)$ 是**絕對極值** (absolute extremum)。

注意 (1) 絕對極大值一定是局部極大值。同樣地，絕對極小值一定是局部極小值，但是其逆敘述不成立，即局部極大值不一定是絕對極大值，同樣地，局部極小值不一定是絕對極小值。

(2) 絕對極大值是唯一的，即僅有一個值，但是可能發生在一些不同的點。同樣地，絕對極小值是唯一的，即僅有一個值，但是可能發生在一些不同的點。

哪些函數一定有絕對極大值與絕對極小值，是下面定理所要討論的重點，即此定理描述絕對極值存在的充分條件。

定理 8.11

若函數 $f(x, y)$ 在有界閉集合 D 連續，則函數 $f(x, y)$ 在 D 有絕對極大值及絕對極小值。

此定理的證明請參考一般高等微積分的書籍。定理中，函數 $f(x, y)$ 的定義域 D 是有界閉集合，且 $f(x, y)$ 是連續函數，兩個條件必須同時具備，缺一不可，否則定理的結論不一定成立，用下面三個例題做說明。

例題 1 求函數 $f(x, y) = x^2 + y^2$ 在 $D = \{(x, y) \mid x^2 + y^2 < 4\}$ 的絕對極值。

解 很清楚地，此函數 $f(x, y) = x^2 + y^2$ 在 D 連續，且集合 D 僅是有界的，但不是

閉合的，因為 D 沒有包含其邊界點。由於 $0 \leq x^2+y^2 < 4$ 對所有 $(x, y) \in D$，故函數 $f(x, y)$ 在原點 $(0, 0)$ 有絕對極小值 $f(0, 0) = 0$，且函數 $f(x, y) = x^2+y^2$ 的絕對極大值小於 4，但無法求得 $f(x, y) = x^2+y^2$ 在 D 的絕對極大值，這是因為 D 不是閉集合的緣故。

例題 2 求函數 $f(x, y) = \sqrt{x^2+y^2-9}$ 的絕對極值。

解 先決定此函數的定義域 D，因為被開平方根的數必須非負的，故 $D = \{(x, y) | x^2+y^2-9 \geq 0\}$，即 D 是圓 $x^2+y^2 = 9$ 及其外部，因此 D 僅是閉合的，但不是有界的。由於 $0 \leq \sqrt{x^2+y^2-9} < \infty$ 對所有 $(x, y) \in D$，故函數 $f(x, y) = \sqrt{x^2+y^2-9}$ 在圓 $x^2+y^2 = 9$ 上的點 (x_0, y_0) 有絕對極小值 $f(x_0, y_0) = 0$，且函數 $f(x, y) = \sqrt{x^2+y^2-9}$ 的絕對極大值趨近於無限大，但無法求得 $f(x, y) = \sqrt{x^2+y^2-9}$ 在 D 的絕對極大值，這是因為其定義域 D 不是有界集合的緣故。

例題 3 求函數 $f(x, y) = \begin{cases} \dfrac{1}{x^2+y^2}, & \text{若 } 0 < x^2+y^2 \leq 9 \\ 1, & \text{若 } x^2+y^2 = 0 \end{cases}$ 的絕對極值。

解 先決定此函數的定義域 D，依據題意，已知 $D = \{(x, y) | 0 \leq x^2+y^2 \leq 9\}$，故 D 是有界閉集合。

因為 $\lim\limits_{(x, y) \to (0, 0)} f(x, y) = \lim\limits_{(x, y) \to (0, 0)} \dfrac{1}{x^2+y^2} = \infty$

所以函數 $f(x, y)$ 在原點 $(0, 0)$ 不連續。

由於函數 $f(x, y)$ 的值域為 $\{z = f(x, y) | (x, y) \in D\} = [\dfrac{1}{9}, \infty)$，故函數 $f(x, y)$ 在圓 $x^2+y^2 = 9$ 上的點 (x_0, y_0) 有絕對極小值 $f(x_0, y_0) = \dfrac{1}{9}$，且函數 $f(x, y)$ 的絕對極大值趨近於無限大，因此無法求得 $f(x, y)$ 在 D 的絕對極大值，這是因為此函數 $f(x, y)$ 在原點不連續的緣故。

如果已知函數 $f(x, y)$ 在有界閉集合 D 連續，即 $f(x, y)$ 在 D 有絕對最大值與絕對最小值，如何求得其值是下面定理所要討論的重點。首先，必須知道極值（絕

對極值或局部極值）發生的地方，這樣的想法跟單變數函數的情形很類似，已知單變數函數 $f(x)$ 的極值發生在**臨界點** (critical point)，類似地，多變數函數 $f(x, y)$ 的極值也是發生在臨界點。

定理 8.12

令 D 是 $f(x, y)$ 的定義域，且 $(x_0, y_0) \in D$。若 $f(x_0, y_0)$ 是局部極值，則點 (x_0, y_0) 必定是**臨界點**，即可能是 D 的**邊界點**、$f(x, y)$ 的**平穩點** (stationary point；即 $f(x, y)$ 在點 (x_0, y_0) 可微分，且 $f_x(x_0, y_0) = f_y(x_0, y_0) = 0$) 或 $f(x, y)$ 的**奇異點** [singular point；即 $f(x, y)$ 在點 (x_0, y_0) 不可微分]。

證明 如果點 (x_0, y_0) 不是 D 的邊界點或 $f(x, y)$ 的奇異點，則 (x_0, y_0) 是 D 的**內點** (interior point)，且 $f(x, y)$ 在 (x_0, y_0) 可微分。因為 $f(x, y)$ 在點 (x_0, y_0) 有局部極值，所以函數 $g(x) = f(x, y_0)$ 在點 $x = x_0$ 有局部極值，依據單變數函數臨界點的性質，得 $g'(x_0) = 0$，即 $f_x(x_0, y_0) = 0$。同理，可證得 $f_y(x_0, y_0) = 0$，因此，(x_0, y_0) 是平穩點，故完成此定理的證明。

注意 (1) 臨界點是函數 $f(x, y)$ 發生局部極值的必要條件，但不是充分條件，即有些臨界點不是局部極值發生的地方，後面有個定理可檢驗臨界點是否為局部極值發生的地方。
(2) 平穩點的幾何意義，就是函數圖形在此點有水平切平面。
(3) 奇異點的幾何意義，就是函數圖形在此點有尖銳的角。
(4) 臨界點包括**邊界點**、**平穩點**及**奇異點**三種。

例題 4 決定函數 $f(x, y) = \dfrac{x^2}{4} + y^2 - 2y$ 的局部極值。

解 直接引用定理 8.12，函數 $f(x, y) = \dfrac{x^2}{4} + y^2 - 2y$ 的局部極值發生在臨界點，但此函數的定義域是 xy 平面，且此函數是可微分的函數，故其臨界點僅包含平穩點，解 $f_x(x, y) = f_y(x, y) = 0$，得平穩點為 $(0, 1)$，即此函數 $f(x, y) = \dfrac{x^2}{4} + y^2 - 2y$ 的臨界點為 $(0, 1)$，後面有個簡單的方法，可判斷此臨界點是否為函數局部極

值發生的地方，這裡暫時利用代數技巧（完全平方法）檢驗 $f(0, 1)$ 是否為局部極值。因為

$$f(x, y) = \frac{x^2}{4} + y^2 - 2y = \frac{x^2}{4} + (y-1)^2 - 1 \geq -1$$

所以函數 $f(x, y)$ 在 $(0, 1)$ 有局部極小值 $f(0, 1) = -1$，即臨界點 $(0, 1)$ 是函數 $f(x, y) = \frac{x^2}{4} + y^2 - 2y$ 發生局部極小值的地方。

例題 5 求函數 $f(x, y) = \frac{x^2}{4} - \frac{y^2}{9}$ 的局部極值。

解 很清楚地，此函數的臨界點僅包含平穩點，解 $f_x(x, y) = f_y(x, y) = 0$，得平穩點為 $(0, 0)$，即此函數 $f(x, y) = \frac{x^2}{4} - \frac{y^2}{9}$ 的臨界點為 $(0, 0)$。後面有個簡單的方法，可判斷此臨界點是否為函數局部極值發生的地方，這裡暫時利用幾何圖形檢驗 $f(0, 0)$ 是否為局部極值。

在 x 軸上，函數 $f(x, y) = f(x, 0) = \frac{x^2}{4}$ 的圖形是**凹向上的拋物線**，故 $f(0, 0) = 0$ 是函數 $f(x, y)$ 的局部極小值。

另一種情形，在 y 軸上，函數 $f(x, y) = f(0, y) = -\frac{y^2}{9}$ 的圖形是**凹向下的拋物線**，故 $f(0, 0) = 0$ 是函數的局部極大值。

因此，$f(0, 0) = 0$ 不是函數 $f(x, y) = \frac{x^2}{4} - \frac{y^2}{9}$ 的局部極值，故點 $(0, 0)$ 稱為**鞍點** (saddle point)，即臨界點 $(0, 0)$ 不是函數 $f(x, y) = \frac{x^2}{4} - \frac{y^2}{9}$ 發生局部極值的地方。

上面兩個例子是利用代數技巧或幾何圖形，判斷臨界點是否發生局部極值，但是對於複雜的函數，此種方法行不通。下面定理是檢驗平穩點是否發生局部極值最有效的方法。

定理 8.13

若函數 $f(x, y)$ 在點 (x_0, y_0) 鄰域有連續的第二階偏導數且

$$\nabla f(x_0, y_0) = \langle f_x(x_0, y_0), f_y(x_0, y_0) \rangle = \langle 0, 0 \rangle$$

即 (x_0, y_0) 是平穩點。令

$$H(x, y) = f_{xx}(x, y) f_{yy}(x, y) - f_{xy}^2(x, y)$$

(1) 若 $H(x_0, y_0) > 0$ 且 $f_{xx}(x_0, y_0) > 0$，則 $f(x_0, y_0)$ 是局部極小值。
(2) 若 $H(x_0, y_0) > 0$ 且 $f_{xx}(x_0, y_0) < 0$，則 $f(x_0, y_0)$ 是局部極大值。
(3) 若 $H(x_0, y_0) < 0$，則 $f(x_0, y_0)$ 不是局部極值，且點 (x_0, y_0) 被稱為**鞍點**。

證明 (1) 令 $u = \langle h, k \rangle$ 是任意單位向量，且已知 $\nabla f(x_0, y_0) = \langle 0, 0 \rangle$，則 $D_u f(x_0, y_0) = \nabla f(x_0, y_0) \cdot u = 0$，其幾何意義表示點 (x_0, y_0) 是函數 $f(x_0, y_0)$ 在 u 方向的平穩點，再利用第二階方向導數檢驗點 (x_0, y_0) 是否發生局部極值，

$$\begin{aligned} D_u(D_u f) &= D_u(f_x h + f_y k) = (D_u f_x) h + (D_u f_y) k \\ &= (f_{xx} h + f_{xy} k) h + (f_{yx} h + f_{yy} k) k \\ &= f_{xx} h^2 + 2 f_{xy} hk + f_{yy} k^2 \end{aligned}$$

將上式改寫成完全平方式，其結果如下：

$$\begin{aligned} D_u^2 f(x_0, y_0) =& f_{xx}(x_0, y_0) \left(h + \frac{f_{xy}(x_0, y_0)}{f_{xx}(x_0, y_0)} k \right)^2 \\ &+ k^2 f_{xx}(x_0, y_0) \left(\frac{f_{yy}(x_0, y_0)}{f_{xx}(x_0, y_0)} - \frac{f_{xy}^2(x_0, y_0)}{f_{xx}^2(x_0, y_0)} \right) \end{aligned}$$

根據此式子，如果 $H(x_0, y_0) > 0$ 且 $f_{xx}(x_0, y_0) > 0$，則 $D_u^2 f(x_0, y_0) > 0$，其幾何意義表示函數 $f(x, y)$ 圖形在 u 方向且點 (x_0, y_0) 附近凹向上，即 $f(x_0, y_0)$ 是函數 $f(x, y)$ 在 u 方向的局部極小值，因為所考慮的 u 是任意單位向量，即 $f(x_0, y_0)$ 是函數 $f(x, y)$ 在所有方向的局部極小值，故 $f(x_0, y_0)$ 是局部極小值。(2) 與 (3) 部分的證明與 (1) 部分類似，故省略，留給讀者自行練習。

注意 (1) 方程式 $\nabla f(x, y) = \langle 0, 0 \rangle$ 的解就是臨界點中的平穩點。

(2) $H(x, y) = f_{xx}(x, y) f_{yy}(x, y) - f_{xy}^2(x, y)$ 可以改寫成矩陣 $\begin{bmatrix} f_{xx}(x, y) & f_{xy}(x, y) \\ f_{yx}(x, y) & f_{yy}(x, y) \end{bmatrix}$ 的行列式，即

$$H(x, y) = \begin{vmatrix} f_{xx}(x, y) & f_{xy}(x, y) \\ f_{yx}(x, y) & f_{yy}(x, y) \end{vmatrix}$$

因此，對三個或三個以上變數函數，使用行列式描述 H 會比較方便。

(3) 如果 $H(x, y) = 0$，即 $D_u^2 f(x, y) = 0$，則無法下結論，即需要更高階的偏導數，才能檢驗點 (x_0, y_0) 是否發生局部極值。

例題 6 決定函數 $f(x, y) = 3x^2 y + y^3 - 3x^2 - 3y^2 + 1$ 的局部極值。

解 因為此函數有連續的第二階偏導數，所以直接引用定理 8.13，先求平穩點，即解方程式 $\nabla f(x, y) = \langle 0, 0 \rangle$，得 $6xy - 6x = 0$ 與 $3x^2 + 3y^2 - 6y = 0$，化簡得 $x(y-1) = 0$ 與 $x^2 + y^2 - 2y = 0$，所求得的平穩點為 $(0, 0)$、$(0, 2)$、$(1, 1)$ 及 $(-1, 1)$。其次檢驗這些平穩點是否發生局部極值，因為

$$f_{xx}(x, y) = 6y - 6, \ f_{xy}(x, y) = 6x, \ f_{yy}(x, y) = 6y - 6$$

所以 $H(x, y) = (6y - 6)^2 - (6x)^2$。

現在依序討論這四個平穩點。因為 $H(0, 0) = 36 > 0$ 且 $f_{xx}(0, 0) = -6 < 0$，故 $f(0, 0) = 1$ 是局部極大值。

因為 $H(0, 2) = 36 > 0$ 且 $f_{xx}(0, 2) = 6 > 0$，故 $f(0, 2) = -3$ 是局部極小值。

因為 $H(1, 1) = -36 < 0$ 且 $H(-1, 1) = -36 < 0$，所以 $f(1, 1)$ 與 $f(-1, 1)$ 皆不是局部極值，故點 $(1, 1)$ 與點 $(-1, 1)$ 皆是鞍點。

現在討論如何決定連續函數 $f(x, y)$ 在有界閉集合 D 的絕對極大值與絕對極小值。首先，求函數 $f(x, y)$ 在 D 內部臨界點（平穩點或奇異點）的函數值，其次，求函數 $f(x, y)$ 在 D 邊界上臨界點（邊界點、平穩點或奇異點），最後，比較這些函數值，其中最大者就是函數 $f(x, y)$ 的絕對極大值，最小者就是函數 $f(x, y)$ 的絕對極小值。

例題 7 求函數 $f(x, y) = x^2 + 2y^2 - 2x - 4y + 1$ 在

$$D = \left\{ (x, y) \mid \frac{x^2}{4} + \frac{y^2}{2} \leq 1 \right\}$$

的絕對極值。

解 因為函數 $f(x, y)$ 在 D 是連續函數，且 D 是有界閉集合，故函數 $f(x, y)$ 在 D 有絕對極大值及絕對極小值。

首先，求函數 $f(x, y)$ 在 D 內部臨界點的函數值，因為 $f(x, y)$ 在 D 內部可微分，所以其臨界點僅包含平穩點一種，解 $\nabla f(x, y) = \langle 0, 0 \rangle$，得 $2x - 2 = 0$ 且 $4y - 4 = 0$，化簡得 $x = 1$ 且 $y = 1$，即點 $(1, 1)$ 是 D 內部唯一的臨界點，且 $f(1, 1) = -2$。

其次，決定函數 $f(x, y)$ 在 D 邊界上臨界點的函數值，因為 D 的邊界是橢圓，其參數方程式為 $x = 2\cos\theta$，$y = \sqrt{2}\sin\theta$，$0 \leq \theta \leq 2\pi$，也就是求單變數函數 $f(\theta) = f(2\cos\theta, \sqrt{2}\sin\theta)$ 在區間 $[0, 2\pi]$ 臨界點的函數值，利用定理 8.6，得 $f'(\theta) = 4\sin\theta - 4\sqrt{2}\cos\theta$，解方程式 $f'(\theta) = 0$，得 $\tan\theta = \sqrt{2}$，即 $\theta = \tan^{-1}\sqrt{2}$ 或 $\theta = \pi + \tan^{-1}\sqrt{2}$。

因此，$f(\theta)$ 在區間 $[0, 2\pi]$ 有四個臨界點 0、$\tan^{-1}\sqrt{2}$、$\pi + \tan^{-1}\sqrt{2}$ 及 2π，經由橢圓參數方程式映至 D 邊界上三個點 $(2, 0)$、$\left(\frac{2}{\sqrt{3}}, \frac{2}{\sqrt{3}}\right)$ 及 $\left(-\frac{2}{\sqrt{3}}, -\frac{2}{\sqrt{3}}\right)$，函數 $f(x, y)$ 在此三點的函數值分別為 $f(2, 0) = 1$、$f\left(\frac{2}{\sqrt{3}}, \frac{2}{\sqrt{3}}\right) = 5 - 4\sqrt{3}$ 及 $f\left(-\frac{2}{\sqrt{3}}, -\frac{2}{\sqrt{3}}\right) = 5 + 4\sqrt{3}$，然後比較此四個函數值，得知 $f(x, y)$ 在 D 的絕對極大值為 $5 + 4\sqrt{3}$ 且絕對極小值為 -2。

習題 8.7

1. 求下列函數的局部極大值、局部極小值或鞍點。

(1) $f(x, y) = x^2 + 3y^2 + 4x - 9y$

(2) $f(x, y) = 3x^2 + 2y^4 - y^2$

(3) $f(x, y) = xy + \dfrac{4}{x} + \dfrac{2}{y}$

(4) $f(x, y) = e^x \sin y$

(5) $f(x, y) = x^4 + y^4 + 4xy + 6$

2. 求下列函數的絕對極大值與絕對極小值。

(1) $f(x, y) = y^3 + 3x^2y - 3x^2 - 3y^2 + 1$

(2) $f(x, y) = 3x + 4y$, $(x, y) \in [-2, 1] \times [-2, 1]$

(3) $f(x, y) = x^2 + 2y^2$, $(x, y) \in \{(x, y) \mid x^2 + y^2 \leq 4\}$

(4) $f(x, y) = -x^2 + y^2 + 2$, $(x, y) \in \{(x, y) \mid 9x^2 + 4y^2 \leq 36\}$

3. 若圓盤 $\{(x, y) \mid x^2 + y^2 \leq 4\}$ 的溫度分布為 $f(x, y) = 2x^2 + y^2 - y$，求此圓盤最熱與最冷的點坐標。

4. 求平面 $2x + y + z = 1$ 與點 $(-4, 3, 1)$ 最近的點坐標。

5. 令 (x_1, y_1)，(x_2, y_2)，$\cdots$，(x_n, y_n) 是 xy 平面 n 個點坐標，若直線 $y = mx + b$ 與這 n 個點的縱向誤差平方和最小（即 $\sum_{i=1}^{n}(y_i - mx_i - b)^2$ 最小），證明

$$m = \frac{n \sum_{i=1}^{n} x_i y_i - \left(\sum_{i=1}^{n} x_i\right)\left(\sum_{i=1}^{n} y_i\right)}{n \sum_{i=1}^{n} x_i^2 - \left(\sum_{i=1}^{n} x_i\right)^2}$$

$$b = \frac{\sum_{i=1}^{n} y_i - m \sum_{i=1}^{n} x_i}{n}$$

註：此過程稱為**最小平方法** (least squares method)，此直線稱為**最小平方直線** (least squares line) 或**最小平方近似值** (least squares approximation)。

8.8 拉格朗日乘數方法

一般而言，多變數函數 $f(x, y)$ 的極值問題可分為**無限制的** (unconstrained) 及**有限制的** (constrained) 兩種，如求函數 $f(x, y) = x^2 + 2y^2 + 3$ 在其定義域的絕對極值是無限制條件的問題，求函數 $f(x, y) = x^2 + 2y^2 + 3$ 受限於 $x + y + 1 = 0$ 的絕對極值是有限制條件的問題，即「求函數 $f(x, y)$ 在其定義域的絕對極值」是無限制的極值問題，求「函數 $f(x, y)$ 受限於 $h(x, y) = 0$ 的絕對極值」是有限制的極值問題，後者是此節討論的重點，雖然限制條件僅是 $h(x, y) = 0$，但是不失去一般性，如果限制條件為 $h(x, y) \leq 0$ (或 ≥ 0)，可分解為 $h(x, y) < 0$ ($h(x, y) > 0$) 與 $h(x, y) = 0$ 兩部分，前者只要考慮所有滿足不等式 $h(x, y) < 0$ 的臨界點 (x_0, y_0)，再將這些臨界點

(x_0, y_0) 所對應的函數值 $f(x_0, y_0)$ 及 $f(x, y)$ 受限於 $h(x, y) = 0$ 的極值做比較，即可得函數 $f(x, y)$ 受限於 $h(x, y) \leq 0$ 的絕對極值。

　　理論上，函數 $f(x, y)$ 可經由限制條件 $h(x, y) = 0$ 消去一個變數，如此限制條件 $h(x, y) = 0$ 就融入新的函數，因此，原本有限制的極值問題就轉換為無限制的極值問題，雖然此種觀念非常容易，但是當 $h(x, y) = 0$ 很複雜時，代數運算就顯得非常困難，下面定理可以迴避此種困境，這是法國義大利數學家拉格朗日 (Lagrange, 1736～1813) 的創作。

定理 8.14

函數 $f(x, y)$ 受限於 $h(x, y) = 0$ 的絕對極值發生於方程組 $\nabla f(x, y) = \lambda \nabla h(x, y)$ 與 $h(x, y) = 0$ 的解，此處 λ 被稱為**拉格朗日乘數** (Lagrange multiplier)。

證明　請參考 Khuri 所著 *Advanced Calculus with Applications in Statistics*，1993 年版，287～290 頁。

注意　(1) 如果利用拉格朗日乘數方法，求 n 個變數函數 $f(x_1, \cdots, x_n)$ 受限於 $h(x_1, \cdots, x_n) = 0$ 的絕對極值，則其產生的方程組有 $n+1$ 個變數 $x_1, \cdots, x_n$, λ 且有 $n+1$ 個方程式。另外，限制條件可以多於 1 個，但是必須少於 n 個。

　　　(2) 拉格朗日乘數方法所得到的方程組是必要條件，而不是充分條件，即方程組的解是函數絕對極值可能發生的地方，因此，必須比較這些解所對應的函數值，其中最大者就是絕對極大值；反之，就是絕對極小值。

　　此處利用幾何觀念說明拉格朗日方法的意義，考慮函數 $f(x, y)$ 受限於 $h(x, y) = 0$ 的絕對極值，如果函數 $f(x, y)$ 在點 (x_0, y_0) 有絕對極值，且點 (x_0, y_0) 在方程式 $h(x, y) = 0$ 所決定的曲線 C 上，令曲線 C 的參數向量函數為 $r(t) = \langle x(t), y(t) \rangle$，$a \leq t \leq b$，若參數 t_0 的對應點為 (x_0, y_0)，即 $x(t_0) = x_0$，$y(t_0) = y_0$，則 $r(t_0) = \langle x(t_0), y(t_0) \rangle = \langle x_0, y_0 \rangle$。因此，合成函數 $g(t) = f(x(t), y(t))$ 表示函數 $f(x, y)$ 在曲線 C 上的函數值，因為 $f(x_0, y_0)$ 是函數 $f(x, y)$ 在曲線 C 上的絕對極值，即 $g(t_0)$ 是函數 $g(t)$ 定義在區間 $[a, b]$ 上的絕對極值，所以 $g'(t_0) = 0$。另一方面，若 $f(x, y)$ 有連續的偏導數，且 $x(t)$ 與 $y(t)$ 可微分，則引用定理 8.6，得

$$0 = g'(t_0) = f_x(x_0, y_0)x'(t_0) + f_y(x_0, y_0)y'(t_0) = \nabla f(x_0, y_0) \cdot r'(t_0)$$

故梯度 $\nabla f(x_0, y_0)$ 與曲線 C 的切向量 $r'(t_0)$ 互相垂直。另外，已知曲線 $h(x, y) = 0$ 於點 (x_0, y_0) 的梯度 $\nabla h(x_0, y_0)$ 也與曲線 C 的切向量 $r'(t_0)$ 互相垂直，故 $\nabla f(x_0, y_0)$ 平行於 $\nabla h(x_0, y_0)$，所以當 $\nabla h(x_0, y_0)$ 不是零向量時，得

$$\nabla f(x_0, y_0) = \lambda \nabla h(x_0, y_0) \quad 且 \quad h(x_0, y_0) = 0$$

此即定理 8.14 的結論。

例題 1 求拋物線 $y = \frac{1}{2}x^2$ 與點 $(0, 3)$ 最近的點坐標。

解 令 d 表示拋物線 $y = \frac{1}{2}x^2$ 上任意點 (x, y) 與點 $(0, 3)$ 的距離，則 $d = \sqrt{x^2 + (y-3)^2}$ 且受限於 $y = \frac{1}{2}x^2$，即求 d 受限於 $y = \frac{1}{2}x^2$ 的最小值。為了引用拉格朗日乘數方法及計算方便，可考慮 $f(x, y) = x^2 + (y-3)^2$ 受限於 $h(x, y) = y - \frac{1}{2}x^2 = 0$ 的絕對極小值，依據定理 8.14，解方程組

$$2x = -\lambda x，2(y-3) = \lambda，y - \frac{1}{2}x^2 = 0$$

依據方程組的第一式得 $x = 0$ 或 $\lambda = -2$，再經由第二、三式解得

$$x = 0, \quad y = 0, \quad \lambda = -6$$
$$x = 2, \quad y = 2, \quad \lambda = -2$$
$$x = -2, \quad y = 2, \quad \lambda = -2$$

因此，這些解所對應的函數值為 $f(0, 0) = 9$，$f(2, 2) = 5$，$f(-2, 2) = 5$，故拋物線 $y = \frac{1}{2}x^2$ 與點 $(0, 3)$ 最近的點坐標為 $(2, 2)$ 或 $(-2, 2)$，且其距離為 $\sqrt{5}$。

例題 2 若某長方形的對角線長度為 5，求其最大面積。

解 令 x 與 y 分別是長方形的長與寬，且 A 表示面積，則 $A = xy$ 受限於 $\sqrt{x^2 + y^2} = 5$，為了引用拉格朗日乘數方法及計算方便，可考慮 $f(x, y) = xy$ 受限於 $h(x, y) = x^2 + y^2 - 25 = 0$ 的絕對極大值，依據定理 8.14，解方程組

$$\nabla f(x,y) = \lambda \nabla h(x,y) \,,\, h(x,y) = 0$$

得
$$y = 2\lambda x \,,\, x = 2\lambda y \,,\, x^2 + y^2 - 25 = 0$$

方程組的第一式與第二式分別乘 y 與 x，得

$$y^2 = 2\lambda xy \,,\, x^2 = 2\lambda xy$$

故得 $x^2 = y^2$，再結合方程組的第三式，得 $x = \pm\dfrac{5}{2}\sqrt{2}$ 且 $y = \pm\dfrac{5}{2}\sqrt{2}$。因為 x 與 y 分別是長方形的長與寬，故 $x = \dfrac{5}{2}\sqrt{2}$，$y = \dfrac{5}{2}\sqrt{2}$，即此長方形為邊長 $\dfrac{5}{2}\sqrt{2}$ 的正方形，且其最大面積為 $\dfrac{25}{2}$。

例題 3 某地區根據過去的資料，發現其生產量 P 單位與資本 x 單位及勞動力 y 單位的關係方程式為 $P = 30\, x^{\frac{2}{3}} y^{\frac{1}{3}}$。若每單位資本與勞動力的成本分別為 3 億元與 2 億元，且總投資成本為 500 億元，決定資本與勞動力應分別投資多少單位，所得的生產量最大。

解 依據題意，欲求函數 $P = 30\, x^{\frac{2}{3}} y^{\frac{1}{3}}$ 受限於 $h(x,y) = 3x + 2y - 500 = 0$ 的絕對極大值，直接引用拉格朗日乘數方法，解方程組

$$\nabla P(x,y) = \lambda \nabla h(x,y) \,,\, h(x,y) = 0$$

得
$$20\, x^{-\frac{1}{3}} y^{\frac{1}{3}} = 3\lambda$$

$$10\, x^{\frac{2}{3}} y^{-\frac{2}{3}} = 2\lambda$$

$$3x + 2y - 500 = 0$$

方程組的第一式與第二式分別除以 3 與 2，得

$$\dfrac{20}{3} x^{-\frac{1}{3}} y^{\frac{1}{3}} = 5\, x^{\frac{2}{3}} y^{-\frac{2}{3}}$$

即 $\dfrac{4}{3} y = x$，再代入方程組的第三式，得

$$y = \dfrac{250}{3} \,,\, x = \dfrac{1000}{9}$$

且 $\lambda = 5\left(\dfrac{4}{3}\right)^{\frac{2}{3}}$，故

$$P\left(\dfrac{1000}{9}, \dfrac{250}{3}\right) = 30\left(\dfrac{1000}{9}\right)^{\frac{2}{3}}\left(\dfrac{250}{3}\right)^{\frac{1}{3}} = \dfrac{1000}{3}(750)^{\frac{1}{3}} \approx 3028$$

如果考慮其他投資組合 $x = 100$，$y = 100$，則

$$P(100, 100) = 3000$$

故資本與勞動力分別投資 $\dfrac{1000}{9}$ 與 $\dfrac{250}{3}$ 單位，所得的生產量 $P\left(\dfrac{1000}{9}, \dfrac{250}{3}\right) \approx 3028$ 最大。

最後，討論三個變數函數 $f(x, y, z)$ 受限於兩個條件 $h_1(x, y, z) = 0$ 與 $h_2(x, y, z) = 0$ 的絕對極值問題。

例題 4 求函數 $f(x, y, z) = 2x + 2y + z$ 受限於平面 $x - y + z = 1$ 與橢圓柱面 $z^2 + 2y^2 = 1$ 相交曲線的絕對極值。

解 依據題意，想求得函數 $f(x, y, z) = 2x + 2y + z$ 受限於 $h_1(x, y, z) = x - y + z - 1 = 0$ 與 $h_2(x, y, z) = z^2 + 2y^2 - 1 = 0$ 的絕對極值，直接引用拉格朗日乘數方法，解方程組

$$\nabla f(x, y, z) = \lambda_1 \nabla h_1(x, y, z) + \lambda_2 \nabla h_2(x, y, z),$$

$$h_1(x, y, z) = 0 \text{ 與 } h_2(x, y, z) = 0$$

得
$$\begin{aligned} 2 &= \lambda_1 \\ 2 &= -\lambda_1 + 4\lambda_2 y \\ 1 &= \lambda_1 + 2\lambda_2 z \\ x - y + z &= 1 \\ z^2 + 2y^2 &= 1 \end{aligned}$$

將方程組的第一式代入第二、三式，得

$$y = \dfrac{1}{\lambda_2},\ z = -\dfrac{1}{2\lambda_2}$$

再將此結果代入第五式，得

$$\frac{1}{4\lambda_2^2} + \frac{2}{\lambda_2^2} = 1$$

化簡得 $\frac{9}{4\lambda_2^2} = 1$，即 $\lambda_2 = \pm \frac{3}{2}$，故所得的解為

$$x=2, y=\frac{2}{3}, z=-\frac{1}{3}, \lambda_1=2, \lambda_2=\frac{3}{2}$$

或

$$x=0, y=-\frac{2}{3}, z=\frac{1}{3}, \lambda_1=2, \lambda_2=-\frac{3}{2}$$

因此這些解所對應的函數值為

$$f\left(2, \frac{2}{3}, -\frac{1}{3}\right)=5, f\left(0, -\frac{2}{3}, \frac{1}{3}\right)=-1$$

故所求的絕對極大值為 $f\left(2, \frac{2}{3}, -\frac{1}{3}\right)=5$

且絕對極小值為 $f\left(0, -\frac{2}{3}, \frac{1}{3}\right)=-1$

回顧利用微積分求函數極值的做法，不論單變數函數或多變數函數，不僅知道真正的絕對極值，而且知道絕對極值發生的真正地方，即告訴人們如何去做可以得到真正的絕對極值，這一點非常特別，亦非常重要。例如，例題 3 的結果，不但可以知道真正的最大生產量，而且知道如何做投資組合，才可以得到真正的最大生產量，真是一個完美的做法。

習題 8.8

1. 求下列函數 f 受限於已知條件的絕對極值。
   (1) $f(x, y) = xy$，$9x^2 + 4y^2 - 36 = 0$
   (2) $f(x, y) = x^2 - 4xy + 4y^2$，$x^2 + y^2 = 1$
   (3) $f(x, y, z) = -2x + 4y + 3z$，$x^2 + 2y^2 - 3z = 0$
   (4) $f(x, y, z) = 2x + 3y + z + 5$，$4x^2 + 9y^2 - z = 0$
   (5) $f(x, y) = x^2 - y^2$，$x^2 + \frac{y^2}{4} = 1$

2. 求直線 $ax+by+c=0$ 與點 (x_0, y_0) 的最近點坐標。
3. 求平面 $ax+by+cz+d=0$ 與點 (x_0, y_0, z_0) 的最近點坐標。
4. 求函數 $f(x, y)=x^2+y^2-4xy-4$ 在集合 $D=\{(x, y) \mid x^2+y^2 \leq 1\}$ 的絕對極值。
5. 求函數 $f(x, y)=x^2-xy+y^2+3y$ 在集合 $D=\{(x, y) \mid x^2+y^2 \leq 9\}$ 的絕對極值。

第九章

多重積分

前面已經討論過單變數函數的積分,一般而言,單變數函數的定積分稱為**黎曼積分** (Riemann integral)。在本章我們將先討論二個變數函數的**二重積分** (double integral),再討論三個變數函數的**三重積分** (triple integral),這些觀念與性質都可以推廣到 n 個變數函數的 **n 重積分**,因此,多變數函數的積分稱為**多重積分**。至於多重積分的應用,在後續各節會做詳細的說明,如何求多重積分值是本章的重點,首先,將多重積分寫成一連串的黎曼積分,再依序求其偏積分。因此,前面所學的黎曼積分性質與技巧,在本章仍然會使用到。

9.1 長方形區域的二重積分

回顧單變數函數 $f(x)$ 在區間 $[a, b]$ 的積分觀念,若 P 是區間 $[a, b]$ 的分割,即 $P = \{x_0, x_1, \cdots, x_n\}$ 使得 $a = x_0 < x_1 < \cdots < x_n = b$,第 i 個子區間的長度為 $\Delta x_i = x_i - x_{i-1}$,且 $x_{i-1} \leq \bar{x}_i \leq x_i$,$|P|$ 表示所有子區間最長的長度,則

$$\int_a^b f(x)\, dx = \lim_{|P| \to 0} \sum_{i=1}^n f(\bar{x}_i)\, \Delta x_i$$

現在利用類似的方法定義兩個變數函數的二重積分,如果 R 是 xy 平面的長方形區域,且其邊平行於坐標軸,即 $R = \{(x, y) \mid a \leq x \leq b, c \leq y \leq d\}$,或記為 $[a, b] \times [c, d]$,令 P 是一組與 x 軸平行的直線和一組與 y 軸平行的直線所組成 R 的分割,假設 P 將 R 分割成 n 個子長方形區域,點 $(\bar{x}_i, \bar{y}_i)$ 是第 i 個子長方形區域 R_i 的任意

點，ΔA_i 表示第 i 個子長方形區域的面積，則 $\sum_{i=1}^{n} f(\bar{x}_i, \bar{y}_i) \Delta A_i$ 是函數 $f(x, y)$ 在長方形區域 R 的**黎曼和**。

定義 9.1

令 $f(x, y)$ 定義在長方形區域 $R = [a, b] \times [c, d]$，若 $\lim\limits_{|P| \to 0} \sum_{i=1}^{n} f(\bar{x}_i, \bar{y}_i) \Delta A_i$ 存在，則稱**函數 $f(x, y)$ 在 R 可積分** (integrable)，其值稱為**函數 $f(x, y)$ 在 R 的二重積分**，記為 $\iint_R f(x, y) \, dA$，即

$$\iint_R f(x, y) \, dA = \lim_{|P| \to 0} \sum_{i=1}^{n} f(\bar{x}_i, \bar{y}_i) \Delta A_i$$

$|P|$ 表示所有子長方形區域最長對角線的長度。

注意 定義 9.1 中，當 $|P| \to 0$ 時，則 n 必定趨近於無限大，換言之，當 $|P| \to 0$ 時，其意義就是 P 將長方形區域 R 分割成無窮多個子長方形區域，因此，當 n 愈大時，黎曼和 $\sum_{i=1}^{n} f(\bar{x}_i, \bar{y}_i) \Delta A_i$ 愈趨近函數 $f(x, y)$ 在長方形區域 R 的二重積分值，故在實際上的應用，可將黎曼和視為二重積分的近似值。

例題 1 令 $f(x, y) = 16 + x^2 + y^2$ 定義在正方形區域 $R = [-2, 2] \times [-2, 2]$。

(1) 若 P 將 R 分割為 4 等分正方形區域，且取 $(\bar{x}_i, \bar{y}_i)$ 是每個正方形區域右上角的點坐標，求其黎曼和。

(2) 若 P 將 R 分割為 16 等分正方形區域，且取 $(\bar{x}_i, \bar{y}_i)$ 是每個正方形區域右上角的點坐標，求其黎曼和。

解 (1) 因為 R 被分割為 4 等分正方形區域，所以每一等分正方形區域的面積為 $\Delta A_i = 4$，故其黎曼和為

$$\begin{aligned}\sum_{i=1}^{4} f(\bar{x}_i, \bar{y}_i) \Delta A_i &= 4(f(0, 0) + f(2, 0) + f(0, 2) + f(2, 2)) \\ &= 4(16 + 20 + 20 + 24) \\ &= 320\end{aligned}$$

(2) 因為 R 被分割為 16 等分正方形區域，所以每一等分正方形區域的面積為 $\Delta A_i = 1$，故其黎曼和為

$$\sum_{i=1}^{16} f(\overline{x}_i, \overline{y}_i) \Delta A_i = f(-1, -1) + f(0, -1) + f(1, -1) + f(2, -1)$$
$$+ f(-1, 0) + f(0, 0) + f(1, 0) + f(2, 0)$$
$$+ f(-1, 1) + f(0, 1) + f(1, 1) + f(2, 1)$$
$$+ f(-1, 2) + f(0, 2) + f(1, 2) + f(2, 2)$$
$$= 18 + 17 + 18 + 21 + 17 + 16 + 17 + 20 + 18$$
$$+ 17 + 18 + 21 + 21 + 20 + 21 + 24$$
$$= 304$$

如果 $f(x, y)$ 定義在長方形區域 $R = [a, b] \times [c, d]$，且 $f(x, y) \geq 0$，則函數 $f(x, y)$ 在 R 的二重積分 $\iint_R f(x, y) dA$，就是介於曲面 $z = f(x, y)$ 與長方形區域 R 之間的空間體積，此結論可從定義 9.1 看得很清楚，即可以利用二重積分 $\iint_R f(x, y) dA$ 求不規則物體的體積。反之，如果已知二重積分 $\iint_R f(x, y) dA$ 是某規則物體的體積，則可利用幾何公式反求此二重積分，如下面例題所示。

例題 2 求 $\iint_R y\, dA$，$R = [0, 5] \times [0, 3]$。

解 因為函數 $f(x, y)$ 在長方形區域大於或等於 0，所以二重積分 $\iint_R y\, dA$ 是介於平面 $z = y$ 與長方形區域 R 之間的空間體積，此空間是平行於 x 軸的三角柱，其底部面積 $\frac{9}{2}$ 且高為 5，故其體積為 $\frac{45}{2}$，即

$$\iint_R y\, dA = \frac{45}{2}$$

下面定理描述二重積分存在的充分條件，即是二重積分的存在性定理。

定理 9.1

若 $f(x, y)$ 在閉長方形區域 R 的有限條光滑曲線除外連續且有界，則 $f(x, y)$ 在 R 可積分，即 $\iint_R f(x, y)\, dA$ 存在。

此定理的證明，請參考其他高等微積分書籍。下面定理是二重積分常用的運算性質。

定理 9.2

若函數 $f(x, y)$ 與 $g(x, y)$ 在長方形區域 $R = [a, b] \times [c, d]$ 可積分，且 k 是常數，則

(1) 函數 $kf(x, y)$ 在長方形區域 R 可積分，且

$$\iint_R kf(x, y)\, dA = k \iint_R f(x, y)\, dA$$

(2) 函數 $f(x, y) + g(x, y)$ 在長方形區域 R 可積分，且

$$\iint_R f(x, y) + g(x, y)\, dA = \iint_R f(x, y)\, dA + \iint_R g(x, y)\, dA$$

(3) 如果 $R = R_1 \cup R_2$ 且 R_1 與 R_2 重疊部分僅是線段，可得

$$\iint_R f(x, y)\, dA = \iint_{R_1} f(x, y)\, dA + \iint_{R_2} f(x, y)\, dA$$

(4) 如果函數 $f(x, y) \geq g(x, y)$，可得

$$\iint_R f(x, y)\, dA \geq \iint_R g(x, y)\, dA$$

(5) 函數 $f(x, y)$ 在長方形區域 R 的平均值為

$$f_{\text{ave}} = \frac{1}{A(R)} \iint_R f(x, y)\, dA$$

$A(R)$ 表示長方形區域 R 的面積。

此定理可直接引用定義 9.1 證得，故證明省略，留給讀者自行練習。其實，R 是一般區域，此定理仍然有效。

例題 ③ 令 $f(x, y) = \begin{cases} 2，若 \ 1 \leq x < 2，0 \leq y \leq 3 \\ 3，若 \ 2 \leq x < 3，0 \leq y \leq 3 \\ 4，若 \ 3 \leq x \leq 4，0 \leq y \leq 3 \end{cases}$

求 $\iint_R f(x, y) \, dA$，$R = [1, 4] \times [0, 3]$。

解 因為函數 $f(x, y)$ 在長方形區域 R 的兩條線段除外連續，所以直接引用定理 9.1，得知 $f(x, y)$ 在 R 可積分，即 $\iint_R f(x, y) \, dA$ 存在。令 $R_1 = [1, 2] \times [0, 3]$，$R_2 = [2, 3] \times [0, 3]$，$R_3 = [3, 4] \times [0, 3]$，則 R_1、R_2 與 R_3 之間重疊部分僅是線段，且 $R = R_1 \cup R_2 \cup R_3$，故直接引用定理 9.2(3)，得

$$\iint_R f(x, y) \, dA = \iint_{R_1} f(x, y) \, dA + \iint_{R_2} f(x, y) \, dA + \iint_{R_3} f(x, y) \, dA$$

因為 $f(x, y) \geq 0$，所以上面等式右邊三個二重積分皆是某物體的體積，因為這些物體皆是長方體，且其體積分別為 6、9 與 12，故

$$\iint_R f(x, y) \, dA = 27$$

習題 9.1

1. 已知 $R = [0, 2] \times [1, 4]$，求下列函數 $f(x, y)$ 的二重積分 $\iint_R f(x, y) \, dA$。

   (1) $f(x, y) = \begin{cases} 3，若 \ 0 \leq x < 1，1 \leq y \leq 4 \\ -1，若 \ 1 \leq x \leq 2，1 \leq y \leq 4 \end{cases}$

   (2) $f(x, y) = \begin{cases} 1，若 \ 0 \leq x < 1，1 \leq y < 3 \\ 2，若 \ 1 \leq x \leq 2，1 \leq y < 3 \\ 3，若 \ 0 \leq x \leq 2，3 \leq y \leq 4 \end{cases}$

2. 已知 $R=[0,2]\times[0,2]$，$R_1=[0,1]\times[0,2]$，$R_2=[1,2]\times[0,2]$，且 $\iint_R f(x,y)\,dA=6$，$\iint_R g(x,y)\,dA=10$，$\iint_{R_2} g(x,y)\,dA=4$，求下列二重積分。

(1) $\iint_R f(x,y)-3g(x,y)\,dA$ (2) $\iint_{R_1} g(x,y)\,dA$

(3) $\iint_{R_2} 3g(x,y)-2\,dA$

3. 已知 $R=[0,3]\times[0,2]$，描述下列二重積分所表示體積的物體幾何形狀。

(1) $\iint_R 5\,dA$ (2) $\iint_R (1+y)\,dA$ (3) $\iint_R x\,dA$

4. 令 $[\![x]\!]$ 表示小於或等於 x 的最大整數，且 $R=[1,3]\times[1,3]$，求 $\iint_R ([\![x]\!]+[\![y]\!])\,dA$。

9.2 疊積分

如果函數 $f(x,y)$ 在長方形區域 $R=[a,b]\times[c,d]$ 連續，依據定理 9.1，可知函數 $f(x,y)$ 在長方形區域 R 的二重積分 $\iint_R f(x,y)\,dA$ 存在，再依據定義 9.1，可得

$$\iint_R f(x,y)\,dA=\lim_{|P|\to 0}\sum_{i=1}^n f(\bar{x}_i,\bar{y}_i)\Delta A_i$$

若要以此極限公式去求函數在長方形區域 R 的二重積分，必定是一件相當繁雜的工作，如何克服這個困難是本節的主題。

為了方便說明，考慮函數 $f(x,y)$ 在 R 非負，則二重積分 $\iint_R f(x,y)\,dA$ 是曲面 $z=f(x,y)$ 與長方形區域 R 之間的空間體積。下面使用不同觀點描述此空間的體積，令 $x\in[a,b]$ 且 $A(x)$ 表示此空間在 x 軸方向的橫截面積，依據幾何觀念，可知從 $x=a$ 的橫截面面積連續堆集至 $x=b$ 的橫截面面積，就相當於此空間的體

積，即此空間的體積為 $\int_a^b A(x)\,dx\,dx$，且 $A(x)=\int_c^d f(x,y)\,dy$，故此空間的體積為 $\int_a^b \left[\int_c^d f(x,y)\,dy\right] dx$。同理，令 $y \in [c,d]$ 且 $A(y)$ 表示此空間在 y 軸方向的橫截面面積，則此空間的體積為 $\int_c^d A(y)\,dy$，且 $A(y)=\int_a^b f(x,y)\,dx$，故此空間的體積為 $\int_c^d \left[\int_a^b f(x,y)\,dx\right] dy$，因此，得

$$\iint_R f(x,y)\,dA = \int_a^b \left[\int_c^d f(x,y)\,dy\right] dx = \int_c^d \left[\int_a^b f(x,y)\,dx\right] dy$$

第一個等號及第二個等號的積分公式稱為**疊積分** (iterated integral)，即將二重積分寫成兩個黎曼積分的疊積分，因此，依據疊積分由內往外依序做偏積分，即可求得二重積分，所以將二重積分寫成疊積分是求二重積分的關鍵步驟。那麼在何種條件下，函數 $f(x,y)$ 的二重積分可寫成疊積分的公式？約在二百年前法國數學家柯西 (Cauchy) 發現此結果。

定理 9.3

若函數 $f(x,y)$ 在長方形區域 $R=[a,b]\times[c,d]$ 連續，則

$$\iint_R f(x,y)\,dA = \int_a^b \int_c^d f(x,y)\,dy\,dx = \int_c^d \int_a^b f(x,y)\,dx\,dy$$

因為定理的證明超出本書的範圍，故省略，請讀者參閱 Corwin & Szczarba 所著 *Multivariable Calculus* 一書，1982 年版，第 287 頁。實際上，柯西之後約一世紀，義大利數學家福比尼 (Fubini) 發現，只要函數 $f(x,y)$ 在 R 上是有界的，且在有限條光滑曲線除外是連續的，則定理 9.3 的結論仍然成立。

例題 1 承 9.1 節例題 1，求 $\iint_R f(x,y)\,dA$。

解 直接引用定理 9.3，將二重積分寫成疊積分，得

$$\iint_R f(x, y)\, dA = \int_{-2}^{2} \int_{-2}^{2} 16 + x^2 + y^2 \, dy\, dx$$

$$= \int_{-2}^{2} \left[16y + x^2 y + \frac{y^3}{3} \right]_{-2}^{2} dx$$

$$= 2 \int_{-2}^{2} 32 + 2x^2 + \frac{8}{3} \, dx$$

$$= 2 \left[32x + \frac{2}{3} x^3 + \frac{8}{3} x \right]_{-2}^{2}$$

$$= 4 \left[64 + \frac{16}{3} + \frac{16}{3} \right]$$

$$= 298 \frac{2}{3}$$

依據定理 9.3，得知二重積分可經由兩種疊積分求得，但是有時這兩種疊積分的難易程度會有差異，以下面例題做說明。

例題 2 求 $\iint_R y e^{xy} \, dA$，$R = [1, 2] \times [0, 1]$。

解 方法 1 考慮先對變數 x 積分，得

$$\iint_R y e^{xy} \, dA = \int_0^1 \int_1^2 y e^{xy} \, dx\, dy = \int_0^1 \left[e^{xy} \right]_1^2 dy$$

$$= \int_0^1 e^{2y} - e^y \, dy = \left[\frac{1}{2} e^{2y} - e^y \right]_0^1$$

$$= \frac{1}{2} e^2 - e - \left(\frac{1}{2} - 1 \right)$$

$$= \frac{1}{2} e^2 - e + \frac{1}{2}$$

方法 2 考慮先對變數 y 積分，得

$$\iint_R y e^{xy} \, dx = \int_1^2 \int_0^1 y e^{xy} \, dy\, dx$$

此處必須使用分部積分法，求內層積分 $\int_0^1 y\, e^{xy}\, dy$，令 $u = y$ 且 $dv = e^{xy}\, dy$，則 $du = dy$ 且 $v = \dfrac{1}{x} e^{xy}$，故

$$\int_0^1 y\, e^{xy}\, dy = \left[\dfrac{y}{x} e^{xy}\right]_0^1 - \int_0^1 \dfrac{1}{x} e^{xy}\, dy$$

$$= \dfrac{1}{x} e^x - \left[\dfrac{1}{x^2} e^{xy}\right]_0^1$$

$$= \dfrac{1}{x} e^x - \dfrac{1}{x^2} e^x + \dfrac{1}{x^2}$$

即得

$$\iint_R y\, e^{xy}\, dx = \int_1^2 \dfrac{1}{x} e^x - \dfrac{1}{x^2} e^x + \dfrac{1}{x^2}\, dx$$

此處再使用分部積分法，求第一項積分 $\int_1^2 \dfrac{1}{x} e^x\, dx$。

令 $u = \dfrac{1}{x}$ 且 $dv = e^x\, dx$，則 $du = -\dfrac{1}{x^2} dx$ 且 $v = e^x$，因此

$$\int_1^2 \dfrac{1}{x} e^x\, dx = \left[\dfrac{1}{x} e^x\right]_1^2 + \int_1^2 \dfrac{1}{x^2} e^x\, dx$$

$$= \dfrac{1}{2} e^2 - e + \int_1^2 \dfrac{1}{x^2} e^x\, dx$$

將此結果代入原式，得

$$\iint_R y\, e^{xy}\, dA = \dfrac{1}{2} e^2 - e + \int_1^2 \dfrac{1}{x^2}\, dx$$

$$= \dfrac{1}{2} e^2 - e - \left[\dfrac{1}{x}\right]_1^2$$

$$= \dfrac{1}{2} e^2 - e + \dfrac{1}{2}$$

可利用二重積分計算各種立體的體積，以下面例題做說明。

例題 3 若 S 是介於曲面 $z = 4 - x - y^2$ 與長方形區域 $R = [0, 2] \times [0, 1]$ 之間的立體空間，求 S 的體積。

解 令 $f(x, y) = 4 - x - y^2$，則函數 $f(x, y)$ 在長方形區域 R 的最小值為 $f(2, 1) = 1$，即 $f(x, y)$ 在 R 是非負的，故二重積分 $\iint_R f(x, y) \, dA$ 是介於曲面 $z = f(x, y)$ 與長方形區域 R 之間的立體體積 $V(S)$，即

$$V(S) = \iint_R f(x, y) \, dA = \int_0^2 \int_0^1 4 - x - y^2 \, dy \, dx$$

$$= \int_0^2 \left[4y - xy - \frac{y^3}{3} \right]_0^1 dx$$

$$= \left[4x - \frac{x^2}{2} - \frac{x}{3} \right]_0^2 = \frac{16}{3}$$

習題 9.2

1. 求下列疊積分。

(1) $\int_0^1 \int_0^{\frac{\pi}{2}} x \sin xy \, dx \, dy$

(2) $\int_0^1 \int_0^{\ln 3} xy \, e^{xy^2} \, dx \, dy$

(3) $\int_0^1 \int_0^3 2x \sqrt{x^2 + y} \, dy \, dx$

2. 求下列二重積分。

(1) $\iint_R x^3 y \, dA$, $R = [-1, 1] \times [0, 1]$

(2) $\iint_R x^2 + y^2 \, dA$, $R = [0, 2] \times [-1, 1]$

(3) $\iint_R \cos(x + y) \, dA$, $R = \left[0, \frac{\pi}{2}\right] \times \left[0, \frac{\pi}{2}\right]$

3. 求函數 $f(x, y) = 1 + x^2 + y^2$ 在長方形區域 $R = [-1, 1] \times [-1, 1]$ 的平均值。

4. 求介於曲面 $z = 4xy \, e^{-y^2}$ 與長方形區域 $R = [0, 3] \times [0, 2]$ 之間的空間體積。

5. 求介於曲面 $z=\dfrac{8x}{(1+x^2+y^2)^2}$ 與長方形區域 $R=[0, \sqrt{3}\,]\times[0, 1]$ 之間的空間體積。

9.3　非長方形區域的二重積分

　　有很多二重積分的積分區域不是長方形區域，遇到此種情形必須先將積分區域做適當的分割，使得每一個子區域的二重積分可寫成疊積分的公式，進而求得此子區域的二重積分，因此，所有子區域二重積分的和就是原來二重積分。除長方形區域外，還有哪些有界區域的二重積分可寫成疊積分公式？這些區域可區分為兩種。第一種是 $D_1=\{(x, y)\,|\,a\leq x\leq b, \phi_1(x)\leq y\leq\phi_2(x)\}$，稱為 Type I 區域（或稱為 y-simple），此種區域的左右兩邊界為垂直線段或一點，而上下兩邊界分別為 x 變數的函數 $\phi_2(x)$ 與 $\phi_1(x)$，如圖 9.1。

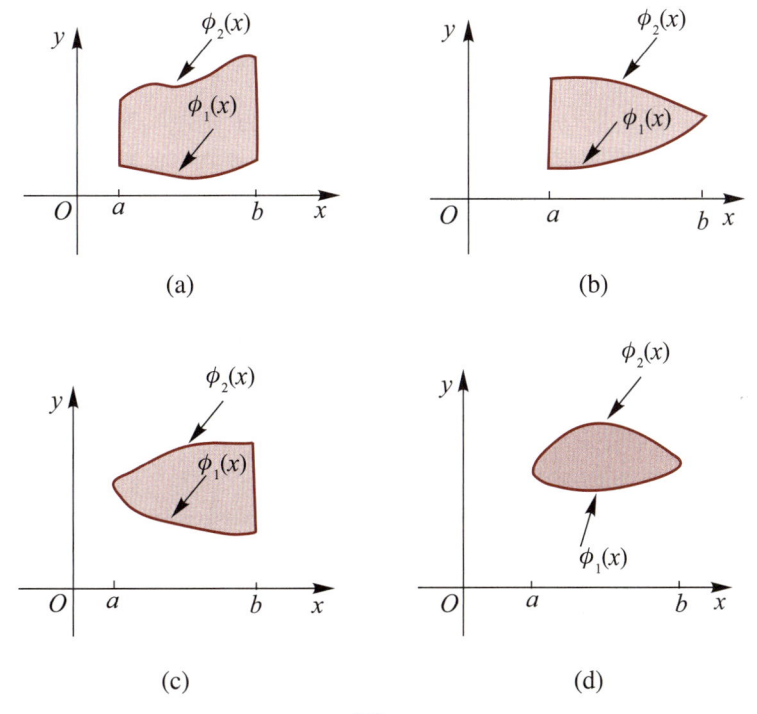

(a)　　　　　　(b)

(c)　　　　　　(d)

圖 9.1

第二種是 $D_2 = \{(x, y) \mid \phi_1(y) \leq x \leq \phi_2(y), c \leq y \leq d\}$，稱為 **Type II 區域**（或稱為 *x*-simple），此種區域的上下兩邊界為水平線段或一點，而左右兩邊界分別為 y 變數的函數 $\phi_1(y)$ 與 $\phi_2(y)$，如圖 9.2。

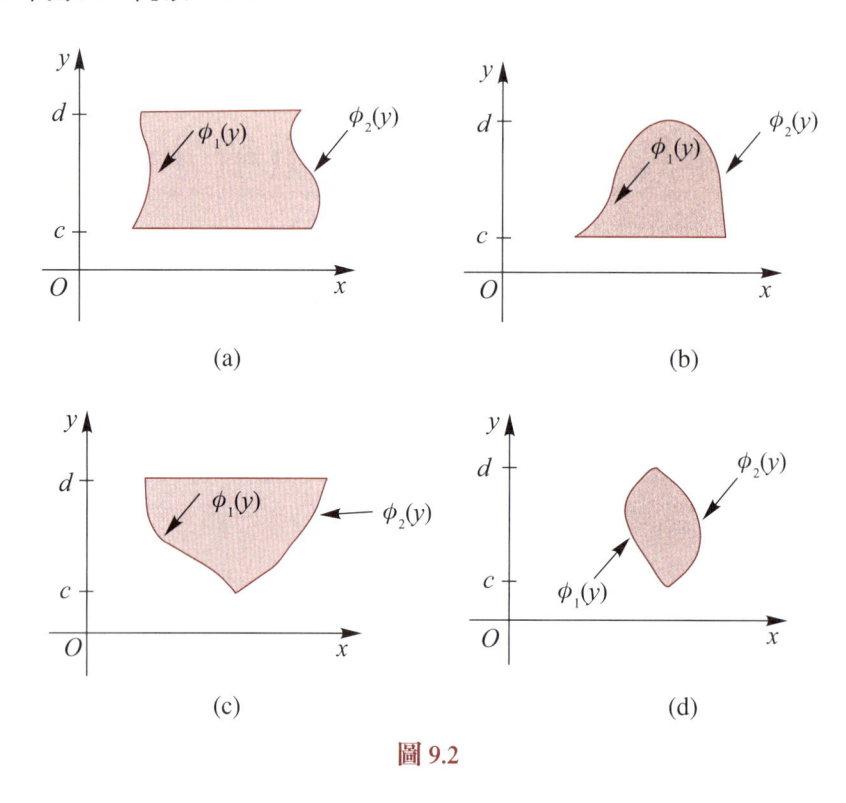

(a)

(b)

(c)

(d)

圖 9.2

例題 1 令 D 是拋物線 $y = x^2$ 與直線 $y = x + 2$ 所包圍的區域，試判斷 D 是 Type I 區域或 Type II 區域。

解 繪出拋物線 $y = x^2$ 與直線 $y = x + 2$ 的圖，如圖 9.3 所示，斜線部分就是區域 D，此區域 D 僅與圖 9.1(d) 相似，即

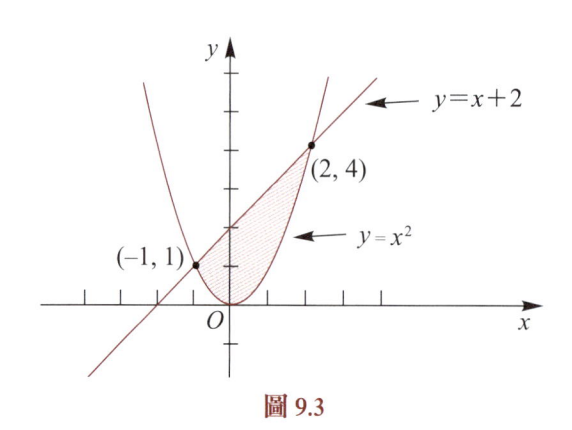

圖 9.3

$$D = \{(x, y) \mid -1 \le x \le 2,\ x^2 \le y \le x+2\}$$

故 D 是 Type I 區域。

例題 2 令 D 是拋物線 $y^2 = x+2$ 與 $y^2 = -x$ 所包圍的區域，試判斷 D 是 Type I 區域或 Type II 區域。

解 繪出拋物線 $y^2 = x+2$ 與 $y^2 = -x$ 的圖，如圖 9.4 所示，斜線部分就是區域 D，此區域 D 僅與圖 9.2(d) 相似，即

$$D = \{(x, y) \mid y^2 - 2 \le x \le -y^2,\ -1 \le y \le 1\}$$

故 D 是 Type II 區域。

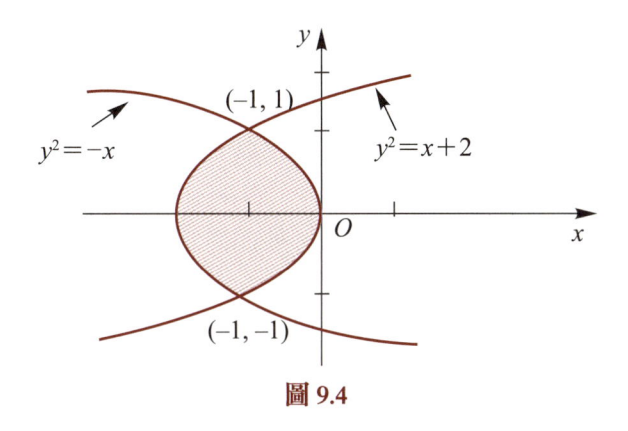

圖 9.4

有些區域可以寫成 Type I 與 Type II 兩種型式，所以此種區域的二重積分就可以寫成兩種疊積分，以下面例題做說明。

例題 3 令 D 是拋物線 $y = x^2$ 與 $x = y^2$ 所包圍的區域，試判斷 D 是 Type I 區域或 Type II 區域。

解 繪出拋物線 $y = x^2$ 與 $x = y^2$ 的圖，如圖 9.5 所示，斜線部分就是區域 D，此區域 D 不僅與圖 9.1(d) 相似，且與圖 9.2(d) 相似，即

$$\begin{aligned}D &= \{(x, y) \mid 0 \le x \le 1,\ x^2 \le y \le \sqrt{x}\} \\ &= \{(x, y) \mid y^2 \le x \le \sqrt{y},\ 0 \le y \le 1\}\end{aligned}$$

故 D 是 Type I，亦是 Type II。

圖 9.5

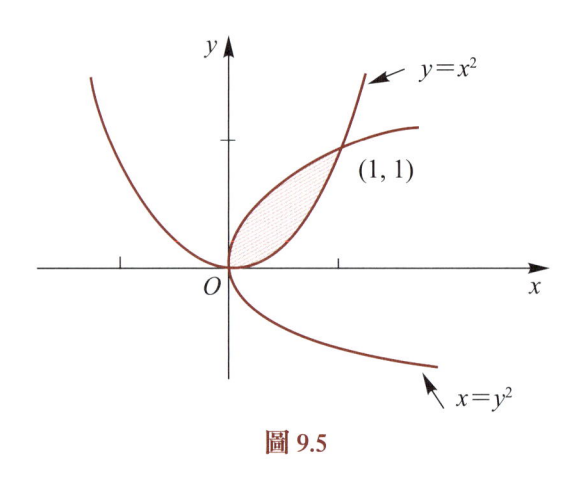

若二重積分的區域是 Type I 或 Type II，則此二重積分可寫成疊積分，其敘述如下。

定理 9.4

若區域 D 是 Type I 或 Type II，且 $f(x, y)$ 在 D 連續，則

$$\iint_D f(x, y)\, dA = \int_a^b \int_{\phi_1(x)}^{\phi_2(x)} f(x, y)\, dy\, dx$$

或

$$\iint_D f(x, y)\, dA = \int_c^d \int_{\phi_1(y)}^{\phi_2(y)} f(x, y)\, dx\, dy$$

證明 如果區域 D 是 Type I，則可以找到一個長方形區域 $R = [a, b] \times [c, d]$，使得 $D \subset R$ 且 $c \leq \phi_1(x) \leq \phi_2(x) \leq d$。

令函數 $F(x, y)$ 定義在 R 且

$$F(x, y) = \begin{cases} f(x, y), & \text{當 } (x, y) \in D \\ 0, & \text{當 } (x, y) \in R - D \end{cases}$$

則 $\iint_R F(x, y)\, dA$ 存在，且

$$\iint_D f(x, y)\, dA = \iint_R F(x, y)\, dA$$

此結果的證明，請參閱 Sagan 所著 *Advanced Calculus* 一書，1974 年版，第 11 章。再依據定理 9.3，得

$$\iint_R F(x, y)\, dA = \int_a^b \int_c^d F(x, y)\, dy\, dx$$

$$= \int_a^b \left[\int_c^{\phi_1(x)} F(x, y)\, dy + \int_{\phi_1(x)}^{\phi_2(x)} F(x, y)\, dy + \int_{\phi_2(x)}^d F(x, y)\, dy \right] dx$$

$$= \int_a^b \int_{\phi_1(x)}^{\phi_2(x)} F(x, y)\, dy\, dx$$

$$= \int_a^b \int_{\phi_1(x)}^{\phi_2(x)} f(x, y)\, dy\, dx$$

倒數第二個等號是因為當 $c \leq y \leq \phi_1(x)$ 或 $\phi_2(x) \leq y \leq d$ 時，$F(x, y) = 0$，最後的等號是因為當 $a \leq x \leq b$ 且 $\phi_1(x) \leq y \leq \phi_2(x)$ 時，$F(x, y) = f(x, y)$，故

$$\iint_D f(x, y)\, dA = \int_a^b \int_{\phi_1(x)}^{\phi_2(x)} f(x, y)\, dy\, dx$$

同理，如果 D 是 Type II，則

$$\iint_D f(x, y)\, dA = \int_c^d \int_{\phi_1(y)}^{\phi_2(y)} f(x, y)\, dx\, dy$$

例題 4 求疊積分 $\int_0^6 \int_{\frac{x}{2}}^3 e^{y^2}\, dy\, dx$。

解 因為此疊積分的內層積分 $\int_{\frac{x}{2}}^3 e^{y^2}\, dy$ 無法求得，所以必須將此疊積分寫成另一個對等的疊積分，即先對變數 x 積分的疊積分。已知

$$\int_0^6 \int_{\frac{x}{2}}^3 e^{y^2}\, dy\, dx = \iint_D e^{y^2}\, dA$$

$$D = \{(x, y) \mid 0 \leq x \leq 6, \ \frac{x}{2} \leq y \leq 3\}$$

繪出區域 D 的圖，如圖 9.6 所示，斜線部分就是區域 D，因此，區域 D 跟圖 9.1(b) 與圖 9.2(c) 相似，即 D 是 Type I，亦是 Type II，故

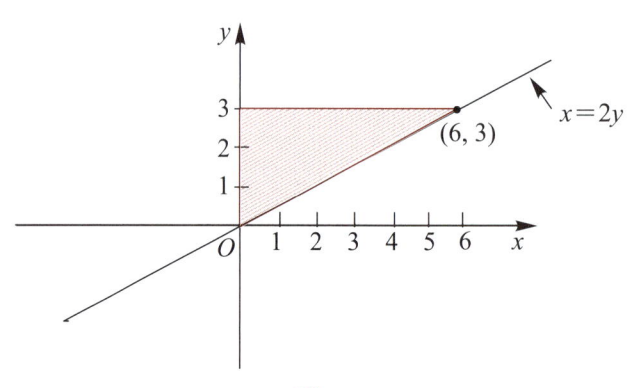

圖 9.6

$$D = \{(x, y) \mid 0 \leq x \leq 6, \ \frac{x}{2} \leq y \leq 3\}$$
$$= \{(x, y) \mid 0 \leq x \leq 2y, \ 0 \leq y \leq 3\}$$

因此

$$\int_0^6 \int_{\frac{x}{2}}^3 e^{y^2} \, dy \, dx = \int_0^3 \int_0^{2y} e^{y^2} \, dx \, dy = \int_0^3 [xe^{y^2}]_0^{2y} \, dy$$
$$= \int_0^3 2y \, e^{y^2} \, dy = [e^{y^2}]_0^3$$
$$= e^9 - 1$$

利用定理 9.4 的觀念，可得到類似定理 9.2 的結果，即一般區域 D 二重積分的運算性質。

定理 9.5

若函數 $f(x, y)$ 與 $g(x, y)$ 在區域 D 可積分，且 k 是常數，則
(1) 函數 $kf(x, y)$ 在區域 D 可積分，且

$$\iint_D kf(x, y)\, dA = k\iint_D f(x, y)\, dA$$

(2) 函數 $f(x,y)+g(x,y)$ 在區域 D 可積分，且

$$\iint_D f(x, y)+g(x, y)\, dA = \iint_D f(x, y)\, dA + \iint_D g(x, y)\, dA$$

(3) 如果 $D = S_1 \cup S_2$ 且 S_1 與 S_2 重疊部分僅是一條曲線，可得

$$\iint_D f(x, y)\, dA = \iint_{S_1} f(x, y)\, dA + \iint_{S_2} g(x, y)\, dA$$

(4) 函數 $f(x,y) \geq g(x,y)$，可得

$$\iint_D f(x, y)\, dA \geq \iint_D g(x, y)\, dA$$

此定理的證明，先考慮積分區域是 Type I 或 Type II，再考慮一般區域，僅利用定理 9.4 的觀念與定理 9.2 的結果即可證得，故省略，留給讀者自行練習。

如果二重積分的區域 D 不是 Type I 或 Type II，則將區域 D 做適當分割，使得每一個子區域成為 Type I 或 Type II，因此，每一個子區域的二重積分可寫成疊積分，即可求得每一個子區域的二重積分，再依據定理 9.5(3)，可知所有子區域的二重積分和，就是區域 D 的二重積分。

定理 9.6

若 D 是有界區域，則其面積為 $A(D) = \iint_D dA$。

證明 若區域 D 是 Type I，則

$$D = \{(x, y) \mid a \leq x \leq b,\ \phi_1(x) \leq y \leq \phi_2(x)\}$$

且 $$\iint_D dA = \int_a^b \int_{\phi_1(x)}^{\phi_2(x)} dy\, dx = \int_a^b \phi_2(x) - \phi_1(x)\, dx = A(D)$$

若區域 D 是 Type II，則

$$D = \{(x, y) \mid \phi_1(y) \leq x \leq \phi_2(y),\ c \leq y \leq d\}$$

且 $$\iint_D dA = \int_c^d \int_{\phi_1(y)}^{\phi_2(y)} dx\, dy = \int_c^d \phi_2(y) - \phi_1(y)\, dy = A(D)$$

若區域 D 不是 Type I 或 Type II，則將區域 D 適當地分割成有限個 Type I 或 Type II 的子區域 $S_1, \cdots, S_n$，且當 $i \neq j$ 時，S_i 與 S_j 重疊部分僅是一條曲線，因此

$$\iint_D dA = \sum_{i=1}^n \iint_{S_i} dA = \sum_{i=1}^n A(S_i) = A(D)$$

故證得 $$A(D) = \iint_D dA$$

習題 9.3

1. 求下列疊積分。

(1) $\int_0^{\pi/2} \int_0^{\sin x} e^y \cos x\, dy\, dx$

(2) $\int_0^1 \int_{-y}^{2y} x e^{-y^3}\, dx\, dy$

(3) $\int_0^4 \int_{\sqrt{x}}^2 \sin(y^3)\, dy\, dx$

2. 求曲線 $y^2 = x$ 與 $y^2 = -x + 2$ 所包圍區域的面積。

3. 求 $\iint_D xy\, dA$，D 是直線 $y = x$ 與曲線 $y = x^3$ 所包圍的區域。

4. 求 $\iint_D (2x + y^2)\, dA$，D 是曲線 $y = x^2$ 與曲線 $y = \sqrt{x}$ 所包圍的區域。

5. 求平面 $\dfrac{x}{a}+\dfrac{y}{b}+\dfrac{z}{c}=1$，$a>0$，$b>0$，$c>0$ 與三個坐標平面所包圍的空間體積。

6. 求 $\iint\limits_{D} 2ye^x\, dA$，$D$ 是曲線 $y=\sqrt{x}$ 與直線 $x=0$、$y=1$ 所包圍的區域。

7. 求 $\iint\limits_{D} \dfrac{4}{1+x^2}\, dA$，$D$ 是三項點為 $(0,0)$、$(0,2)$ 與 $(2,2)$ 的三角形區域。

9.4 極坐標的二重積分

首先，回顧直角坐標 (x, y) 與極坐標 (r, θ) 的關係方程式，$x=r\cos\theta$，$y=r\sin\theta$，$x^2+y^2=r^2$，很明顯地，此轉換是非線性關係，即極坐標上簡單的區域，經由此轉換可能得到直角坐標上複雜的區域，如圖 9.7 所示，極坐標上長方形區域 $R=\{(r,\theta)\,|\,a\le r\le b, \alpha\le\theta\le\beta, a\ge 0, 0\le\beta-\alpha\le 2\pi\}$，經由此轉換 $T(r,\theta)=(r\cos\theta, r\sin\theta)$ 得到直角坐標上類似扇形的複雜區域 $T(R)$，即 xy 平面區域 $T(R)$ 要寫成 Type I 或 Type II 不是很容易的事情，因此，在 xy 平面區域 $T(R)$ 的二重積分，必須轉換為極坐標平面長方形區域 R 的二重積分，如此求二重積分比較容易，即，

$$\iint\limits_{T(R)} f(x, y)\, dA = \iint\limits_{R} f(r\cos\theta,\ r\sin\theta)\, r\, dr\, d\theta$$

圖 9.7

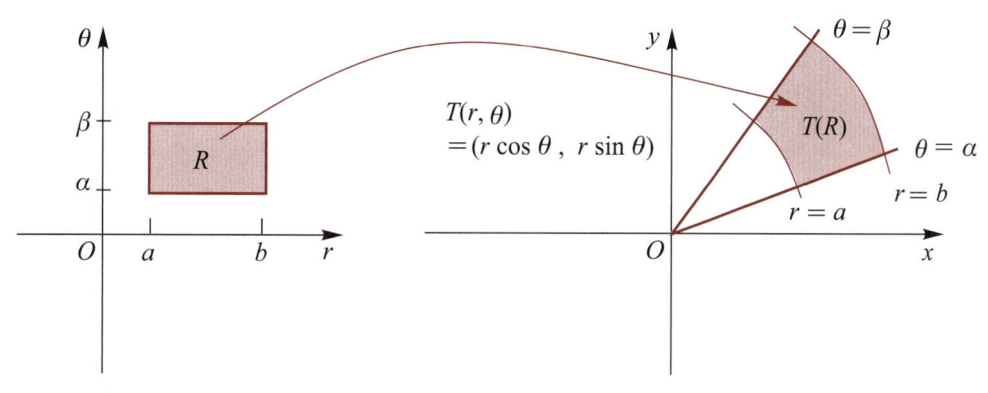

注意 (1) 此公式的證明在 9.7 節會有詳細的討論。

(2) 公式等號右邊因式 r 是坐標切換時的比例因式。

(3) 若二重積分的區域是圓弧或極坐標曲線所包圍的區域，則切換為極坐標的二重積分比較容易積分。

如果 R 是 r-simple，則

$$R = \{(r, \theta) \mid \phi_1(\theta) \leq r \leq \phi_2(\theta), \ \alpha \leq \theta \leq \beta\}$$

故

$$\iint_{T(R)} f(x, y) \, dA = \int_\alpha^\beta \int_{\phi_1(\theta)}^{\phi_2(\theta)} f(r\cos\theta, \ r\sin\theta) \, r \, dr \, d\theta$$

如果 R 是 θ-simple，則

$$R = \{(r, \theta) \mid a \leq r \leq b, \ \phi_1(r) \leq \theta \leq \phi_2(r)\}$$

故

$$\iint_{T(R)} f(x, y) \, dA = \int_a^b \int_{\phi_1(r)}^{\phi_2(r)} f(r\cos\theta, \ r\sin\theta) \, r \, d\theta \, dr$$

例題 1 求介於曲面 $z = e^{x^2+y^2}$ 與極坐標長方形區域 $R = \{(r, \theta) \mid 0 \leq r \leq 1, 0 \leq \theta \leq \frac{\pi}{2}\}$ 之間的立體體積。

解 因為 $z = e^{x^2+y^2}$ 在 xy 平面是非負的，故此立體體積為

$$V = \iint_R e^{x^2+y^2} \, dA$$

且 R 的極坐標表示法比直角坐標簡單，因此，將此二重積分轉換為極坐標的二重積分，即

$$V = \iint_R e^{x^2+y^2} \, dA = \iint_R e^{r^2} r \, dr \, d\theta$$

$$= \int_0^{\frac{\pi}{2}} \int_0^1 e^{r^2} r \, dr \, d\theta = \int_0^{\frac{\pi}{2}} \left[\frac{1}{2} e^{r^2}\right]_0^1 d\theta$$

$$= \frac{1}{2} \int_0^{\frac{\pi}{2}} e - 1 \, d\theta = \frac{e-1}{2} \Big[\theta\Big]_0^{\frac{\pi}{2}}$$

$$= \frac{\pi}{4}(e-1)$$

例題 ② 求 $\iint_D y \, dA$，D 是在圓 $r=1$ 外部且在心臟線 $r=1+\cos\theta$ 內部的區域。

解 已知圓 $r=1$ 與心臟線 $r=1+\cos\theta$ 的交點極坐標為 $\left(1, \frac{\pi}{2}\right)$ 與 $\left(1, -\frac{\pi}{2}\right)$，故 D 的極坐標表示法比較簡單，即

$$D = \left\{(r, \theta) \mid 1 \leq r \leq 1+\cos\theta, \ -\frac{\pi}{2} \leq \theta \leq \frac{\pi}{2}\right\}$$

因此，將二重積分 $\iint_D y \, dA$ 轉換為極坐標的二重積分，即

$$\iint_D y \, dA = \iint_D (r\sin\theta) \, r \, dr \, d\theta$$

$$= \int_{-\frac{\pi}{2}}^{\frac{\pi}{2}} \int_1^{1+\cos\theta} r^2 \sin\theta \, dr \, d\theta$$

$$= \int_{-\frac{\pi}{2}}^{\frac{\pi}{2}} \left[\frac{r^3}{3} \sin\theta\right]_1^{1+\cos\theta} d\theta$$

$$= \frac{1}{3} \int_{-\frac{\pi}{2}}^{\frac{\pi}{2}} (1+\cos\theta)^3 \sin\theta - \sin\theta \, d\theta$$

$$= \frac{1}{3} \left[\frac{-1}{4}(1+\cos\theta)^4 + \cos\theta\right]_{-\frac{\pi}{2}}^{\frac{\pi}{2}} = 0$$

最後利用極坐標二重積分，證明**標準常態** (standard normal) 的機率密度函數 $f(x) = \frac{1}{\sqrt{2\pi}} e^{-\frac{x^2}{2}}$ 滿足

$$\int_{-\infty}^{\infty} \frac{1}{\sqrt{2\pi}} e^{-\frac{x^2}{2}} \, dx = 1$$

即 $$\int_{-\infty}^{\infty} e^{-\frac{x^2}{2}} dx = \sqrt{2\pi}$$

或 $$\int_{0}^{\infty} e^{-\frac{x^2}{2}} dx = \sqrt{\frac{\pi}{2}}$$

例題 3 證明 $\int_{0}^{\infty} e^{-\frac{x^2}{2}} dx = \sqrt{\frac{\pi}{2}}$。

解 令 $I = \int_{0}^{\infty} e^{-\frac{x^2}{2}} dx$，則

$$I^2 = \left(\int_{0}^{\infty} e^{-\frac{x^2}{2}} dx\right)\left(\int_{0}^{\infty} e^{-\frac{y^2}{2}} dy\right) = \int_{0}^{\infty}\int_{0}^{\infty} e^{-\frac{1}{2}(x^2+y^2)} dy\, dx$$

$$= \int_{0}^{\frac{\pi}{2}}\int_{0}^{\infty} e^{-\frac{r^2}{2}} r\, dr\, d\theta = \int_{0}^{\frac{\pi}{2}} \left[-e^{-\frac{r^2}{2}}\right]_{0}^{\infty} d\theta$$

$$= \int_{0}^{\frac{\pi}{2}} d\theta = \frac{\pi}{2}$$

故 $I = \sqrt{\frac{\pi}{2}}$，即 $\int_{0}^{\infty} e^{-\frac{x^2}{2}} dx = \sqrt{\frac{\pi}{2}}$。

習題 9.4

1. 求下列疊積分。

(1) $\int_{0}^{\frac{\pi}{2}} \int_{0}^{\cos\theta} r^2\, dr\, d\theta$

(2) $\int_{0}^{\frac{\pi}{2}} \int_{0}^{\cos\theta} r\, dr\, d\theta$

(3) $\int_{0}^{\infty} \int_{0}^{\infty} \frac{1}{(1+x^2+y^2)^2}\, dx\, dy$

(4) $\int_{0}^{2} \int_{0}^{\sqrt{4-x^2}} (4-x^2-y^2)^{-\frac{1}{2}}\, dy\, dx$

(5) $\int_{0}^{2} \int_{0}^{\sqrt{4-y^2}} \sin(x^2+y^2)\, dx\, dy$

2. 已知極坐標疊積分 $\int_{0}^{\frac{\pi}{2}} \int_{0}^{4} r\, dr\, d\theta$ 是某區域的面積。請描述此區域的幾何圖形，且求其面積。

3. 求 $\iint\limits_{D} e^{x^2+y^2} dA$,$D=\{(x, y) \mid 1 \leq x^2+y^2 \leq 4\}$。

4. 求 $\iint\limits_{D} \sqrt{1-x^2-y^2} \, dA$,$D=\{(x, y) \mid x^2+y^2 \leq 1 \text{,} 0 \leq y \leq x\}$。

5. 求 $\iint\limits_{D} \dfrac{1}{1+x^2+y^2} dA$,$D=\{(x, y) \mid x^2+y^2 \leq 1 \text{,} y \geq 0\}$。

6. 求 $\iint\limits_{D} x \, dA$,$D=\{(x, y) \mid 1 \leq x^2+y^2 \leq 4 \text{,} x \geq 0\}$。

7. 求 $\int_{0}^{\infty} x^{-\frac{1}{2}} e^{-x} dx$。

9.5 曲面面積

　　單變數函數曲線對特定軸旋轉所產生曲面比較單純,所以可使用黎曼積分求其面積。此處將討論一般曲面 $z = f(x, y)$ 的面積,這種曲面是兩個變數決定的函數圖,一般不可能以單變數函數圖的旋轉來描述其圖形,故無法使用黎曼積分求其面積,必須利用二重積分才能求其面積。

　　首先討論定義域為長方形區域的曲面面積,其次討論定義域為一般區域的曲面面積。

定理 9.7

若函數 $f(x, y)$ 定義在長方形區域 $R = [a, b] \times [c, d]$,且其第一階偏導數連續,則曲面 $S = \{z \mid z = f(x, y) \text{,} (x, y) \in R\}$ 的面積為

$$A(S) = \iint\limits_{R} \sqrt{1+f_x^2+f_y^2} \, dA$$

證明　令 P 是長方形區域 R 的分割,其意義如 9.1 節所述,若 S_i 是子長方形區域 R_i 所對應的子曲面,且點 (x_i, y_i) 是 R_i 最接近原點的頂點,則切曲面 S 於點

$(x_i, y_i, f(x_i, y_i))$ 的切平面存在，且 R_i 所對應的切平面部分 T_i 是向量 $\langle \Delta x_i, 0, f_x(x_i, y_i) \Delta x_i \rangle$ 與 $\langle 0, \Delta y_i, f_y(x_i, y_i) \Delta y_i \rangle$ 所決定的平行四邊形，依據線性代數的性質，得 T_i 的面積為

$$\Delta T_i = |\langle \Delta x_i, 0, f_x(x_i, y_i) \Delta x_i \rangle \times \langle 0, \Delta y_i, f_y(x_i, y_i) \Delta y_i \rangle|$$
$$= \sqrt{1 + f_x^2(x_i, y_i) + f_y^2(x_i, y_i)} \, \Delta x_i \Delta y_i$$
$$= \sqrt{1 + f_x^2(x_i, y_i) + f_y^2(x_i, y_i)} \, \Delta A_i$$

因為 ΔT_i 是子曲面 S_i 面積 ΔS_i 的近似值，即當 R_i 很小時，ΔS_i 幾乎等於 ΔT_i，故曲面 S 的面積為

$$A(S) = \sum_{i=1}^{n} \Delta S_i = \lim_{|P| \to 0} \sum_{i=1}^{n} \Delta T_i$$
$$= \lim_{|P| \to 0} \sum_{i=1}^{n} \sqrt{1 + f_x^2(x_i, y_i) + f_y^2(x_i, y_i)} \, \Delta A_i$$
$$= \iint_R \sqrt{1 + f_x^2 + f_y^2} \, dA$$

故得證。

注意 (1) 若曲面 S 的方程式為 $y = f(x, z)$，且其定義域為長方形區域 R，則以二重積分 $\iint_R \sqrt{1 + f_x^2 + f_z^2} \, dA$ 求曲面 S 的面積 $A(S)$ 比較方便。同理，若曲面 S 的方程式為 $x = f(y, z)$，且其定義域為長方形區域 R，則以二重積分 $\iint_R \sqrt{1 + f_y^2 + f_z^2} \, dA$ 求曲面 S 的面積 $A(S)$ 比較方便。

(2) 若定理 9.7 中長方形區域改為有界區域，其結論仍然成立。此部分的討論，請參閱 Sagan 所著 *Advanced Calculus* 一書，1974 年出版，第 11 章。

(3) 至於利用哪個公式求曲面面積較容易，視曲面方程式及其定義域而定。

例題 1 求曲面 $z = x^2 + y^2$ 在平面 $z = 4$ 下方的面積。

解 很明顯地，利用第一個公式求曲面 S 的面積比較容易，且曲面 S 在 xy 平面的垂直投影為圓形區域 $D = \{(x, y) \mid x^2 + y^2 \leq 4\}$，故 S 的面積為

$$A(S) = \iint_D \sqrt{1+f_x^2+f_y^2}\, dA = \iint_D \sqrt{1+4x^2+4y^2}\, dA$$

$$= \int_0^{2\pi}\int_0^2 \sqrt{1+4r^2}\, r\, dr\, d\theta = \int_0^{2\pi} \left[\frac{1}{12}(1+4r^2)^{\frac{3}{2}}\right]_0^2 d\theta$$

$$= \int_0^{2\pi} \frac{17}{12}\sqrt{17} - \frac{1}{12}\, d\theta$$

$$= \frac{\pi}{6}(17\sqrt{17}-1)$$

習題 9.5

1. 求平面 $x+2y+3z=12$ 在 xy 平面長方形區域 R 正上方部分的面積，此長方形區域 R 的四頂點為 $(0, 0)$、$(0, 1)$、$(2, 1)$ 及 $(2, 0)$。
2. 求曲面 $z=9-x^2-y^2$ 於平面 $z=3$ 上方部分的面積。
3. 求平面 $ax+by+cz=d$，$a>0$，$b>0$，$c>0$，$d>0$，在第一象限部分的面積。
4. 證明半徑 a 的球面積為 $4\pi a^2$。
5. 若球的半徑為 5，與球心距離為 4 的平面將此球截成兩部分，求較小者的面積。

9.6　三重積分

前面所述兩個變數函數的積分稱為二重積分，因此，三個變數函數的積分稱為**三重積分** (triple integral)，處理三重積分的方法與處理二重積分相同，即將三重積分寫成疊積分的公式。

考慮函數 $f(x, y, z)$ 在長方體

$$B=\{(x, y, z)\,|\,a\leq x\leq b,\ c\leq y\leq d,\ s\leq z\leq t\}$$

連續，則此函數 $f(x, y, z)$ 在 B 的三重積分

$$\iiint_B f(x, y, z)\, dV$$

存在，且
$$\iiint_B f(x, y, z)\, dV = \int_a^b \int_c^d \int_s^t f(x, y, z)\, dz\, dy\, dx$$

依據三個變數 x、y 與 z 的積分順序，共有 3! 種的積分順序，因此，三重積分 $\iiint_B f(x, y, z)\, dV$ 可寫成 3! 個不同的疊積公式，其他五個疊積分公式，請讀者自行練習。同樣地，n 個變數函數在 n 維長方體的 n 重積分可寫成 $n!$ 個不同的疊積分公式。

例題 1 求三重積分 $\iiint_B xyz\, dV$，

$$B = \{(x, y, z) \mid -1 \leq x \leq 0,\ 0 \leq y \leq 1,\ 1 \leq z \leq 2\}$$

解 直接將此三重積分寫成疊積分公式，再由內往外逐層求偏積分，即

$$\iiint_B xyz\, dV = \int_{-1}^0 \int_0^1 \int_1^2 xyz\, dz\, dy\, dx$$

$$= \int_{-1}^0 \int_0^1 \left[\frac{xyz^2}{2}\right]_1^2 dy\, dx = \int_{-1}^0 \int_0^1 \frac{3xy}{2}\, dy\, dx$$

$$= \frac{3}{2} \int_{-1}^0 \frac{x}{2}\, dx = \frac{3}{4} \left[\frac{x^2}{2}\right]_{-1}^0$$

$$= -\frac{3}{8}$$

現在討論非長方體的三重積分，即

$$E = \{(x, y, z) \mid (x, y) \in D,\ \phi_1(x, y) \leq z \leq \phi_2(x, y)\}$$

若 $f(x, y, z)$ 在空間 E 連續，則 $\iiint_E f(x, y, z)\, dV$ 存在，且

$$\iiint_E f(x, y, z)\, dV = \iint_D \left[\int_{\phi_1(x, y)}^{\phi_2(x, y)} f(x, y, z)\, dz \right] dA$$

至於在 D 的二重積分，可依據 9.3 節所討論的方法處理。同理，若

$$E = \{(x, y, z) \mid (x, z) \in D,\ \phi_1(x, z) \leq y \leq \phi_2(x, z)\}$$

則

$$\iiint_E f(x, y, z)\, dV = \iint_D \left[\int_{\phi_1(x, z)}^{\phi_2(x, z)} f(x, y, z)\, dy \right] dA$$

同樣地，若

$$E = \{(x, y, z) \mid (y, z) \in D,\ \phi_1(y, z) \leq x \leq \phi_2(y, z)\}$$

則

$$\iiint_E f(x, y, z)\, dV = \iint_D \left[\int_{\phi_1(y, z)}^{\phi_2(y, z)} f(x, y, z)\, dx \right] dA$$

例題 2 求三重積分 $\iiint_E xyz\, dV$，E 是拋物柱面 $z = 4 - y^2$ 及平面 $x = 0$，$z = 0$，$y = x$ 所包圍的空間。

解 先描繪 E 的示意圖，再描述 E 的範圍，得

$$E = \{(x, y, z) \mid 0 \leq x \leq 2,\ x \leq y \leq 2,\ 0 \leq z \leq 4 - y^2\}$$

或 $\quad E = \{(x, y, z) \mid 0 \leq x \leq y,\ 0 \leq y \leq 2,\ 0 \leq z \leq 4 - y^2\}$

故

$$\iiint_E xyz\, dV = \int_0^2 \int_x^2 \int_0^{4-y^2} xyz\, dz\, dy\, dx$$

$$= \int_0^2 \int_x^2 \frac{xy}{2} [z^2]_0^{4-y^2}\, dy\, dx$$

$$= \frac{1}{2} \int_0^2 \int_x^2 xy(4-y^2)^2\, dy\, dx$$

$$= -\frac{1}{12} \int_0^2 [x(4-y^2)^3]_x^2\, dx$$

$$= -\frac{1}{96}[(4-x^2)^4]_0^2$$

$$= \frac{16}{6} = \frac{8}{3}$$

如果空間 E 不是上述情形之一，就必須將空間 E 做適當分割，使得每一個子空間是上述情形之一，再將每一個子空間的三重積分寫成疊積分的公式，即可求得每一子空間的三重積分，最後求所有子空間的三重積分總和，即得空間 E 的三重積分。其實這些三重積分的理論很容易推廣到 n 重積分，令 E_n 是有界 n 維空間，且 $f(x_1, \cdots, x_n)$ 在 E_n 連續，如果 E_n 每一個變數的上下限函數皆為單一公式，即

$$E_n = \{(x_1, \cdots, x_n) \mid \phi_{1i}(x^{(i)}) \leq x_i \leq \phi_{2i}(x^{(i)})\}$$

且
$$x^{(i)} = (x_1, \cdots, x_{i-1}, x_{i+1}, \cdots, x_n), \ i = 1, \cdots, n$$

則對於變數 x_i 先做偏積分，得

$$\int\cdots\int_E f(x_1, \cdots, x_n)\, dV_n = \int\cdots\int_{E_{n-1}} \left[\int_{\phi_{1i}(x^{(i)})}^{\phi_{2i}(x^{(i)})} f(x_1, \cdots, x_n)\, dx_i\right] dV_{n-1}$$

對於在 E_{n-1} 的 $(n-1)$ 重積分，再選取變數 x_i 以外的變數 x_j 做偏積分，即

$$\int\cdots\int_E f(x_1, \cdots, x_n)\, dV_n = \int\cdots\int_{E_{n-2}} \left[\int_{\phi_{1j}(x^{(i,j)})}^{\phi_{2j}(x^{(i,j)})} \left(\int_{\phi_{1i}(x^{(i)})}^{\phi_{2i}(x^{(i)})} f(x_1, \cdots, x_n)\, dx_i\right) dx_j\right] dV_{n-2}$$

$x^{(i,j)}$ 表示刪除 x 中的 x_i 與 x_j 變數，持續這樣的過程 n 次，即可將 n 重積分 $\int\cdots\int_E f(x_1, \cdots, x_n)\, dV_n$ 化為疊積分公式。一般而言，多重積分可化為數個對等的疊積分公式，但是這些疊積分的難易程度可能有很大的差異，有些甚至無法做偏積分，遇到這種情形，就必須再尋找其他可做偏積分的疊積分。

最後介紹重積分在機率論的應用，令 (x, y, z) 表示隨機變數 X、Y、Z 的聯合隨機變數，且其所有可能值的集合為 S，若 $f(x, y, z) \geq 0, (x, y, z) \in S$ 且 $\iiint_S f(x, y, z)\, dV = 1$，則 $f(x, y, z)$ 是聯合隨機變數 (X, Y, Z) 的**聯合機率密度函**

數 (joint probability density function)，如果隨機變數的機率密度函數已知，則可利用積分公式求此隨機變數任意事件的機率值，例如 E 是聯合隨機變數 (X, Y, Z) 的任意事件，即 $E \subset S$，則事件 E 的機率為 $P(E) = \iiint_E f(x, y, z)\, dV$，將此三重積分化為疊積分公式，即可求得事件 E 的機率值。

例題 3 若聯合隨機變數 (X, Y, Z) 的聯合機率密度函數為

$$f(x, y, z) = \begin{cases} \dfrac{1}{4}, & \text{若 } 0 \leq x \leq 2,\ x \leq y \leq 2,\ 0 \leq z \leq 2 \\ 0, & \text{其他} \end{cases}$$

(1) 求 $2X \geq Y$ 事件的機率。

(2) 求隨機變數 Y 的**期望值** (expected value)。

解 (1) 首先在 xy 平面描繪隨機變數 X 與 Y 的範圍，如圖 9.8 的著色部分，故事件 $2X \geq Y$ 可寫成

$$E = \left\{ (x, y, z) \,\middle|\, \frac{y}{2} \leq x \leq y,\ 0 \leq y \leq 2,\ 0 \leq z \leq 2 \right\}$$

因此，事件 E 的機率

$$P(E) = \int_0^2 \int_{\frac{y}{2}}^y \int_0^2 \frac{1}{4}\, dz\, dx\, dy = \int_0^2 \int_{\frac{y}{2}}^y \frac{1}{2}\, dx\, dy$$

$$= \int_0^2 \frac{1}{4} y\, dy = \left[\frac{1}{8} y^2 \right]_0^2 = \frac{1}{2}$$

(2) 令 S 表示樣本空間，且直接引用期望值的定義，即

$$E(Y) = \iiint_S y \cdot \frac{1}{4}\, dV = \frac{1}{4} \int_0^2 \int_x^2 \int_0^2 y\, dz\, dy\, dx$$

$$= \frac{1}{4} \int_0^2 4 - x^2\, dx = \frac{1}{4} \left[4x - \frac{x^3}{3} \right]_0^2$$

$$= \frac{4}{3}$$

圖 9.8

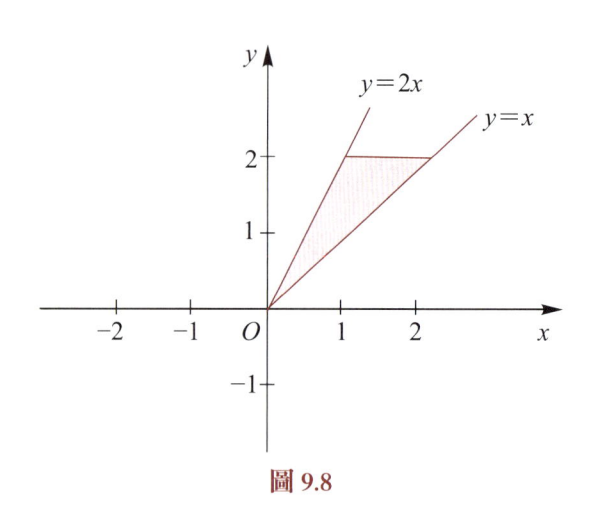

習題 9.6

1. 求下列疊積分。

(1) $\int_0^1 \int_1^z \int_0^{\sqrt{\frac{x}{z}}} 2xyz \, dy \, dx \, dz$

(2) $\int_0^{\frac{\pi}{2}} \int_0^z \int_0^y \cos(x+y+z) \, dx \, dy \, dz$

(3) $\int_0^4 \int_0^{\sqrt{y}} \int_x^{2x} xyz \, dz \, dx \, dy$

2. 求 $\iiint_S 2x \, dV$，$S = \{(x, y, z) \mid 0 \leq x \leq \sqrt{4-y^2}, \, -2 \leq y \leq 2, \, 0 \leq z \leq 2\}$。

3. 求 $\iiint_S y \, dV$，$S = \{(x, y, z) \mid 0 \leq x \leq y^2, \, 0 \leq y \leq \sqrt{z}, \, 0 \leq z \leq 1\}$。

4. 求 $\iiint_S xy \, dV$，$S = \{(x, y, z) \mid 0 \leq x \leq 3z, \, 0 \leq y \leq 4-x-2z, \, 0 \leq z \leq 1\}$。

5. 求平面 $y - 4z - 8 = 0$、$z = 0$ 與拋物柱面 $y = 2x^2$ 所包圍的空間體積。

6. 求 $\iiint_S x \, dV$，S 是頂點為 $(0, 0, 0)$、$(6, 0, 0)$、$(0, 2, 0)$ 及 $(0, 0, 4)$ 的三角錐。

7. 若聯合隨機變數 (X, Y, Z) 的聯合機率密度函數為

$$f(x, y, z) = \begin{cases} ky, & \text{若 } 0 \leq x \leq 10,\ 0 \leq y \leq x,\ 0 \leq z \leq 5 \\ 0, & \text{其他} \end{cases}$$

求 k 值及 $P(X+Y+Z \leq 10)$。

9.7 多重積分的變數變換

回顧單變數函數的積分，如果被積函數的公式很複雜時，我們總是設法去化簡它，例如 $\int_a^b f(g(x))\, g'(x)\, dx$ 的被積函數就有點複雜，為了化簡此種被積函數，通常令 $u = g(x)$，則 $du = g'(x)\, dx$ 且

$$\int_a^b f(g(x))\, g'(x)\, dx = \int_{g(a)}^{g(b)} f(u)\, du$$

此積分的被積函數就比原來的單純，因此，比較容易求得其反導數，此種方法就是前面所稱的**代換積分法**，或稱為**變數變換積分法**，即將對變數 x 做積分轉換為對新變數 u 做積分。有些積分 $\int_a^b f(x)\, dx$ 可能需要找一個新變數 u 與原變數 x 之間的一對一函數 g，使得 $x = g(u)$，再將原積分 $\int_a^b f(x)\, dx$ 中的變數 x 以 $g(u)$ 取代，可得

$$\int_a^b f(x)\, dx = \int_{g^{-1}(a)}^{g^{-1}(b)} f(g(u))\, g'(u)\, du$$

所得的新積分公式可能比較簡單，以下面例題做說明。其實此方法是上述方法的逆步驟。

例題 1 求 $\int_0^{\sqrt{3}} \sqrt{1+x^2}\, dx$。

解 很明顯地，此被積函數無法直接求得反導函數，且無法利用代換積分法化簡，因此可試著尋找新變數 u 與原變數 x 之間的一對一函數，因為被積函數

有平方和的公式，所以可考慮 x 與 u 是直角三角形邊與角的關係，故令 $x = \tan u$ 且 $-\dfrac{\pi}{2} < u < \dfrac{\pi}{2}$。

已知此函數是一對一函數，則得 $dx = \sec^2 u\, du$ 且 $u = \tan^{-1} x$，因此

$$\int_0^{\sqrt{3}} \sqrt{1+x^2}\, dx = \int_0^{\frac{\pi}{3}} \sec^3 u\, du$$

再使用分部積分法及代數運算化簡，得

$$\begin{aligned}\int_0^{\frac{\pi}{3}} \sec^3 u\, du &= \sqrt{3} + \frac{1}{2} \int_0^{\frac{\pi}{3}} \sec u\, du \\ &= \sqrt{3} + \frac{1}{2} \Big[\ln|\sec u + \tan u|\Big]_0^{\frac{\pi}{3}} \\ &= \sqrt{3} + \frac{1}{2} \ln(2+\sqrt{3})\end{aligned}$$

即 $$\int_0^{\sqrt{3}} \sqrt{1+x^2}\, dx = \sqrt{3} + \frac{1}{2} \ln(2+\sqrt{3})$$

其實上述變數變換積分法的觀念，可以推廣到多變數的變數變換積分法，為了方便說明，此處僅討論兩個及三個變數的變數變換積分法。

實際上，兩個變數的變數變換就是二維空間的**變換** (transformation)，如

$$T : D \to R^2，D \subset R^2$$

定義 $$T(u, v) = (x, y)$$

即 $$x = x(u, v)，y = y(u, v)$$

此 T 就是 uv 平面與 xy 平面之間的變換，且點 (x, y) 是點 (u, v) 的像，若 T 沒有不同的兩點有相同的像或 T 的傑寇賓 (Jacobian)

$$\frac{\partial(x, y)}{\partial(u, v)} = \begin{vmatrix} \dfrac{\partial x}{\partial u} & \dfrac{\partial x}{\partial v} \\ \dfrac{\partial y}{\partial u} & \dfrac{\partial y}{\partial v} \end{vmatrix} \neq 0$$

則 T 是一對一變換。如果 T 是一對一變換，則其反變換 T^{-1} 存在，且 T^{-1} 是從 xy 平面映至 uv 平面的變換，此時可依據方程式 $x = x(u, v)$，$y = y(u, v)$，解得 u 與 v 皆

第九章 多重積分　243

是 x 與 y 的函數，也就是 T 的反變換。

例題② 令 $D=\{(u,v)\,|\,0\leq u\leq 2, 0\leq v\leq 2\}$ 且 $T:D\to R^2$，定義
$$T(u,v)=(x,y)，x=u+v，y=u-v$$
求正方形 D 的映像 $T(D)$。

解 首先考慮 D 四個邊的像，

令　　　　　　　　　$S_1=\{(u,v)\,|\,u=0, 0\leq v\leq 2\}$
則　　　　　　　$T(S_1)=\{(x,y)\,|\,0\leq x\leq 2, x+y=0\}$
令　　　　　　　　　$S_2=\{(u,v)\,|\,0\leq u\leq 2, v=2\}$
則　　　　　　　$T(S_2)=\{(x,y)\,|\,2\leq x\leq 4, x-y=4\}$
令　　　　　　　　　$S_3=\{(u,v)\,|\,u=2, 0\leq v\leq 2\}$
則　　　　　　　$T(S_3)=\{(x,y)\,|\,2\leq x\leq 4, x+y=4\}$
令　　　　　　　　　$S_4=\{(u,v)\,|\,0\leq u\leq 2, v=0\}$
則　　　　　　　$T(S_4)=\{(x,y)\,|\,0\leq x\leq 2, x-y=0\}$

如果 S_1、S_2、S_3 與 S_4 以順時針方向繞著 D，則 $T(S_1)$、$T(S_2)$、$T(S_3)$ 與 $T(S_4)$ 以反時針方向繞著 $T(D)$，這是因為 T 的傑寇賓 $\dfrac{\partial(x,y)}{\partial(u,v)}=-2$ 是負值，故 $T(D)$ 是 D 的映像，且 $T(D)=\{(x,y)\,|\,0\leq x+y\leq 4, 0\leq x-y\leq 4\}$，如圖 9.9 所示。

圖 9.9

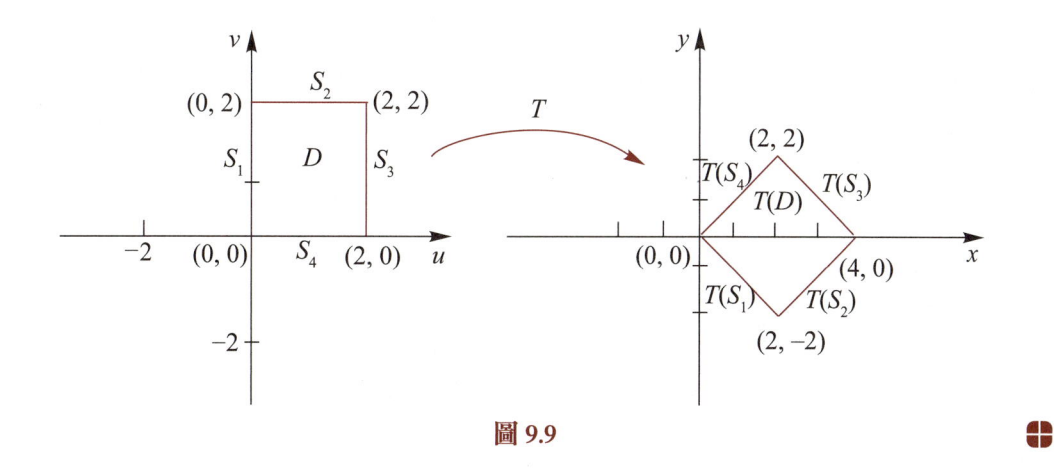

由此可知空間的變換就是空間幾何圖形的變換，讓我們以例題 2 說明幾何圖形的變換如何影響二重積分。

考慮函數 $f(x,y)$ 在 $T(D)$ 的二重積分，且 $T(D)$ 不是 Type I 區域，也不是 Type II

區域，因此 $\iint_{T(D)} f(x, y)\, dA$ 無法寫成一個疊積分公式，必須將 $T(D)$ 適當分割後，才可能將 $\iint_{T(D)} f(x, y)\, dA$ 寫成數個疊積分公式的和，此處 $T(D)$ 的幾何圖形算是單純，如果遇到 $T(D)$ 很複雜時，分割的工作勢必更困難，此種情形可依據變換 T 的公式，將原來 $T(D)$ 的二重積分 $\iint_{T(D)} f(x, y)\, dA$ 變換成 D 的二重積分

$$\iint_D f(x(u, v), y(u, v))\, dA', \quad dA' = \left| \frac{\partial(x, y)}{\partial(u, v)} \right| du\, dv$$

後面會詳細討論 $\dfrac{\partial(x, y)}{\partial(u, v)}$，因為 D 是 Type I 區域，也是 Type II 區域，因此 D 的二重積分就可以很容易寫成疊積分的公式。

此處將簡要介紹二重積分變數變換積分法的原理，考慮 D 是 uv 平面長方形區域，且其邊平行 u 軸與 v 軸，若 D 左下角的坐標為 (u_0, v_0)，長與寬分別為 Δu 與 Δv，則 $(x_0, y_0) = T(u_0, v_0)$ 是 $T(D)$ 邊界某點的坐標，如果以向量函數 $T(u, v) = x(u, v)i + y(u, v)j$ 描述 $T(D)$，則 D 底邊方程式 $v = v_0$ 的映像向量函數為 $T(u, v_0)$，且此映像曲線於點 (u_0, v_0) 的切線向量為

$$T_u(u_0, v_0) = x_u(u_0, v_0)i + y_u(u_0, v_0)j$$

同理，D 左邊方程式 $u = u_0$ 的映像向量函數為 $T(u_0, v)$，且此映像曲線於點 (u_0, v_0) 的切線向量為

$$T_v(u_0, v_0) = x_v(u_0, v_0)i + y_v(u_0, v_0)j$$

另外依據向量導數的定義，得

$$T_u(u_0, v_0)\, \Delta u \approx T(u_0 + \Delta u, v_0) - T(u_0, v_0)$$

$$T_v(u_0, v_0)\, \Delta v \approx T(u_0, v_0 + \Delta v) - T(u_0, v_0)$$

依據幾何的觀念，當 Δu 與 Δv 接近於 0 時，向量

$$T(u_0 + \Delta u, v_0) - T(u_0, v_0) \text{ 與 } T(u_0, v_0 + \Delta v) - T(u_0, v_0)$$

所決定的平行四邊形區域近似區域 $T(D)$，即向量 $T_u(u_0, v_0)\, \Delta u$ 與 $T_v(u_0, v_0)\, \Delta v$ 所決定

的平行四邊形區域也近似區域 $T(D)$，根據向量外積的性質，得向量 $T_u(u_0, v_0)\, \Delta u$ 與 $T_v(u_0, v_0)\, \Delta v$ 所決定的平行四邊形面積為

$$|T_u(u_0,\ v_0)\, \Delta u \times T_v(u_0,\ v_0)\, \Delta v|$$
$$= |T_u(u_0,\ v_0) \times T_v(u_0,\ v_0)|\, \Delta u\, \Delta v$$
$$= |x_u(u_0,\ v_0)\, y_v(u_0,\ v_0) - x_v(u_0,\ v_0)\, y_u(u_0,\ v_0)|\, \Delta u\, \Delta v$$
$$= \left| \begin{matrix} x_u(u_0,\ v_0) & x_v(u_0,\ v_0) \\ y_u(u_0,\ v_0) & y_v(u_0,\ v_0) \end{matrix} \right| \Delta u\, \Delta v$$

即是區域 $T(D)$ 的近似值。

定義 9.2

若 T 是 uv 平面映至 xy 平面的變換，且 $x = x(u, v)$，$y = y(u, v)$，則行列式

$$\left| \begin{matrix} \dfrac{\partial x}{\partial u} & \dfrac{\partial x}{\partial v} \\ \dfrac{\partial y}{\partial u} & \dfrac{\partial y}{\partial v} \end{matrix} \right|$$

稱為 T 的**傑寇賓** (Jacobian)，記為 $\dfrac{\partial(x, y)}{\partial(u, v)}$，即

$$\frac{\partial(x, y)}{\partial(u, v)} = \left| \begin{matrix} \dfrac{\partial x}{\partial u} & \dfrac{\partial x}{\partial v} \\ \dfrac{\partial y}{\partial u} & \dfrac{\partial y}{\partial v} \end{matrix} \right|$$

如果 T 是 uv 平面映至 xy 平面的變換，$R = [a, b] \times [c, d]$ 是 uv 平面的長方形區域，P 是長方形區域 R 的分割，若函數 $f(x, y)$ 在區域 $T(R)$ 可積分，則

$$\iint_{T(R)} f(x,\ y)\, dA = \lim_{|T(P)| \to 0} \sum_{i=1}^{n} f(x_i,\ y_i)\, \Delta A_i$$
$$= \lim_{|P| \to 0} \sum_{i=1}^{n} f(x(u_i,\ v_i), y(u_i,\ v_i)) \left| \frac{\partial(x, y)}{\partial(u, v)} \right| \Delta u\, \Delta v$$
$$= \int_{c}^{d} \int_{a}^{b} f(x(u,\ v), y(u,\ v)) \left| \frac{\partial(x, y)}{\partial(u, v)} \right| du\, dv$$

其實一般區域 D 也有和上述一樣的結果，如下面定理所述。

定理 9.8

令 $T: R^2 \to R^2$ 的一對一變換且 $T(u, v) = x(u, v)i + y(u, v)j$ 相對於 x 與 y 的偏導數皆是連續的，若函數 $f(x, y)$ 在區域 D 連續，則

$$\iint_D f(x, y)\, dA = \iint_{T^{-1}(D)} f(x(u, v), y(u, v)) \left| \frac{\partial(x, y)}{\partial(u, v)} \right| du\, dv$$

此定理的證明請參考 Corwin & Szczarba 所著 *Multivariable Calculus* 一書，1982 年出版，定理 6.2。此定理就是二重積分的變數變換積分法，當二重積分 $\iint_D f(x, y)\, dA$ 不容易寫成疊積分公式時，試著在另一坐標系尋找一個 Type I 或 Type II 的區域 S，使得 S 與 D 之間存在一個變換且滿足定理 9.8 的條件，則原有的二重積分在新的坐標系就可以寫成疊積分的公式，實際上此定理可以推廣至 n 維空間的多重積分，即所謂的多重積分的變數變換積分法。

直角坐標與極坐標、柱面坐標及球面坐標之間的變換是多重積分常用的變數變換積分法，在此依序討論這三種變數變換積分法。

定理 9.9

令 T 是極坐標系映至直角坐標系的變換，且

$$T(r, \theta) = xi + yj,\ x = r\cos\theta,\ y = r\sin\theta$$

若函數 $f(x, y)$ 在區域 D 連續，且 D 的極坐標表示法為

$$T^{-1}(D) = \{(r, \theta)\,|\, 0 \leq a \leq r \leq b,\ \alpha \leq \theta \leq \beta,\ 0 \leq \beta - \alpha \leq 2\pi\}$$

則

$$\iint_D f(x, y)\, dA = \iint_{T^{-1}(D)} f(r\cos\theta, r\sin\theta) \left| \frac{\partial(x, y)}{\partial(r, \theta)} \right| dr\, d\theta$$

$$= \int_\alpha^\beta \int_a^b f(r\cos\theta, r\sin\theta)\, r\, dr\, d\theta$$

證明 依據反函數定理，得知 T 是一對一變換（$r=0$ 除外），且 $x = r\cos\theta$，$y = r\sin\theta$ 的偏導數連續，其傑寇賓 $\left|\dfrac{\partial(x,y)}{\partial(r,\theta)}\right| = r$，故引用定理 9.8，當 $r \neq 0$，得

$$\iint_D f(x,y)\,dA = \iint_{T^{-1}(D)} f(r\cos\theta,\ r\sin\theta) \left|\dfrac{\partial(x,y)}{\partial(r,\theta)}\right| dr\,d\theta$$

因為 $r=0$ 的**測度值**(measure) 為 0，故不影響二重積分值，即對一般區域 D

$$\iint_D f(x,y)\,dA = \iint_{T^{-1}(D)} f(r\cos\theta,\ r\sin\theta) \left|\dfrac{\partial(x,y)}{\partial(r,\theta)}\right| dr\,d\theta$$

$$= \int_\alpha^\beta \int_a^b f(r\cos\theta,\ r\sin\theta)\,r\,dr\,d\theta$$

例題 3 求拋物面 $z = x^2 + y^2$ 與平面 $z = 1$ 所包圍的空間體積。

解 依據題意，即求介於平面 $z = 1$ 與拋物面 $z = x^2 + y^2$ 之間的空間體積，且此空間在 xy 平面的投影為單位圓區域 $D = \{(x,y) \mid x^2 + y^2 \leq 1\}$，故欲求的空間體積為

$$V = \iint_D 1 - (x^2 + y^2)\,dA$$

因為 D 是單位圓區域且其極坐標表示法為

$$T^{-1}(D) = \{(r,\theta) \mid 0 \leq r \leq 1,\ 0 \leq \theta \leq 2\pi\}$$
$$T(r,\theta) = (r\cos\theta)i + (r\sin\theta)j$$

所以將上述體積的二重積分公式變換至極坐標，其積分的計算過程比較簡單，即

$$V = \iint_D 1 - (x^2 + y^2)\,dA = \int_0^{2\pi}\int_0^1 (1 - r^2)\,r\,dr\,d\theta$$

$$= \int_0^{2\pi}\int_0^1 r - r^3\,dr\,d\theta = \int_0^{2\pi} \left[\dfrac{r^2}{2} - \dfrac{r^4}{4}\right]_0^1 d\theta$$

$$= \int_0^{2\pi} \frac{1}{4} \, d\theta$$

$$= \frac{\pi}{2}$$

如果定理 9.9 中區域 D 的極坐標表示法為

$$T^{-1}(D) = \{(r, \theta) \mid \phi_1(\theta) \leq r \leq \phi_2(\theta), \ \alpha \leq \theta \leq \beta, \ 0 \leq \beta - \alpha \leq 2\pi\}$$

則其結果為

$$\iint_D f(x, y) \, dA = \int_\alpha^\beta \int_{\phi_1(\theta)}^{\phi_2(\theta)} f(r \cos \theta, r \sin \theta) \, r \, dr \, d\theta$$

同理，如果區域 D 的極坐標表示法為

$$T^{-1}(D) = \{(r, \theta) \mid a \leq r \leq b, \ \phi_1(r) \leq \theta \leq \phi_2(r)\}$$

則其結果為

$$\iint_D f(x, y) \, dA = \int_a^b \int_{\phi_1(r)}^{\phi_2(r)} f(r \cos \theta, r \sin \theta) \, r \, d\theta \, dr$$

前者使用到的機率比較高，因為一般極坐標方程式為 r 是 θ 的函數，很少 θ 是 r 的函數情形。

例題 4 求平面 $z = 0$、拋物面 $z = x^2 + y^2$ 及圓柱面 $x^2 + y^2 = 2x$ 所包圍的空間體積。

解 依據題意，得知此空間為圓柱體，其底部區域為 $D = \{(x, y) \mid (x-1)^2 + y^2 \leq 1\}$，其頂部為拋物面 $z = x^2 + y^2$，故其體積為

$$V = \iint_D x^2 + y^2 \, dA$$

因為 D 是圓形區域，所以用極坐標描述比較容易，即 D 的極坐標表示為

$$T^{-1}(D) = \left\{ (r, \theta) \mid 0 \leq r \leq 2\cos\theta, \ -\frac{\pi}{2} \leq \theta \leq \frac{\pi}{2} \right\}$$

$$T(r, \theta) = (r\cos\theta)i + (r\sin\theta)j$$

故將上述體積的二重積分公式變換為極坐標的二重積分公式，即

$$\begin{aligned}
V &= \iint_D x^2 + y^2 \, dA = \iint_{T^{-1}(D)} r^2 \, r \, dr \, d\theta \\
&= \int_{-\frac{\pi}{2}}^{\frac{\pi}{2}} \int_0^{2\cos\theta} r^3 \, dr \, d\theta = \int_{-\frac{\pi}{2}}^{\frac{\pi}{2}} \left[\frac{r^4}{4} \right]_0^{2\cos\theta} d\theta \\
&= 4 \int_{-\frac{\pi}{2}}^{\frac{\pi}{2}} \cos^4\theta \, d\theta = \int_{-\frac{\pi}{2}}^{\frac{\pi}{2}} 1 + 2\cos 2\theta + \cos^2 2\theta \, d\theta \\
&= \left[\frac{3}{2}\theta + \sin 2\theta + \frac{1}{8}\sin 4\theta \right]_{-\frac{\pi}{2}}^{\frac{\pi}{2}} = \frac{3}{2}\pi
\end{aligned}$$

定理 9.10

令 T 是柱面坐標系映至直角坐標系的變換，且

$$T(r, \theta, z) = xi + yj + zk \text{，} x = r\cos\theta \text{，} y = r\sin\theta \text{，} z = z$$

若函數 $f(x, y, z)$ 在空間 E 連續，且 E 的柱面坐標表示法為 $T^{-1}(E)$，則

$$\iiint_E f(x, y, z) \, dV = \iiint_{T^{-1}(E)} f(r\cos\theta, r\sin\theta, z) \, r \, dV'$$

證明 直接將定理 9.8 推廣到三度空間，即可證得此定理的結果。

例題 5 求函數 $f(x, y, z) = xyz$ 在例題 4 所描述空間的三重積分。

解 例題 4 所描述的空間為

$$E = \{ (x, y, z) \mid 0 \leq x \leq 2, \ -\sqrt{2x - x^2} \leq y \leq \sqrt{2x - x^2}, \ 0 \leq z \leq x^2 + y^2 \}$$

所以將上述直角坐標的三重積分變換為柱面坐標的三重積分，其積分過程比較簡單，即

$$\iiint_E xyz\,dV = \iiint_{T^{-1}(E)} z(r^2\cos\theta\sin\theta)\,r\,dV'$$

$$= \int_{-\frac{\pi}{2}}^{\frac{\pi}{2}} \int_0^{2\cos\theta} \int_0^{r^2} z\,\frac{r^3}{2}\sin 2\theta\,dz\,dr\,d\theta$$

$$= \int_{-\frac{\pi}{2}}^{\frac{\pi}{2}} \int_0^{2\cos\theta} \frac{r^7}{4}\sin 2\theta\,dr\,d\theta$$

$$= \int_{-\frac{\pi}{2}}^{\frac{\pi}{2}} 8\cos^8\theta\sin 2\theta\,d\theta$$

$$= \int_{-\frac{\pi}{2}}^{\frac{\pi}{2}} 16\cos^9\theta\sin\theta\,d\theta$$

$$= \left[-\frac{8}{5}\cos^{10}\theta\right]_{-\frac{\pi}{2}}^{\frac{\pi}{2}} = 0$$

定理 9.11

令 T 是球面坐標系映至直角坐標系的變換，且

$T(\rho,\theta,\phi) = xi + yj + zk$，$x = \rho\sin\phi\cos\theta$，$y = \rho\sin\phi\sin\theta$，$z = \rho\cos\phi$

若函數 $f(x,y,z)$ 在空間 E 連續，且 E 的球面坐標表示法為 $T^{-1}(E)$，則

$$\iiint_E f(x,y,z)\,dV$$

$$= \iiint_{T^{-1}(E)} f(\rho\sin\phi\cos\theta,\,\rho\sin\phi\sin\theta,\,\rho\cos\phi)\,\rho^2\sin\phi\,dV'$$

證明 直接將定理 9.8 推廣到三度空間，即可證得此定理的結果。

例題 6 求錐面 $z = \sqrt{x^2+y^2}$ 與球面 $x^2+y^2+z^2 = 2z$ 所包圍的空間體積。

解 依據題意，可知此空間 E 的頂部為球面 $x^2+y^2+z^2=2z$，底部為錐面 $z=\sqrt{x^2+y^2}$，且球面與錐面的相交曲線在 xy 平面的投影為圓 $x^2+y^2=1$，故空間 E 的直角坐標表示法為

$$E=\{(x,\ y,\ z)\,|\,-1\leq x\leq 1,\ -\sqrt{1-x^2}\leq y\leq\sqrt{1-x^2},$$
$$\sqrt{x^2+y^2}\leq z\leq 1+\sqrt{1-x^2-y^2}\,\}$$

且其體積為

$$V(E)=\iiint_E dV$$

因為 E 的直角坐標表示法不是很簡單，所以此三重積分不容易求得。因此，試著將此直角坐標的三重積分變換為球面坐標的三重積分，因為球面 $x^2+y^2+z^2=2z$ 的球面坐標方程式為 $\rho^2=2\rho\cos\phi$ 或 $\rho=2\cos\phi$，錐面 $z=\sqrt{x^2+y^2}$ 的球面方程式為 $\rho\cos\phi=\rho\sin\phi$，或 $\tan\phi=1$，即 $\phi=\dfrac{\pi}{4}$，所以 E 的球面坐標表示法為

$$T^{-1}(E)=\{(\rho,\ \theta,\ \phi)\,|\,0\leq\rho\leq 2\cos\phi,\ 0\leq\theta\leq 2\pi,\ 0\leq\phi\leq\dfrac{\pi}{4}\}$$

此表示法比直角坐標的表示法簡單，故直接引用定理 9.11，得

$$V(E)=\iiint_E dV=\iiint_{T^{-1}(E)}\rho^2\sin\phi\,dV'$$
$$=\int_0^{\frac{\pi}{4}}\int_0^{2\pi}\int_0^{2\cos\phi}\rho^2\sin\phi\,d\rho\,d\theta\,d\phi$$
$$=\int_0^{\frac{\pi}{4}}\int_0^{2\pi}\dfrac{8}{3}\cos^3\phi\sin\phi\,d\theta\,d\phi$$
$$=\dfrac{16\pi}{3}\int_0^{\frac{\pi}{4}}\cos^3\phi\sin\phi\,d\phi$$
$$=-\dfrac{16\pi}{3}\left[\dfrac{\cos^4\phi}{4}\right]_0^{\frac{\pi}{4}}=\pi$$

注意 依據前面四個例題，可得到以下幾點結論：
(1) 若二重積分區域的邊界跟圓或極坐標方程式有關，可考慮將此二重積分變換為極坐標的二重積分。
(2) 若三重積分空間的邊界與柱面有關，可考慮將此三重積分變換為柱面坐標的三重積分。
(3) 若三重積分空間的邊界跟球面或錐面有關，可考慮將此三重積分變換為球面坐標的三重積分。

除了上述三種常用的變數變換可化簡多重積分外，也可以依據被積函數或積分範圍的特性，找出適當的變數變換化簡多重積分。

例題 7 求二重積分 $\iint_D (x+y) \cos(x-y) \, dA$，$D$ 是四個頂點為 $(4, 2)$、$(6, 4)$、$(9, 1)$、$(7, -1)$ 的四邊形區域。

解 很明顯地，區域 D 的邊界與圓或極坐標方程式無關，故使用極坐標變換無法化簡此二重積分。如果考慮變換 $u = x + y$，$v = x - y$，此變換可化簡被積函數，且將區域 D 映至 uv 平面的長方形區域，其四個頂點為 $(6, 2)$、$(10, 2)$、$(10, 8)$ 及 $(6, 8)$，即 uv 平面長方形區域 $[6, 10] \times [2, 8]$，故此變換可化簡原二重積分，即

$$\iint_D (x+y) \cos(x-y) \, dA = \int_2^8 \int_6^{10} u \cos v \left| \frac{\partial(x, y)}{\partial(u, v)} \right| du \, dv$$

$$= \int_2^8 \int_6^{10} (u \cos v)(\frac{1}{2}) \, du \, dv$$

$$= \frac{1}{2} \int_2^8 \left[\frac{u^2}{2} \cos v \right]_6^{10} dv$$

$$= \frac{1}{2} \int_2^8 32 \cos v \, dv$$

$$= [16 \sin v]_2^8$$

$$= 16(\sin 8 - \sin 2)$$

習題 9.7

1. 求下列從 uv 平面映至 xy 平面變換的傑寇賓。
   (1) $x = u + 2v$，$y = u - 2v$
   (2) $x = 2u - 3v$，$y = 3u - 2v$
   (3) $x = u^2 - v^2$，$y = u + v$

2. 承第 1 題，若 $u > 0$，$v > 0$，說明其反變換是否存在，若存在，請求其反變換及傑寇賓。

3. 證明半徑 a 之球體體積為 $\dfrac{4}{3}\pi a^3$。

4. 求平面 $z = 9$ 與拋物面 $z = x^2 + y^2$ 所包圍的空間體積。

5. 求 $\displaystyle\int_0^2 \int_0^{\sqrt{4-x^2}} \int_0^{\sqrt{4-x^2-y^2}} (x^2+y^2+z^2)^{\frac{3}{2}}\, dz\, dy\, dx$。

6. 求二重積分 $\displaystyle\iint_D y^2\, dA$，$D$ 是橢圓 $4x^2 + 9y^2 = 36$ 所包圍的區域。

7. 求二重積分 $\displaystyle\iint_D \dfrac{x-y}{x+y}\, dA$，$D$ 是四個頂點為 $(4, 2)$、$(6, 4)$、$(9, 1)$、$(7, -1)$ 的四邊形區域。

第十章

無窮數列與無窮級數

10.1 無窮數列

> **定義 10.1**
>
> 形如 $a_1, a_2, a_3, \cdots$ 的數列，我們稱之為**無窮數列**，為簡潔起見，常用 $\{a_n\}_{n=1}^{\infty}$ 或 $\{a_n\}$ 表示之。

例題 1

(1) $0.3, 0.33, 0.333, 0.3333, \cdots$

(2) $1, 4, 7, 10, 13, \cdots$

(3) $\left\{\dfrac{1}{n+1}\right\}_{n=1}^{\infty}$，即 $\dfrac{1}{2}, \dfrac{1}{3}, \dfrac{1}{4}, \cdots$

(4) $\left\{\dfrac{n}{n^2+1}\right\}_{n=1}^{\infty}$，即 $\dfrac{1}{2}, \dfrac{2}{5}, \dfrac{3}{10}, \dfrac{4}{17}, \cdots$

　　由於實數與數線上的點是一對一對應的，觀察無窮數列在數線上的點變化，發現有些數列的點有集中的現象，有些則無。

例題 2

(1) $0.3, 0.33, 0.333, \cdots$

數線

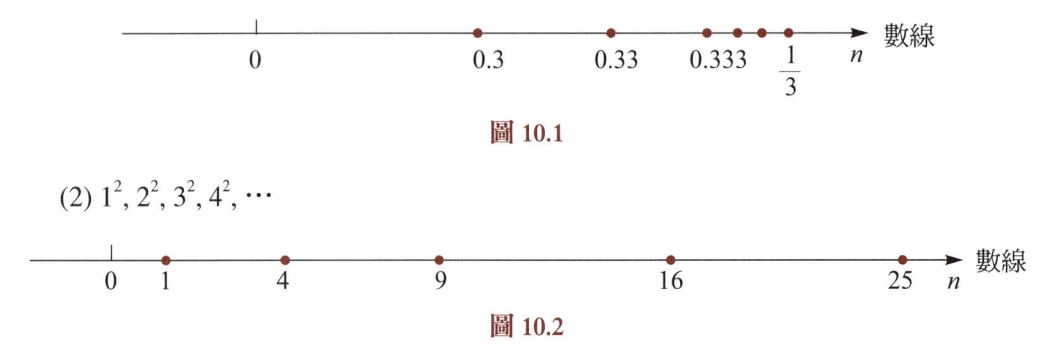

圖 10.1

(2) $1^2, 2^2, 3^2, 4^2, \cdots$

數線

圖 10.2

圖 10.1 的點具有集中的趨勢，圖 10.2 則無，如何用數學術語來說明此現象呢？

定義 10.2

對無窮數列 $\{a_n\}$ 與實數 l 而言，若對於任意正數 ε，一定存在有正整數 N，使得

$$n > N \Rightarrow |a_n - l| < \varepsilon$$

則稱數列 $\{a_n\}$ 收斂到 l，且以 $\lim\limits_{n \to \infty} a_n = l$ 表示之，否則稱數列 $\{a_n\}$ 是發散的。

直觀而言，$\lim\limits_{n \to \infty} a_n = l$ 表示：只要 n 夠大，則 a_n 與 l 的差距可以很小；數列 $\{a_n\}$ 收斂的概念與函數 $f(x)$ 在某點的極限概念是一樣的，比較 $\lim\limits_{n \to \infty} a_n$ 與 $\lim\limits_{x \to \infty} f(x)$，前者的 n 限制為正整數，後者的 x 沒有限制為整數。

有關收斂與極限的嚴謹定義，直到 19 世紀初才發展成熟，其中數學家柯西 (Cauchy, 1789 ～ 1857) 貢獻良多。

例題 3 證明 $\left\{\dfrac{n}{n+1}\right\}$ 收斂到 1。

解 對任意 $\varepsilon > 0$，取 $N = \left[\dfrac{1}{\varepsilon}\right] + 1$，則有

$$n > N \Rightarrow \left|\dfrac{n}{n+1} - 1\right| = \left|\dfrac{1}{n+1}\right| < \left|\dfrac{1}{N+1}\right| < \dfrac{1}{N}$$

$$= \dfrac{1}{\left[\dfrac{1}{\varepsilon}\right] + 1} < \dfrac{1}{\dfrac{1}{\varepsilon}} = \varepsilon$$

即 $$n > N \Rightarrow \left|\frac{n}{n+1}-1\right| < \varepsilon$$

因此 $\left\{\frac{n}{n+1}\right\}$ 收斂到 1，得證。

一般而言，計算數列收斂的問題，都是使用一些基本的極限性質，而不是透過複雜的定義證明。

定理 10.1

若 $\{a_n\}$ 與 $\{b_n\}$ 皆收斂，且 k 是常數，則有下列結果：

(1) $\lim_{n\to\infty} k = k$

(2) $\lim_{n\to\infty} \frac{1}{n} = 0$

(3) $\lim_{n\to\infty} k a_n = k \lim_{n\to\infty} a_n$

(4) $\lim_{n\to\infty} (a_n + b_n) = \lim_{n\to\infty} a_n + \lim_{n\to\infty} b_n$

(5) $\lim_{n\to\infty} (a_n - b_n) = \lim_{n\to\infty} a_n - \lim_{n\to\infty} b_n$

(6) $\lim_{n\to\infty} (a_n b_n) = \lim_{n\to\infty} a_n \lim_{n\to\infty} b_n$

(7) $\lim_{n\to\infty} \left(\frac{b_n}{a_n}\right) = \frac{\lim_{n\to\infty} b_n}{\lim_{n\to\infty} a_n}$，其中 $\lim_{n\to\infty} a_n \neq 0$。

證明 利用收斂的定義，可以直接證明之。

例題 4 計算 $\lim_{n\to\infty} \frac{4n}{3n+1}$。

解
$$\lim_{n\to\infty} \frac{4n}{3n+1} = \lim_{n\to\infty}\left(\frac{1}{\frac{3}{4}+\frac{1}{4n}}\right) = \frac{1}{\lim_{n\to\infty}\frac{3}{4}+\lim_{n\to\infty}\frac{1}{4n}}$$

$$= \frac{1}{\frac{3}{4}+\frac{1}{4}\lim_{n\to\infty}\frac{1}{n}} = \frac{1}{\frac{3}{4}+0} = \frac{4}{3}$$

另一種算法：

$$\lim_{n\to\infty}\frac{4n}{3n+1}=\lim_{n\to\infty}\frac{4}{3+\frac{1}{n}}=\frac{\lim_{n\to\infty}4}{\lim_{n\to\infty}3+\lim_{n\to\infty}\frac{1}{n}}$$

$$=\frac{4}{3+0}=\frac{4}{3}$$

例題 5 計算 $\lim_{n\to\infty}\dfrac{5n^2+n+1}{3n^2+4n-1}$。

解
$$\lim_{n\to\infty}\frac{5n^2+n+1}{3n^2+4n-1}=\lim_{n\to\infty}\frac{5+\frac{1}{n}+\frac{1}{n^2}}{3+\frac{4}{n}-\frac{1}{n^2}}$$

$$=\frac{\lim_{n\to\infty}5+\lim_{n\to\infty}\frac{1}{n}+\lim_{n\to\infty}\frac{1}{n^2}}{\lim_{n\to\infty}3+\lim_{n\to\infty}\frac{4}{n}-\lim_{n\to\infty}\frac{1}{n^2}}$$

$$=\frac{5+0+0}{3+0-0}=\frac{5}{3}$$

定理 10.2　夾擠定理

已知 $\{b_n\}$ 與 $\{c_n\}$ 皆收斂到 l，若 $b_n \leq a_n \leq c_n$，$\forall n > k$，其中 k 是一固定常數，則 $\{a_n\}$ 收斂到 l。

證明 利用 $\{b_n\}$ 與 $\{c_n\}$ 皆收斂到 l，可知給定 $\varepsilon > 0$，存在 $N_1 > 0$，使得 $n > N_1 \Rightarrow |b_n - l| < \varepsilon$ 且 $|c_n - l| < \varepsilon$，由於 $b_n \leq a_n \leq c_n$，$\forall n > k$，取 $N = \max\{N_1, k\}$，得

$$n > N \Rightarrow -\varepsilon < b_n - l \leq a_n - l \leq c_n - l < \varepsilon$$
$$\Rightarrow |a_n - l| < \varepsilon$$

得證 $\{a_n\}$ 收斂到 l。

例題 6 計算 $\lim_{n\to\infty}\dfrac{\sin^2 n}{n}$。

(解) 由於 $\dfrac{-1}{n} \leq \dfrac{\sin^2 n}{n} \leq \dfrac{1}{n}$，$\forall\, n \geq 1$

且 $\lim\limits_{n\to\infty} \dfrac{-1}{n} = \lim\limits_{n\to\infty} \dfrac{1}{n} = 0$

利用夾擠定理，得 $\lim\limits_{n\to\infty} \dfrac{\sin^2 n}{n} = 0$。

定理 10.3

若 $\lim\limits_{n\to\infty} |a_n| = 0$，則 $\lim\limits_{n\to\infty} a_n = 0$。

證明 由於 $-|a_n| \leq a_n \leq |a_n|$，$\forall\, n \geq 1$，且 $\lim\limits_{n\to\infty}(-|a_n|) = -\lim\limits_{n\to\infty}|a_n| = 0$，

利用夾擠定理，$\lim\limits_{n\to\infty} a_n = 0$，得證。

例題 7 已知 $-1 < S < 1$，證明 $\lim\limits_{n\to\infty} S^n = 0$。

(解) 當 $S = 0$ 時，很明顯有 $\lim\limits_{n\to\infty} S^n = 0$；當 $S \neq 0$ 時，令 $\dfrac{1}{|S|} = 1 + r$，其中 $r > 0$，由於 $(1+r)^n = 1 + nr +$ 正數。

因此，$0 \leq |S|^n = \dfrac{1}{(1+r)^n} \leq \dfrac{1}{1+nr} \leq \dfrac{1}{nr}$，$\forall\, n \geq 1$

又 $\lim\limits_{n\to\infty} \dfrac{1}{nr} = \dfrac{1}{r}\lim\limits_{n\to\infty}\dfrac{1}{n} = 0$，利用夾擠定理，得

$$\lim\limits_{n\to\infty} |S|^n = 0$$

再利用定理 10.3，$\lim\limits_{n\to\infty} S^n = 0$，得證。

定理 10.4

已知 $f(x)$ 是一連續函數，若 $f(n) = a_n$，$n = 1, 2, 3, \cdots$，且 $\lim\limits_{x\to\infty} f(x) = l$，則 $\lim\limits_{n\to\infty} a_n = l$。

證明 觀察 $\lim\limits_{x\to\infty} f(x)=l$ 與 $\lim\limits_{n\to\infty} a_n=l$ 的定義，即可得證。

例題 8 計算 $\lim\limits_{n\to\infty} \dfrac{n^2}{e^n}$。

解 $\lim\limits_{n\to\infty} \dfrac{n^2}{e^n} = \lim\limits_{x\to\infty} \dfrac{x^2}{e^x}$，對 $\lim\limits_{x\to\infty} \dfrac{x^2}{e^x}$ 使用羅比達法則，得

$$\lim_{n\to\infty} \frac{n^2}{e^n} = \lim_{x\to\infty} \frac{x^2}{e^x} = \lim_{x\to\infty} \frac{2x}{e^x} = \lim_{x\to\infty} \frac{2}{e^x} = 0$$

定理 10.4 的應用，主要在於 $\lim\limits_{n\to\infty} a_n$ 不容易直接計算時，換個形式 $\lim\limits_{n\to\infty} a_n = \lim\limits_{x\to\infty} f(x)$，再使用羅比達法則，有時會很容易得出極限值。

例題 9 求 $\lim\limits_{n\to\infty}\left(1+\dfrac{1}{n}\right)^n$。

解 $\lim\limits_{n\to\infty}\left(1+\dfrac{1}{n}\right)^n = \lim\limits_{x\to\infty}\left(1+\dfrac{1}{x}\right)^x = \lim\limits_{x\to\infty} e^{x\ln(1+\frac{1}{x})}$

$$= e^{\lim\limits_{x\to\infty}\frac{\ln(1+\frac{1}{x})}{\frac{1}{x}}} = e^{\lim\limits_{t\to 0^+}\frac{\ln(1+t)}{t}} \quad \left(令\ t=\frac{1}{x}\ 替換\right)$$

$$= e^{\lim\limits_{t\to 0^+}\frac{\frac{1}{1+t}}{1}} = e^1 = e$$

無窮數列 $\{a_n\}$，有時候 a_n 不會被明確地表示，但會用一些關係式表示之。

例題 10 若 $a_1=2$，$a_{n+1}=a_n+3$，$n=1, 2, 3, \cdots$，寫出 $\{a_n\}$ 的前 5 項。

解 $\{a_n\}$ 數列的前 5 項為 2, 5, 8, 11, 14。

例題 11 若 $a_1=1$，$a_{n+1}=\sqrt{2+a_n}$，$n=1, 2, 3, \cdots$，寫出 $\{a_n\}$ 的前 4 項。

解 即 $a_1=1$，$a_2=\sqrt{2+1}=\sqrt{3}$，$a_3=\sqrt{2+a_2}=\sqrt{2+\sqrt{3}}$，$a_4=\sqrt{2+a_3}=\sqrt{2+\sqrt{2+\sqrt{3}}}$
其餘依此類推。

對於用關係式表示的數列 $\{a_n\}$，有時候不容易計算其極限值，甚至連數列是否收斂，都會有判斷上的困難，下面介紹一些規律的數列，並提供判斷與計算極

限的方法。

定義 10.3

若存在一正數 M，使得 $|a_n| \leq M$，$\forall n \geq 1$，則稱數列 $\{a_n\}$ 是**有界**的。

數列 $\{a_n\}$ 是有界的，表示 a_n 在數線上的對應點會散落在 $-N$ 到 N 的有限線段內；無窮多的點散落在有限範圍內，可能會有一些特別的性質吧？

例題 12 決定下列數列是否為有界的。

(1) $\left\{\cos \dfrac{1}{n}\right\}$ 是有界數列，因為 $\left|\cos \dfrac{1}{n}\right| \leq 1$。

(2) $\left\{\dfrac{n}{n+2}\right\}$ 是有界數列，因為 $0 \leq \dfrac{n}{n+2} \leq 1$。

(3) $\{1+n^2\}$ 不是有界數列，因為 $\lim\limits_{n\to\infty}(1+n^2)=\infty$。

(4) $\{e^n\}$ 不是有界數列，因為 $\lim\limits_{n\to\infty}e^n=\infty$。

(5) $\{a_n\}$，$a_1=1$，$a_{n+1}=2+\sqrt{a_n}$，$n \geq 1$。
    由於 $a_2=2+\sqrt{1}=3<4$，且 $a_3=2+\sqrt{a_2}<2+\sqrt{4}=4$，
    $a_4=2+\sqrt{a_3}<2+\sqrt{4}=4$，以此類推，發現 $a_n<4$，$\forall n \geq 1$，
    又 $a_n>0$，得 $|a_n|<4$，$\forall n \geq 1$，因此 $\{a_n\}$ 是有界數列。

定義 10.4

(1) 若 $a_{n+1} \geq a_n$，$\forall n \geq 1$，則稱 $\{a_n\}$ 是一**遞增數列**。
(2) 若 $a_{n+1} \leq a_n$，$\forall n \geq 1$，則稱 $\{a_n\}$ 是一**遞減數列**。
(3) 若 $\{a_n\}$ 是一遞增或遞減數列，則通稱 $\{a_n\}$ 是一**單調數列**。

例題 13 決定下列數列是遞增或遞減。

(1) $\left\{1-\dfrac{1}{n}\right\}$ 是遞增數列，因為 $1-\dfrac{1}{n} \leq 1-\dfrac{1}{1+n}$，$\forall n > 1$。

(2) $\left\{\dfrac{1}{\sqrt{n}}\right\}$ 是遞減數列，因為 $\dfrac{1}{\sqrt{n}} \geq \dfrac{1}{\sqrt{n+1}}$，$\forall n \geq 1$。

(3) $\left\{\dfrac{2n}{1+n^2}\right\}$，由於

$$a_n - a_{n+1} = \dfrac{2n}{1+n^2} - \dfrac{2(n+1)}{1+(n+1)^2}$$

$$= \dfrac{2n(1+(n+1)^2) - 2(n+1)(1+n^2)}{(1+n^2)(1+(n+1)^2)}$$

$$= \dfrac{2n^2+2n-2}{(1+n^2)(1+(n+1)^2)} > 0, \ \forall n \geq 1$$

因此 $\left\{\dfrac{2n}{1+n^2}\right\}$ 是遞減數列。

(4) $\{\cos n\pi\} = \{-1, 1, -1, 1, -1, 1, \cdots\}$ 不是遞增，也不是遞減數列。

定理 10.5

(1) 若 $\{a_n\}$ 是一有界的遞增數列，則 $\{a_n\}$ 收斂。
(2) 若 $\{a_n\}$ 是一有界的遞減數列，則 $\{a_n\}$ 收斂。

證明 (1) $\{a_n\}$ 是一有界的遞增數列，可知存在一正數 M，使得 $|a_n| \leq M$，$\forall n \geq 1$，即在有限的範圍內，一直向右靠擠進密密麻麻的點，這些點將會往某個特定的點 C 集中，如圖 10.3 所示，即 $\lim\limits_{n \to \infty} a_n = C$，因此 $\{a_n\}$ 收斂，得證。

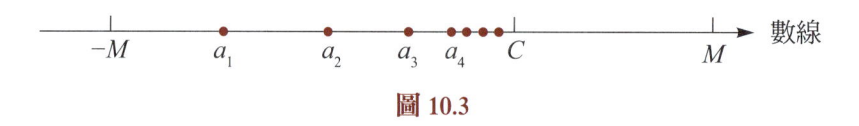

圖 10.3

(2) $\{a_n\}$ 是一有界的遞減數列，由於 $\{-a_n\}$ 是一有界的遞增數列，利用 (1) 的證明，可以得證 $\{a_n\}$ 是收斂的。

事實上，定理 10.5 是敘述無窮個數的一個基本特性，此特性亦可視為數學上的一個公設，即公認的假設，無需證明。

例題 14 決定數列 $\left\{1-\dfrac{1}{n}\right\}$ 與 $\left\{\dfrac{2n}{n^2+1}\right\}$ 是否收斂。

解 (1) $\left\{1-\dfrac{1}{n}\right\}$ 是有界的遞增數列，由定理 10.5，得 $\left\{1-\dfrac{1}{n}\right\}$ 收斂，事實上，

$\lim\limits_{n\to\infty}\left(1-\dfrac{1}{n}\right)=1$。

(2) $\left\{\dfrac{2n}{n^2+1}\right\}$ 是有界的遞減數列，因此 $\left\{\dfrac{2n}{n^2+1}\right\}$ 收斂。

例題 15 $a_1=2$，$a_{n+1}=\sqrt{a_n}$，$n\geq 1$，求 $\lim\limits_{n\to\infty}a_n$。

解 $a_1=2, a_2=\sqrt{2}, a_3=\sqrt{a_2}=\sqrt{\sqrt{2}}, a_4=\sqrt{\sqrt{\sqrt{2}}}$

a_n 為 2 開 $(n-1)$ 個平方根，由於無法直接計算 $\lim\limits_{n\to\infty}a_n$，我們透過間接的方式來計算，首先，確認 $\{a_n\}$ 是收斂，再求算之。

$$0<a_2=\sqrt{2}\leq 2,\ 0<a_3=\sqrt{a_2}\leq\sqrt{2}\leq 2,\ 0<a_4=\sqrt{a_3}\leq\sqrt{2}\leq 2$$

以此類推，可知 $|a_n|\leq 2$，$\forall n\geq 1$，$\{a_n\}$ 是有界的，另一方面，

$$a_2=\sqrt{2}\leq a_1,\ a_3=\sqrt{a_2}<\sqrt{a_1}=a_2,\ a_4=\sqrt{a_3}<\sqrt{a_2}=a_3$$

以此類推，得 $a_{n+1}<a_n$，即 $\{a_n\}$ 是遞減數列，現在 $\{a_n\}$ 是有界且遞減數列，由定理 10.5，可以確認 $\{a_n\}$ 是收斂的數列。

令 $\lim\limits_{n\to\infty}a_n=l$，由極限的特性，亦有 $\lim\limits_{n\to\infty}a_{n+1}=l$，由於 $a_{n+1}=\sqrt{a_n}$，兩邊平方，得

$$a_{n+1}^2=a_n \Rightarrow \lim_{n\to\infty}a_{n+1}^2=\lim_{n\to\infty}a_n$$
$$\Rightarrow l^2=l$$
$$\Rightarrow l(l-1)=0$$
$$\Rightarrow l=1\ \text{或}\ 0$$

因為 $a_1=2\geq 1$，$a_2=\sqrt{a_1}\geq\sqrt{1}=1$，$a_3=\sqrt{a_2}\geq\sqrt{1}=1$，以此類推，知 $a_n\geq 1$，$\forall n\geq 1$，得 $\lim\limits_{n\to\infty}a_n$ 不可能為 0，所以 $\lim\limits_{n\to\infty}a_n=1$。

習題 10.1

1. 將下列數列用 $\{a_n\}$ 型式表示之。
   (1) $1, 4, 9, 16, 25, 36, \cdots$
   (2) $1, -1, 1, -1, 1, -1, \cdots$
   (3) $\dfrac{1}{2}, \dfrac{2}{3}, \dfrac{3}{4}, \dfrac{4}{5}, \dfrac{5}{6}, \cdots$

2. 列出下列數列的前 4 項。
   (1) $\left\{\dfrac{n}{\sqrt{n+1}}\right\}$
   (2) $\{(-1)^n \cos n\pi\}$
   (3) $\{a_n\}$，其中 $a_1 = 2$，$a_{n+1} = a_n^2 - 1$，$n \geq 1$

3. 判斷下列數列是否為有界的遞增或遞減數列。
   (1) $\left\{\dfrac{n}{n^2+1}\right\}$
   (2) $\{(-1)^{n+1}\}$
   (3) $\left\{\dfrac{1}{n} - \dfrac{1}{n+2}\right\}$
   (4) $\left\{\dfrac{4^n}{n^2}\right\}$
   (5) $\{a_n\}$，其中 $a_1 = 1$，$a_{n+1} = 1 + \dfrac{1}{3}a_n$，$n \geq 1$

4. 求下列數列的極限值。
   (1) $\left\{\dfrac{3}{2n+1}\right\}$
   (2) $\left\{\dfrac{4n^2-n}{n^2+1}\right\}$
   (3) $\left\{\dfrac{n}{\sqrt{n+1}}\right\}$
   (4) $\dfrac{1}{2}, \dfrac{2}{3}, \dfrac{3}{4}, \dfrac{4}{5}, \cdots$
   (5) $\left\{\dfrac{n \cos n\pi}{3n+1}\right\}$
   (6) $\left\{\left(1 + \dfrac{2}{n}\right)^n\right\}$
   (7) $\{a_n\}$，其中 $a_1 = 1$，$a_{n+1} = 1 + \dfrac{2}{3}a_n$，$n \geq 1$

10.2 無窮級數

定義 10.5

形如 $a_1 + a_2 + \cdots + a_n + \cdots$ 的式子，稱為**無窮級數**，通常用 $\sum_{n=1}^{\infty} a_n$ 或 $\sum a_n$ 代表之。

簡單地說，無窮級數 $\sum a_n$ 是無窮數列 $\{a_n\}$ 的所有項之和。早期人類對無窮級數不是很能掌握，曾經有兩位希臘數學家甲、乙互相抬槓，甲對乙說：「我可以證明，離你 10 公尺遠的神箭手，在有生之年皆無法射中你，理由如下：由於弓箭必須飛行 t_1 時間經過神箭手與你一半距離點，再飛行 t_2 時間，經過剩下距離的一半點，再飛行 t_3 時間，經過剩下距離的一半點，以此類推，由於有無窮多個一半的一半，以致弓箭到達目標需要 $t_1 + t_2 + t_3 + \cdots + t_n + \cdots$ 無窮多的時間和，而人的生命是有限的，所以得證，神箭手是射不到你的，你覺得如何？」其實甲使用障眼法，將有限的時間分割成無窮多個時間間隔 t_i 而已。

例題 1 寫出下列各小題的要求。

(1) $\sum_{n=1}^{\infty} \dfrac{1}{n}$ 的前三項和是 $\dfrac{1}{1} + \dfrac{1}{2} + \dfrac{1}{3} = \dfrac{11}{6}$。

(2) $\dfrac{1}{2} + \dfrac{2}{3} + \dfrac{3}{4} + \dfrac{4}{5} + \dfrac{5}{6} + \cdots$ 的第 n 項是 $\dfrac{n}{n+1}$。

(3) $\sum_{n=1}^{\infty} \dfrac{1}{2^n} = \dfrac{1}{2} + \dfrac{1}{2^2} + \dfrac{1}{2^3} + \dfrac{1}{2^4} + \cdots$

定義 10.6

令 $S_n = \sum_{i=1}^{n} a_i$ 表 $\sum_{n=1}^{\infty} a_n$ 的前 n 項和，對無窮數列 $\{S_n\}_{n=1}^{\infty}$ 而言，若 $\lim\limits_{n \to \infty} S_n = l$，即 $\{S_n\}$ 收斂到 l，則稱無窮級數 $\sum_{n=1}^{\infty} a_n$ **收斂**，並稱級數和為 l，記為 $\sum_{n=1}^{\infty} a_n = l$。反之，若 $\{S_n\}$ 不收斂，則稱級數 $\sum_{n=1}^{\infty} a_n$ 是**發散**的。

由於 $\sum_{n=1}^{\infty} a_n = a_1 + a_2 + a_3 + \cdots + a_n + \cdots$ 級數是無窮多項的和，要逐項全部加總，是不可能的，因此級數和的定義是採取加前一項，加前兩項，加前三項，……，加前 n 項，試圖利用加很多項後，看看這些和的趨勢，如果趨向於某一特定數 l，即定義為 $\sum_{n=1}^{\infty} a_n = l$。

例題 2 判斷級數 $\sum_{n=1}^{\infty} \dfrac{n}{n+1}$ 是收斂或發散。

解 $\sum_{n=1}^{\infty} \dfrac{n}{n+1} = \dfrac{1}{2} + \dfrac{2}{3} + \dfrac{3}{4} + \dfrac{4}{5} + \cdots$

$$S_1 = \dfrac{1}{2}$$

$$S_2 = \dfrac{1}{2} + \dfrac{2}{3} > \dfrac{1}{2} + \dfrac{1}{2} = 2 \cdot \dfrac{1}{2}$$

$$S_3 = \dfrac{1}{2} + \dfrac{2}{3} + \dfrac{3}{4} > 3 \cdot \dfrac{1}{2}$$

$$S_4 = \dfrac{1}{2} + \dfrac{2}{3} + \dfrac{3}{4} + \dfrac{4}{5} > 4 \cdot \dfrac{1}{2}$$

$$S_5 = \dfrac{1}{2} + \dfrac{2}{3} + \dfrac{3}{4} + \dfrac{4}{5} + \dfrac{5}{6} > 5 \cdot \dfrac{1}{2}$$

$$\vdots$$

$$S_n = \dfrac{1}{2} + \dfrac{2}{3} + \cdots + \dfrac{n}{n+1} > n \cdot \dfrac{1}{2}$$

觀察前 n 項和 S_n 會愈來愈大，$\{S_n\}$ 發散，所以 $\sum_{n=1}^{\infty} \dfrac{n}{n+1}$ 是發散的。

定義 10.7

形如 $\sum_{n=1}^{\infty} ar^{n-1} = a + ar + ar^2 + ar^3 + \cdots$ 的級數稱為**幾何級數**。

例題 3

(1) 證明若 $|r| < 1$，則 $\sum_{n=1}^{\infty} ar^{n-1} = \dfrac{a}{1-r}$。

(2) 證明若 $|r| \geq 1$ 且 $a \neq 0$，則 $\sum_{n=1}^{\infty} ar^{n-1}$ 發散。

解

$$S_n = a + ar + ar^2 + \cdots + ar^{n-2} + ar^{n-1}$$
$$rS_n = ar + ar^2 + ar^3 + \cdots + ar^{n-1} + ar^n$$
$$\Rightarrow S_n - rS_n = (a + ar + \cdots + ar^{n-1}) - (ar + ar^2 + \cdots + ar^n)$$
$$= a - ar^n$$

整理得
$$S_n = \dfrac{a(1-r^n)}{1-r} \quad \cdots\cdots\cdots\cdots\cdots\cdots\cdots\cdots\cdots\cdots ①$$

(1) 若 $|r| < 1$，利用 $S_n = \dfrac{a(1-r^n)}{1-r}$，且 $\lim\limits_{n \to \infty} r^n = 0$，得

$$\lim_{n \to \infty} S_n = \lim_{n \to \infty} \dfrac{a(1-r^n)}{1-r} = \lim_{n \to \infty} \dfrac{a}{1-r} - \lim_{n \to \infty} \dfrac{ar^n}{1-r}$$

$$= \dfrac{a}{1-r} - \dfrac{a}{1-r} \lim_{n \to \infty} r^n$$

$$= \dfrac{a}{1-r}$$

因此 $\sum\limits_{n=1}^{\infty} ar^{n-1} = \dfrac{a}{1-r}$，得證。

(2) 若 $|r| = 1$，$a \neq 0$，有 $S_n = a + a + \cdots + a$ 或 $S_n = a - a + a - a + \cdots + (-1)^{n-1} a$，$\{S_n\}$ 發散，因此 $\sum ar^{n-1}$ 發散。

另一方面，若 $|r| > 1$，$a \neq 0$，利用 ① 式，$S_n = \dfrac{a(1-r^n)}{1-r}$，且 $\lim\limits_{n \to \infty} r^n$ 發散，得

$$\lim_{n \to \infty} S_n = \lim_{n \to \infty} \dfrac{a(1-r^n)}{1-r} = \lim_{n \to \infty} \dfrac{a}{1-r} - \lim_{n \to \infty} \dfrac{ar^n}{1-r}$$

$$= \dfrac{a}{1-r} - \dfrac{a}{1-r} \lim_{n \to \infty} r^n$$

所以 $\{S_n\}$ 是發散的，因此 $\sum\limits_{n=1}^{\infty} ar^n$ 發散，得證。

例題 4 求下列幾何級數之和。

(1) $\sum_{n=1}^{\infty} 3\left(\frac{1}{2}\right)^{n-1} = 3 + \frac{3}{2} + \frac{3}{2^2} + \frac{3}{2^3} + \cdots$

(2) $\sum_{n=1}^{\infty} 3\left(\frac{1}{10}\right)^{n-1} = 3 + \frac{3}{10} + \frac{3}{100} + \frac{3}{1000} + \cdots$

解 (1) $\sum_{n=1}^{\infty} 3\left(\frac{1}{2}\right)^{n-1} = \frac{a}{1-r} = \frac{3}{1-\frac{1}{2}} = 6$

(2) $\sum_{n=1}^{\infty} 3\left(\frac{1}{10}\right)^{n-1} = \frac{a}{1-r} = \frac{3}{1-\frac{1}{10}} = \frac{30}{9} = \frac{10}{3}$

觀察 $\sum_{n=1}^{\infty} 3\left(\frac{1}{10}\right)^{n-1} = 3 + \frac{3}{10} + \frac{3}{100} + \frac{3}{1000} + \cdots$

$= 3 + 0.3 + 0.03 + 0.003 + \cdots$

$= 3.333\cdots$

是循環小數，事實上，循環小數皆可表示為幾何級數的形式。

如何求算無窮級數的和，是瞭解與利用無窮級數的一大課題，在此先介紹級數的基本性質。

定理 10.6

若 $\sum_{n=1}^{\infty} a_n$ 與 $\sum_{n=1}^{\infty} b_n$ 皆收斂，且 c 是常數，則 $\sum_{n=1}^{\infty} ca_n$ 與 $\sum_{n=1}^{\infty} (a_n \pm b_n)$ 皆收斂，且

$$\sum_{n=1}^{\infty} ca_n = c \sum_{n=1}^{\infty} a_n, \quad \sum_{n=1}^{\infty} (a_n \pm b_n) = \sum_{n=1}^{\infty} a_n \pm \sum_{n=1}^{\infty} b_n$$

證明 由於無窮級數 $\sum_{n=1}^{\infty} a_n$ 與 $\sum_{n=1}^{\infty} b_n$ 皆收斂，這表示無窮多項的和被限制在特定數附近，即有限數的附近，因此無窮多項和的運算會具備有限多項和的運算性質；利用無窮數列 $\{S_n\}$ 的性質，加上 $\{S_n\}$ 與無窮級數的對應關係，即可證得此定理。

例題 5 求 $\frac{1}{2 \cdot 3} + \frac{1}{3 \cdot 4} + \frac{1}{4 \cdot 5} + \frac{1}{5 \cdot 6} + \cdots$ 之和。

解 $\sum_{n=1}^{\infty} \frac{1}{(n+1)(n+2)} = \frac{1}{2 \cdot 3} + \frac{1}{3 \cdot 4} + \frac{1}{4 \cdot 5} + \cdots$

由於 $\frac{1}{(i+1)(i+2)} = \frac{1}{i+1} - \frac{1}{i+2}$

有 $S_n = \sum_{i=1}^{n} \frac{1}{(i+1)(i+2)} = \sum_{i=1}^{n} \left(\frac{1}{i+1} - \frac{1}{i+2} \right)$

$$= \left(\frac{1}{2} - \frac{1}{3} \right) + \left(\frac{1}{3} - \frac{1}{4} \right) + \cdots + \left(\frac{1}{n+1} - \frac{1}{n+2} \right)$$

$$= \frac{1}{2} - \frac{1}{n+2}$$

得 $\lim_{n \to \infty} S_n = \frac{1}{2}$

因此 $\sum_{n=1}^{\infty} \frac{1}{(n+1)(n+2)} = \frac{1}{2}$

即 $\frac{1}{2 \cdot 3} + \frac{1}{3 \cdot 4} + \frac{1}{4 \cdot 5} + \cdots$ 之和為 $\frac{1}{2}$。

定理 10.7

(1) 若 $\sum_{n=1}^{\infty} a_n$ 收斂，則 $\lim_{n \to \infty} a_n = 0$。

(2) 若 $\lim_{n \to \infty} a_n \neq 0$，則 $\sum_{n=1}^{\infty} a_n$ 發散。

證明 (1) 令 $\sum_{n=1}^{\infty} a_n$ 收斂到 l，即 $\lim_{n \to \infty} S_n = l$，由極限的定義，亦有 $\lim_{n \to \infty} S_{n-1} = l$，另一方面，$a_n = S_n - S_{n-1}$，兩邊取極限，得

$$\lim_{n \to \infty} a_n = \lim_{n \to \infty} (S_n - S_{n-1}) = \lim_{n \to \infty} S_n - \lim_{n \to \infty} S_{n-1}$$

$$= l - l = 0$$

(2) 若 $\lim_{n \to \infty} a_n \neq 0$，假設 $\sum_{n=1}^{\infty} a_n$ 收斂，由 (1) 的結果，會有 $\lim_{n \to \infty} a_n = 0$ 的矛盾，因此得到 $\sum_{n=1}^{\infty} a_n$ 一定發散。

事實上，定理 10.7 的 (1) 與 (2) 互為逆命題。即 (1) 與 (2) 是敘述同一件事情，

此定理常用來判斷一級數是否發散。

例題 6 判斷下列級數是否發散或收斂。

(1) $\sum_{n=1}^{\infty} \frac{3n^2+n}{n^2+1}$ (2) $\sum_{n=1}^{\infty} \frac{1}{4^n}$ (3) $\sum_{n=1}^{\infty} \cos n$ (4) $\sum_{n=1}^{\infty} \frac{1}{n}$

解 (1) $\because \lim_{n \to \infty} a_n = \lim_{n \to \infty} \frac{3n^2+n}{n^2+1} = \lim_{n \to \infty} \frac{3+\frac{1}{n}}{1+\frac{1}{n^2}} = 3 \neq 0$

$\therefore \sum_{n=1}^{\infty} \frac{3n^2+n}{n^2+1}$ 發散。

(2) $\because S_n = \sum_{i=1}^{n} \frac{1}{4^i} = \frac{\frac{1}{4}\left(1-\left(\frac{1}{4}\right)^n\right)}{1-\frac{1}{4}}$，得 $\lim_{n \to \infty} S_n = \frac{1}{3}$

$\therefore \sum_{n=1}^{\infty} \frac{1}{4^n} = \frac{1}{3}$，即 $\sum_{n=1}^{\infty} \frac{1}{4^n}$ 收斂。

(3) $\because \lim_{n \to \infty} \cos n \neq 0$，$\therefore \sum_{n=1}^{\infty} \cos n$ 發散。

(4) 雖然 $\lim_{n \to \infty} a_n = \lim_{n \to \infty} \frac{1}{n} = 0$，但無法由定理 10.7 得出 $\sum_{n=1}^{\infty} \frac{1}{n}$ 是收斂或發散的結果。

考慮級數的前 n 項和數列 $\{S_n\}$，如果 $\sum_{n=1}^{\infty} \frac{1}{n}$ 是收斂的話，由級數與 $\{S_n\}$ 的對應關係，$\{S_n\}$ 一定收斂，但觀察 $\{S_n\}$ 的 $S_2, S_4, S_8, S_{16}, S_{32}, \cdots, S_{2^n}$ 項，卻發現

$S_2 = 1 + \frac{1}{2} > \frac{1}{2}$

$S_4 = S_2 + \left(\frac{1}{3} + \frac{1}{4}\right) > S_2 + \left(\frac{1}{4} + \frac{1}{4}\right) > \frac{1}{2} + \frac{2}{4} = \frac{2}{2}$

$S_8 = S_4 + \left(\frac{1}{5} + \frac{1}{6} + \frac{1}{7} + \frac{1}{8}\right) > S_4 + \left(\frac{1}{8} + \frac{1}{8} + \frac{1}{8} + \frac{1}{8}\right) > \frac{2}{2} + \frac{4}{8} = \frac{3}{2}$

$S_{16} = S_8 + \left(\frac{1}{9} + \cdots + \frac{1}{16}\right) > S_8 + \left(\frac{1}{16} + \cdots + \frac{1}{16}\right) > \frac{3}{2} + \frac{8}{16} = \frac{4}{2}$

$S_{2^5} = S_{32} = S_{16} + \left(\frac{1}{17} + \cdots + \frac{1}{32}\right) > S_{16} + \left(\frac{1}{32} + \cdots + \frac{1}{32}\right) > \frac{4}{2} + \frac{16}{32} = \frac{5}{2}$

$$\vdots$$

$$S_{2^n} > \frac{n}{2}, \forall n=1, 2, \cdots$$

因此 $\lim_{n\to\infty} S_{2^n} = \infty$，所以可推論 $\{S_n\}$ 並不收斂，換言之，$\sum_{n=1}^{\infty} \frac{1}{n}$ 不收斂，即 $\sum_{n=1}^{\infty} \frac{1}{n}$ 是發散的。

提醒讀者注意，$\lim_{n\to\infty} a_n = 0$ 無法推論 $\sum_{n=1}^{\infty} a_n$ 收斂，定理 10.7 是級數收斂的**必要條件**，並非**充分條件**，在級數的發展過程中，早期的哲學家（古代科學家的通稱），第一次發現 $\lim_{n\to\infty} \frac{1}{n} = 0$，但 $\sum_{n=1}^{\infty} \frac{1}{n}$ 並不是收斂，亦是非常驚訝，從此投入更多的心力在探討級數的性質。

例題 7 求級數 $\frac{1}{1} + \frac{1}{3} + \frac{1}{6} + \frac{1}{10} + \frac{1}{15} + \frac{1}{21} + \cdots$ 之和。

解 觀察此級數每項的分母，發現第一項分母為 1，第二項分母為 $1+2$，第三項分母為 $1+2+3$，第四項分母為 $1+2+3+4$，以此類推，第 n 項分母為 $1+2+3+\cdots+n = \frac{n(n+1)}{2}$，因此求級數之和，即求

$$\sum_{n=1}^{\infty} \frac{1}{\frac{n(n+1)}{2}} = \sum_{n=1}^{\infty} \frac{2}{n(n+1)}$$

又

$$\frac{2}{i(i+1)} = 2\left(\frac{1}{i} - \frac{1}{i+1}\right)$$

故

$$S_n = \sum_{i=1}^{n} \frac{2}{i(i+1)} = \sum_{i=1}^{n} 2\left(\frac{1}{i} - \frac{1}{i+1}\right)$$

$$= 2\left(\frac{1}{1} - \frac{1}{2}\right) + 2\left(\frac{1}{2} - \frac{1}{3}\right) + \cdots + 2\left(\frac{1}{n} - \frac{1}{n+1}\right)$$

$$= 2\left(\frac{1}{1} - \frac{1}{n+1}\right)$$

得 $\lim_{n\to\infty} S_n = 2$，所以 $\sum_{n=1}^{\infty} \frac{2}{n(n+1)} = 2$，即

$$\frac{1}{1} + \frac{1}{3} + \frac{1}{6} + \frac{1}{10} + \cdots = 2$$

習題 10.2

1. 將下列級數用 $\sum_{n=1}^{\infty} a_n$ 形式表示。

   (1) $\dfrac{1}{1} - \dfrac{1}{2} + \dfrac{1}{3} - \dfrac{1}{4} + \dfrac{1}{5} - \dfrac{1}{6} + \cdots$

   (2) $0.1 + 0.01 + 0.001 + 0.0001 + \cdots$

   (3) $\dfrac{2}{5} + \dfrac{2}{5^2} + \dfrac{2}{5^3} + \dfrac{2}{5^4} + \cdots$

2. 將下列循環小數用 $\sum_{n=1}^{\infty} a_n$ 形式的無窮級數表示。

   (1) $0.31313131\cdots$　　　　　　　　(2) $0.9999\cdots$

3. 判斷下列級數是收斂或發散。

   (1) $\sum_{n=3}^{\infty} \left(\dfrac{5}{4}\right)^n$　　(2) $\sum_{n=1}^{\infty} (-1)^n \dfrac{1}{6^n}$　　(3) $\sum_{n=1}^{\infty} \dfrac{1}{n(n+3)}$

   (4) $\sum_{n=1}^{\infty} \left(\dfrac{\pi}{e}\right)^n$　　(5) $\sum_{n=1}^{\infty} \ln\left(\dfrac{n}{n+1}\right)$　　(6) $\sum_{n=1}^{\infty} (-1)^n$

4. 求下列無窮級數的和。

   (1) $1 + \dfrac{1}{2} + \dfrac{1}{4} + \dfrac{1}{8} + \dfrac{1}{16} + \cdots$　　(2) $\sum_{n=1}^{\infty} \dfrac{1}{n(n+3)}$

   (3) $\dfrac{1}{2} + \dfrac{2}{4} + \dfrac{3}{8} + \dfrac{4}{16} + \dfrac{5}{32} + \cdots$　　(4) $\sum_{n=1}^{\infty} \dfrac{1}{\sqrt{n+1} + \sqrt{n}}$

10.3　正項級數

為了判斷級數是否收斂，並求級數和，首先將級數分類，探討小分類的級數性質會比較容易。

定義 10.8

若級數 $\sum_{n=1}^{\infty} a_n$ 的每一項 a_n 皆為正數，則稱 $\sum_{n=1}^{\infty} a_n$ 是一**正項級數**。

例題 1 判斷下列級數是否為正項級數。

(1) $\sum_{n=1}^{\infty} \frac{1}{n}$ (2) $\sum_{n=1}^{\infty} \cos \frac{1}{n}$ (3) $\sum_{n=1}^{\infty} \cos n$

解 (1) $\sum_{n=1}^{\infty} \frac{1}{n}$ 是一正項級數，此級數在數學上扮演很重要的角色，$\sum_{n=1}^{\infty} \frac{1}{n}$ 也稱為**調和級數**。

(2) $\sum_{n=1}^{\infty} \cos \frac{1}{n}$ 是一正項級數。

(3) $\sum_{n=1}^{\infty} \cos n$ 不是正項級數，理由是 $\cos n$ 並不全為正數，例如 $\cos 2$ 是小於 0 的。

定理 10.8

若無窮數列 $\{a_n\}$ 收斂，則 $\{a_n\}$ 是有界的。

證明 已知 $\{a_n\}$ 收斂到 l，即 $\lim_{n \to \infty} a_n = l$，這表示，當 n 很大，a_n 將與 l 靠得很近，因此不可能有 a_n 會趨近於 $+\infty$ 或 $-\infty$，這說明 $\{a_n\}$ 是有界的數列；嚴格的證明是使用極限的定義，即可推論得到。

例題 2 判斷下列數列是否為有界數列。

(1) $\left\{\cos \frac{1}{n}\right\}$ (2) $\left\{\tan\left(1 + \frac{1}{n}\right)\right\}$

解 (1) $\because \lim_{n \to \infty} \cos \frac{1}{n} = \lim_{n \to \infty} \cos 0 = 1$，

$\therefore \left\{\cos \frac{1}{n}\right\}$ 收斂，得 $\left\{\cos \frac{1}{n}\right\}$ 是有界數列。

(2) $\because \lim_{n \to \infty} \tan\left(1 + \frac{1}{n}\right) = \tan 1$，

$\therefore \left\{\tan\left(1 + \frac{1}{n}\right)\right\}$ 收斂，得 $\left\{\tan\left(1 + \frac{1}{n}\right)\right\}$ 是有界數列。

定理 10.9

正項級數 $\sum_{n=1}^{\infty} a_n$ 收斂的充分且必要條件，是其對應前 n 項和數列 $\{S_n\}$ 是有界數列。

證明 已知 $\sum_{n=1}^{\infty} a_n$ 收斂，由級數收斂的定義，知 $\{S_n\}$ 是收斂，再利用定理 10.8，得 $\{S_n\}$ 是有界的數列。反之，已知 $\{S_n\}$ 是有界數列，由於 $S_{n+1} = S_n + a_n$，且 a_n 是正數，有 $S_{n+1} \geq S_n$，$\forall n = 1, 2, \cdots$，即 $\{S_n\}$ 是遞增數列，有界遞增數列 $\{S_n\}$，利用定理 10.5，得 $\{S_n\}$ 收斂，引用級數收斂的定義，證得 $\sum_{n=1}^{\infty} a_n$ 收斂。

定理 10.9 告訴我們，只要能知道 $\{S_n\}$ 有界，則正項級數 $\sum_{n=1}^{\infty} a_n$ 收斂。反之，則 $\sum_{n=1}^{\infty} a_n$ 發散。

例題 3 證明 $\sum_{n=1}^{\infty} \dfrac{1}{3^n + 2}$ 收斂。

解 $\sum_{n=1}^{\infty} \dfrac{1}{3^n + 2}$ 是正項級數，只要能證明其前 n 項和的數列 $\{S_n\}$ 是有界的，利用定理 10.9 即可得證。由於

$$0 < S_n = \sum_{i=1}^{n} \frac{1}{3^i + 2} = \frac{1}{3^1 + 2} + \frac{1}{3^2 + 2} + \cdots + \frac{1}{3^n + 2}$$

$$\leq \frac{1}{3^1} + \frac{1}{3^2} + \cdots + \frac{1}{3^n}$$

$$= \frac{\frac{1}{3}\left(1 - \frac{1}{3^n}\right)}{1 - \frac{1}{3}} = \frac{1}{2}\left(1 - \frac{1}{3^n}\right) \leq \frac{1}{2}$$

故 $|S_n| \leq \dfrac{1}{2}$，$\forall n = 1, 2, \cdots$

即 $\{S_n\}$ 是有界的，再由定理 10.9，得 $\sum_{n=1}^{\infty} \dfrac{1}{3^n + 2}$ 收斂。

定理 10.10　積分檢驗法

已知 $\sum_{n=1}^{\infty} a_n$ 是正項級數，又 $f(x)$ 在 $[1, \infty)$ 是連續且遞減函數，若

$$f(n) = a_n , \forall n = 1, 2, \cdots$$

則 $\sum_{n=1}^{\infty} a_n$ 收斂的充分且必要條件是 $\int_1^{\infty} f(x)\, dx$ 收斂。

證明

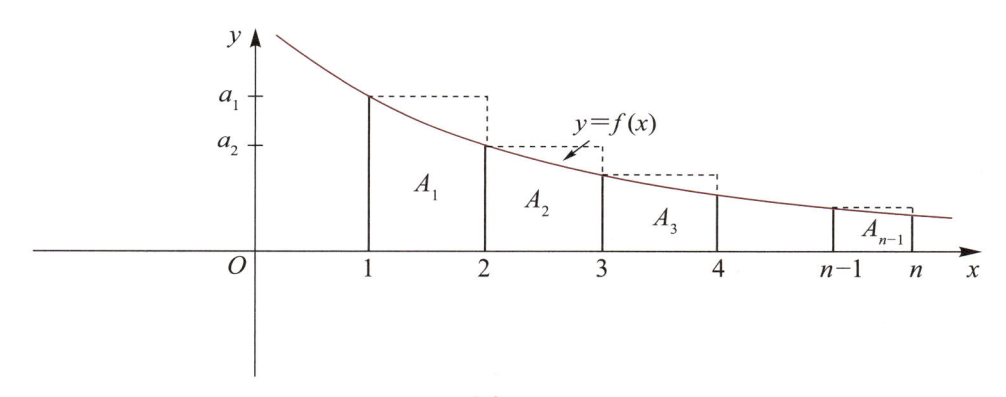

圖 10.4

觀察圖 10.4 矩形 A_1 的面積為 a_1，矩形 A_2 的面積為 a_2。
若 $\sum a_n$ 收斂到 l

有　　　　　$l - S_1 = \lim\limits_{n \to \infty} (S_n - S_1) \leq \int_1^{\infty} f(x)\, dx \leq \lim\limits_{n \to \infty} S_n = l$

得 $\int_1^{\infty} f(x)\, dx$ 收斂。反之，若 $\int_1^{\infty} f(x)\, dx$ 收斂，由於

$$0 \leq S_n - a_1 \leq \int_1^n f(x)\, dx \leq \int_1^{\infty} f(x)\, dx$$

得 $\{S_n\}$ 是有界數列，依據定理 10.9，證得 $\sum_{n=1}^{\infty} a_n$ 收斂。

積分檢驗法的主要精神為，正項級數 $\sum_{n=1}^{\infty} a_n$ 的每一項代表一矩形的面積，$\int_{1}^{\infty} f(x)\,dx$ 代表曲線下的面積，每一小矩形面積逼近其對應曲線下的面積。

例題 4 判斷 $\sum_{n=1}^{\infty} \dfrac{1}{n}$ 的斂散性。

解 令 $f(x) = \dfrac{1}{x}$，由於 $f(x)$ 在 $[1, \infty)$ 連續且遞減，又

$$f(n) = \dfrac{1}{n} \text{，} \forall\, n = 1, 2, \cdots$$

$$\therefore \int_{1}^{\infty} f(x)\,dx = \int_{1}^{\infty} \dfrac{1}{x}\,dx = \infty$$

依據積分檢驗法，得 $\sum_{n=1}^{\infty} \dfrac{1}{n}$ 發散。

例題 5 判斷 $\sum_{n=1}^{\infty} \dfrac{1}{n^p}$ 的斂散性。

解 當 $p \le 0$ 時，很明顯地，知 $\sum_{n=1}^{\infty} \dfrac{1}{n^p}$ 發散。

當 $p = 1$ 時，在例題 4 中，利用積分檢驗法，知 $\sum_{n=1}^{\infty} \dfrac{1}{n}$ 發散，

當 $0 < p$ 且 $p \ne 1$ 時，同樣可利用積分檢驗法，

令 $f(x) = \dfrac{1}{x^p}$，$x \in [1, \infty)$，因為 $f(n) = \dfrac{1}{n^p}$，$n = 1, 2, \cdots$，且 $f(x)$ 是遞減的連續函數，又

$$\int_{1}^{\infty} f(x)\,dx = \int_{1}^{\infty} \dfrac{1}{x^p}\,dx = \dfrac{1}{1-p} x^{1-p} \Big|_{1}^{\infty}$$

$$= \begin{cases} \infty, & 0 < p < 1 \\ \dfrac{1}{p-1}, & p > 1 \end{cases}$$

所以由積分檢驗法，當 $0 < p < 1$ 時，知 $\sum_{n=1}^{\infty} \dfrac{1}{n^p}$ 發散，

當 $p > 1$ 時，$\sum_{n=1}^{\infty} \dfrac{1}{n^p}$ 收斂。總結而言，

$$\sum_{n=1}^{\infty} \frac{1}{n^p} = \begin{cases} 發散 , & p \leq 1 \\ 收斂 , & p > 1 \end{cases}$$

對於不同的 p，$\sum_{n=1}^{\infty} \dfrac{1}{n^p}$ 有不同的收斂與發散性質，常被用來當作判斷其他級數收斂與發散的比較基礎。

例題 6 判斷 $\sum_{n=2}^{\infty} \dfrac{1}{n \ln n}$ 的斂散性。

解 令 $f(x) = \dfrac{1}{x \ln x}$，$x \in [2, \infty)$，因為 $f(x)$ 是遞減且連續，又

$$f(n) = \frac{1}{n \ln n} , \quad n = 2, 3, \cdots$$

在積分檢驗法中，$f(x)$ 不一定要在 $[1, \infty)$ 遞減且連續；而是配合 $f(n) = a_n$ 的起始 n 值即可，這裡的起始 $n = 2$，所以是計算 $f(x)$ 在 $[2, \infty)$ 的積分

$$\int_{2}^{\infty} f(x)\, dx = \int_{2}^{\infty} \frac{1}{x \ln x}\, dx = \ln(\ln x) \Big|_{2}^{\infty} = \infty$$

得 $\sum_{n=2}^{\infty} \dfrac{1}{n \ln n}$ 發散。

定理 10.11 一般比較判斷法

已知 k 是一固定數，若 $0 \leq a_n \leq b_n$，$\forall n \geq k$，則有下列結果：

(1) 若 $\sum_{n=1}^{\infty} b_n$ 收斂，則 $\sum_{n=1}^{\infty} a_n$ 收斂。

(2) 若 $\sum_{n=1}^{\infty} a_n$ 發散，則 $\sum_{n=1}^{\infty} b_n$ 發散。

證明 由於級數 $\sum_{n=1}^{\infty} a_n$ 的和，是無窮多項 a_n 相加，少加前面有限項，仍然不影響級數 $\sum_{n=1}^{\infty} a_n$ 是收斂或發散的性質。

(1) 由於 $0 \leq a_n \leq b_n$，$\forall n \geq k$，知 $0 \leq \sum\limits_{n=k}^{\infty} a_n \leq \sum\limits_{n=k}^{\infty} b_n$

又 $\sum\limits_{n=1}^{\infty} b_n$ 收斂，即 $\sum\limits_{n=k}^{\infty} b_n$ 也是收斂，收斂表示 $\sum\limits_{n=k}^{\infty} b_n$ 是有限正數，因此較小的正數級數 $\sum\limits_{n=k}^{\infty} a_n$ 也一定是有限，所以 $\sum\limits_{n=1}^{\infty} a_n$ 收斂，得證。

(2) 同 (1) 的道理，$0 \leq a_n \leq b_n$，$\forall n \geq k$，知 $0 \leq \sum\limits_{n=k}^{\infty} a_n \leq \sum\limits_{n=k}^{\infty} b_n$

較小的正數級數 $\sum\limits_{n=k}^{\infty} a_n$ 發散（即 ∞），因此較大的級數 $\sum\limits_{n=k}^{\infty} b_n$ 當然亦是發散，因此 $\sum\limits_{n=1}^{\infty} b_n$ 發散，得證。

例題 7 判斷 $\sum\limits_{n=2}^{\infty} \dfrac{1}{n^2 \ln n}$ 的斂散性。

解 考慮級數 $\sum\limits_{n=3}^{\infty} \dfrac{1}{n^2}$，有 $0 \leq \dfrac{1}{n^2 \ln n} \leq \dfrac{1}{n^2}$，$\forall n \geq 3$，

由於 $\sum\limits_{n=3}^{\infty} \dfrac{1}{n^2}$ 收斂，依據定理 10.11，得 $\sum\limits_{n=2}^{\infty} \dfrac{1}{n^2 \ln n}$ 收斂。

例題 8 判斷 $\sum\limits_{n=1}^{\infty} \dfrac{n}{n^2+2}$ 的斂散性。

解 考慮級數 $\sum\limits_{n=1}^{\infty} \dfrac{1}{2n}$，有 $0 \leq \dfrac{1}{2n} \leq \dfrac{1}{n+\dfrac{2}{n}} = \dfrac{n}{n^2+2}$，$\forall n \geq 2$，

由於 $\sum\limits_{n=1}^{\infty} \dfrac{1}{2n} = \dfrac{1}{2} \sum\limits_{n=1}^{\infty} \dfrac{1}{n}$ 發散，依據定理 10.11，得 $\sum\limits_{n=1}^{\infty} \dfrac{n}{n^2+2}$ 發散。

定理 10.11 的一般比較判斷法，是兩個級數逐項比較大小；如果只是要了解兩級數是否收斂或發散，亦可利用它們逐項相比是否為一有限的常數來決定之。

定理 10.12　極限判斷法

已知 $a_n \geq 0$，$b_n \geq 0$，且 $\lim\limits_{n \to \infty} \dfrac{a_n}{b_n} = l$，則有下列結果：

(1) 若 $0 < l < \infty$，則 $\sum_{n=1}^{\infty} a_n$ 與 $\sum_{n=1}^{\infty} b_n$ 同時收斂或同時發散。

(2) 若 $l = 0$ 且 $\sum_{n=1}^{\infty} b_n$ 收斂，則 $\sum_{n=1}^{\infty} a_n$ 收斂。

證明 (1) $\lim_{n \to \infty} \dfrac{a_n}{b_n} = l$ 相當於 $n \to \infty$ 時，$a_n = l\, b_n$，直觀而言，$\sum a_n \doteqdot \sum l\, b_n$。即 $\sum a_n$ 是 $\sum b_n$ 的 l 倍，因此，只要 l 不是 0 或 ∞，$\sum a_n$ 與 $\sum b_n$ 同時收斂或同時發散。

(2) 若 $\lim_{n \to \infty} \dfrac{a_n}{b_n} = 0$，相當於 $n \to \infty$ 時，$0 \le a_n \le b_n$，因此，大致可說，$0 \le \sum_{n=1}^{\infty} a_n \le \sum_{n=1}^{\infty} b_n$，利用一般比較判斷法，$\sum_{n=1}^{\infty} b_n$ 收斂，得 $\sum_{n=1}^{\infty} a_n$ 收斂，以上不是嚴謹的證明，只是直觀的說明。

例題 9 判斷 $\sum_{n=1}^{\infty} \dfrac{n}{\sqrt{n^3 + 2n}}$ 的斂散性。

解 由於 $\dfrac{n}{\sqrt{n^3 + 2n}} = \dfrac{1}{\sqrt{n + \dfrac{2}{n}}} = \dfrac{1}{\left(n + \dfrac{2}{n}\right)^{\frac{1}{2}}}$，

考慮級數 $\sum_{n=1}^{\infty} \dfrac{1}{n^{\frac{1}{2}}}$，$\because 0 < \lim_{n \to \infty} \dfrac{\dfrac{n}{\sqrt{n^3 + 2n}}}{\dfrac{1}{\sqrt{n}}} = 1 < \infty$ 且 $\sum_{n=1}^{\infty} \dfrac{1}{n^{\frac{1}{2}}}$ 發散，

依據定理 10.12，得 $\sum_{n=1}^{\infty} \dfrac{n}{\sqrt{n^3 + 2n}}$ 發散。

例題 10 判斷 $\sum_{n=1}^{\infty} \dfrac{\ln n}{n^2}$ 的斂散性。

解 觀察 $\sum_{n=1}^{\infty} \dfrac{\ln n}{n^2}$，猜測與 $\sum_{n=1}^{\infty} \dfrac{1}{n^2}$ 有關係，計算 $\lim_{n \to \infty} \dfrac{\dfrac{\ln n}{n^2}}{\dfrac{1}{n^2}} = \infty$。

無法利用極限判斷法，考慮 $\sum_{n=1}^{\infty} \dfrac{1}{n^{\frac{3}{2}}}$，發現

$$\lim_{n \to \infty} \dfrac{\dfrac{\ln n}{n^2}}{\dfrac{1}{n^{\frac{3}{2}}}} = \lim_{n \to \infty} \dfrac{\ln n}{n^{\frac{1}{2}}} = 0$$

由於 $\sum_{n=1}^{\infty} \dfrac{1}{n^{\frac{3}{2}}}$ 收斂，因此依據極限判斷法，得 $\sum_{n=1}^{\infty} \dfrac{\ln n}{n^2}$ 收斂。

定理 10.13　比值判斷法

已知 $a_n > 0$，且 $r = \lim\limits_{n \to \infty} \dfrac{a_{n+1}}{a_n}$，則有下列結果：

(1) 若 $r < 1$，則 $\sum_{n=1}^{\infty} a_n$ 收斂。

(2) 若 $r > 1$，則 $\sum_{n=1}^{\infty} a_n$ 發散。

(3) 若 $r = 1$，則 $\sum_{n=1}^{\infty} a_n$ 可能收斂或發散（即無結論）。

證明　觀察等比級數 $\sum_{n=1}^{\infty} b_n = \sum_{n=1}^{\infty} ar^{n-1} = a + ar + ar^2 + ar^3 + \cdots$，有 $|r| < 1$ 時，$\sum_{n=1}^{\infty} ar^{n-1}$ 收斂，且 $|r| \geq 1$ 時，$\sum_{n=1}^{\infty} ar^{n-1}$ 發散。等比級數的外觀特性，是後項等於前項乘公比 r，即 $b_{n+1} = b_n r$。

(1) 由於 $\lim\limits_{n \to \infty} \dfrac{a_{n+1}}{a_n} = r$，相當於 $a_{n+1} = a_n r$，$n \to \infty$ 時，即 $\sum_{n=1}^{\infty} a_n$ 近似於公比為 r 的等比級數，因此 $r < 1$ 時，得 $\sum a_n$ 收斂。

(2) $r > 1$ 時，同 (1) 的道理，得近似等比級數 $\sum_{n=1}^{\infty} a_n$ 發散。

(3) $r = 1$ 時，由於 $\sum_{n=1}^{\infty} a_n$ 是近似於公比為 r 的等比級數，$r = 1$ 是收斂與發散的分界點，沒有一般等比級數的斂散性，因此，$\sum_{n=1}^{\infty} a_n$ 可能收斂或發散，請參考後面例題 13。

例題 11 判斷 $\sum_{n=1}^{\infty} \dfrac{n}{2^n}$ 的斂散性。

解 $r = \lim\limits_{n \to \infty} \dfrac{a_{n+1}}{a_n} = \lim\limits_{n \to \infty} \dfrac{\dfrac{(n+1)}{2^{n+1}}}{\dfrac{n}{2^n}} = \lim\limits_{n \to \infty} \left(\left(\dfrac{n+1}{n}\right)\left(\dfrac{1}{2}\right)\right)$

$= \dfrac{1}{2} < 1$

依據比值判斷法，得 $\sum_{n=1}^{\infty} \dfrac{n}{2^n}$ 收斂。

例題 12 判斷 $\sum_{n=1}^{\infty} \dfrac{2^n}{n^2}$ 的斂散性。

解 $r = \lim\limits_{n \to \infty} \dfrac{a_{n+1}}{a_n} = \lim\limits_{n \to \infty} \dfrac{\dfrac{2^{n+1}}{(n+1)^2}}{\dfrac{2^n}{n^2}} = \lim\limits_{n \to \infty} \left(\dfrac{n}{n+1}\right)^2 (2)$

$= 2 > 1$

依據比值判斷法，得 $\sum_{n=1}^{\infty} \dfrac{2^n}{n^2}$ 發散。

例題 13 判斷下列級數的斂散性。

(1) $\sum_{n=1}^{\infty} \dfrac{1}{n}$ (2) $\sum_{n=1}^{\infty} \dfrac{1}{n^2}$

解 利用比值判斷法

(1) $r = \lim\limits_{n \to \infty} \dfrac{a_{n+1}}{a_n} = \lim\limits_{n \to \infty} \dfrac{\dfrac{1}{n+1}}{\dfrac{1}{n}} = \lim\limits_{n \to \infty} \dfrac{n}{n+1} = 1$

由比值判斷法無結論；但由積分檢驗法，知 $\sum_{n=1}^{\infty} \dfrac{1}{n}$ 發散（見例題 5）。

(2) $r = \lim\limits_{n \to \infty} \dfrac{a_{n+1}}{a_n} = \lim\limits_{n \to \infty} \dfrac{\dfrac{1}{(n+1)^2}}{\dfrac{1}{n^2}} = \lim\limits_{n \to \infty} \left(\dfrac{n}{n+1}\right)^2 = 1$

由比值判斷法無結論；但由積分檢驗法，知 $\sum_{n=1}^{\infty} \frac{1}{n^2}$ 收斂（見例題 5）。

在判斷正項級數 $\sum_{n=1}^{\infty} a_n$ 的斂散性，有積分檢驗法、一般比較判斷法、極限比較判斷法、比值判斷法，計算熟練後，發現有如下特性：

1. 若 a_n 具有 $n!$、r^n 因式，則建議使用比值判斷法。
2. 若 $\sum_{n=1}^{\infty} a_n$ 與某個已經熟知斂散性的 $\sum_{n=1}^{\infty} b_n$ 有密切關係，則建議使用一般判斷法或極限比較判斷法。
3. 若 a_n 可以用一遞減連續函數 f 表示，則建議使用積分檢驗法。

習題 10.3

1. 利用積分檢驗法，判斷下列級數是收斂或發散。
   (1) $\sum_{n=1}^{\infty} \frac{1}{2n+1}$
   (2) $\sum_{n=1}^{\infty} \frac{n}{1+2n^2}$
   (3) $\sum_{n=2}^{\infty} \frac{1}{n(\ln n)^3}$
   (4) $\sum_{n=2}^{\infty} \frac{n}{e^n}$

2. 利用一般比較判斷法，判斷下列級數是收斂或發散。
   (1) $\sum_{n=1}^{\infty} \frac{n}{\sqrt{n^3+5}}$
   (2) $\sum_{n=1}^{\infty} \frac{1}{n!}$
   (3) $\sum_{n=1}^{\infty} \frac{1}{e^n+1}$

3. 利用比較判斷法，判斷下列級數是收斂或發散。
   (1) $\sum_{n=1}^{\infty} \frac{n}{e^n}$
   (2) $\sum_{n=1}^{\infty} \frac{n^n}{n!}$
   (3) $\sum_{n=1}^{\infty} \frac{n!}{3^n}$

4. 判斷下列級數是否收斂。
   (1) $\sum_{n=1}^{\infty} \left(\frac{1}{2^n} + \frac{1}{n^2} \right)$
   (2) $\sum_{n=1}^{\infty} \left(\frac{\pi}{3} \right)^n$
   (3) $\sum_{n=1}^{\infty} \frac{\sqrt{n}+1}{n^2+2}$
   (4) $\sum_{n=1}^{\infty} n \sin \frac{1}{n}$
   (5) $\sum_{n=1}^{\infty} \cos n\pi$
   (6) $\sum_{n=1}^{\infty} \left(\frac{1}{n} - \frac{1}{n+2} \right)$

10.4　交錯級數

定義 10.9

形如 $a_1 - a_2 + a_3 - a_4 + \cdots$，且 $a_n > 0$，$\forall\, n = 1, 2, \cdots$ 的級數，稱為**交錯級數** (alternating series)。

例題 1 判斷下列級數是否為交錯級數。

(1) $\displaystyle\sum_{n=1}^{\infty} \frac{(-1)^{n-1}}{n}$　(2) $\displaystyle\sum_{n=1}^{\infty} (-1)^{n-1} \cos \frac{1}{n^2}$　(3) $\displaystyle\sum_{n=1}^{\infty} (-1)^{n-1} \sin n$

解 (1) $\displaystyle\sum_{n=1}^{\infty} \frac{(-1)^{n-1}}{n} = \frac{1}{1} - \frac{1}{2} + \frac{1}{3} - \frac{1}{4} + \cdots$ 是交錯級數。

(2) $\displaystyle\sum_{n=1}^{\infty} (-1)^{n-1} \cos \frac{1}{n^2} = \cos \frac{1}{1} - \cos \frac{1}{4} + \cos \frac{1}{9} - \cdots$ 是交錯級數。

(3) $\displaystyle\sum_{n=1}^{\infty} (-1)^{n-1} \sin n = \sin 1 - \sin 2 + \sin 3 - \sin 4 + \cdots$，由於 $\sin n$ 並非全大於 0（例如 $\sin 4$ 是小於 0 的數），因此 $\displaystyle\sum_{n=1}^{\infty} (-1)^{n-1} \sin n$ 不是交錯級數。

例題 2 判斷交錯級數 $\displaystyle\sum_{n=1}^{\infty} \frac{(-1)^{n-1}}{n}$ 的斂散性。

解 觀察其對應的前 n 項和數列 $\{S_n\}$，

$$S_1 = \frac{1}{1}$$

$$S_2 = \frac{1}{1} - \frac{1}{2}$$

$$S_3 = \frac{1}{1} - \frac{1}{2} + \frac{1}{3}$$

$$S_4 = \frac{1}{1} - \frac{1}{2} + \frac{1}{3} - \frac{1}{4}$$

我們發現，若將 $\{S_n\}$ 分隔成 $\{S_{2n-1}\}$ 與 $\{S_{2n}\}$ 數列，有

$$S_1 = \frac{1}{1}$$

$$S_3 = \frac{1}{1} - \frac{1}{2} + \frac{1}{3} = \frac{1}{1} - \left(\frac{1}{2} - \frac{1}{3}\right) = S_1 - \left(\frac{1}{2} - \frac{1}{3}\right) \leq S_1 \leq 1$$

$$S_5 = \frac{1}{1} - \frac{1}{2} + \frac{1}{3} - \frac{1}{4} + \frac{1}{5} = S_3 - \left(\frac{1}{4} - \frac{1}{5}\right) \leq S_3 \leq 1$$

$$S_7 = S_5 - \frac{1}{6} + \frac{1}{7} = S_5 - \left(\frac{1}{6} - \frac{1}{7}\right) \leq S_5 \leq 1$$

$$\vdots$$

$$S_{2n+1} = S_{2n-1} - \frac{1}{2n} + \frac{1}{2n+1} = S_{2n-1} - \left(\frac{1}{2n} - \frac{1}{2n+1}\right) \leq S_{2n-1} \leq 1$$

另一方面，

$$S_1 = \frac{1}{1} > 0$$

$$S_3 = \frac{1}{1} - \frac{1}{2} + \frac{1}{3} = \left(\frac{1}{1} - \frac{1}{2}\right) + \frac{1}{3} > \frac{1}{3} > 0$$

$$S_5 = \left(\frac{1}{1} - \frac{1}{2}\right) + \left(\frac{1}{3} - \frac{1}{4}\right) + \frac{1}{5} > \frac{1}{5} > 0$$

$$\vdots$$

$$S_{2n+1} = \left(\frac{1}{1} - \frac{1}{2}\right) + \left(\frac{1}{3} - \frac{1}{4}\right) + \cdots + \left(\frac{1}{2n-1} - \frac{1}{2n}\right)$$

$$+ \frac{1}{2n+1} > \frac{1}{2n+1} > 0$$

得 $\{S_{2n-1}\}$ 是有界遞減數列，由定理 10.5 知 $\{S_{2n-1}\}$ 收斂。

同理，觀察 $\{S_{2n}\}$ 數列，亦有

$$S_2 = \frac{1}{1} - \frac{1}{2}$$

$$S_4 = \frac{1}{1} - \frac{1}{2} + \frac{1}{3} - \frac{1}{4} = S_2 + \left(\frac{1}{3} - \frac{1}{4}\right) \geq S_2$$

$$S_6 = \frac{1}{1} - \frac{1}{2} + \frac{1}{3} - \frac{1}{4} + \frac{1}{5} - \frac{1}{6} = S_4 + \left(\frac{1}{5} - \frac{1}{6}\right) \geq S_4$$

$$\vdots$$

$$S_{2n} = \frac{1}{1} - \frac{1}{2} + \cdots + \frac{1}{2n-3} - \frac{1}{2n-2} + \frac{1}{2n-1} - \frac{1}{2n}$$

$$= S_{2n-2} + \left(\frac{1}{2n-1} - \frac{1}{2n}\right) \geq S_{2n-2}$$

得 $\{S_{2n}\}$ 是遞增，又

$$S_2 = \frac{1}{1} - \frac{1}{2} \leq 1$$

$$S_4 = \frac{1}{1} - \frac{1}{2} + \frac{1}{3} - \frac{1}{4} = \frac{1}{1} - \left(\frac{1}{2} - \frac{1}{3}\right) - \frac{1}{4} \leq 1$$

$$S_6 = \frac{1}{1} - \frac{1}{2} + \frac{1}{3} - \frac{1}{4} + \frac{1}{5} - \frac{1}{6}$$

$$= \frac{1}{1} - \left(\frac{1}{2} - \frac{1}{3}\right) - \left(\frac{1}{4} - \frac{1}{5}\right) - \frac{1}{6} \leq 1$$

$$\vdots$$

$$S_{2n} = \frac{1}{1} - \left(\frac{1}{2} - \frac{1}{3}\right) - \left(\frac{1}{4} - \frac{1}{5}\right) - \left(\frac{1}{6} - \frac{1}{7}\right) - \cdots$$

$$- \left(\frac{1}{2n-2} - \frac{1}{2n-1}\right) - \frac{1}{2n} \leq 1$$

得 $\{S_{2n}\}$ 是有界遞增數列，由定理 10.5，知 $\{S_{2n}\}$ 收斂，觀察 $\{S_{2n-1}\}$ 與 $\{S_{2n}\}$ 在數線上的關係位置圖（圖 10.5），

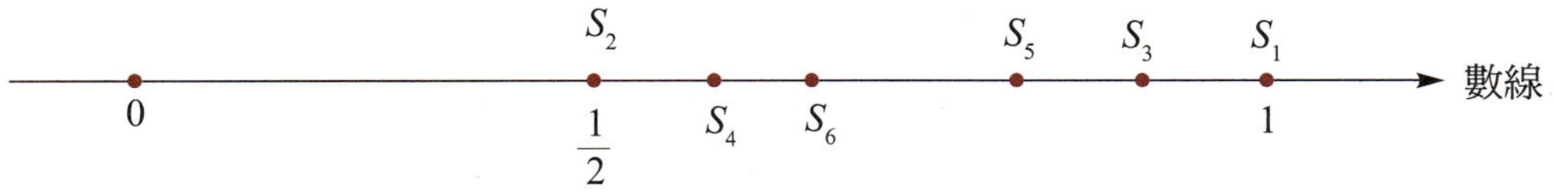

圖 10.5

發現偶數數列 $\{S_{2n}\}$ 往右靠，奇數數列 $\{S_{2n-1}\}$ 往左靠，且 S_{2n} 與 S_{2n-1} 之差為 $\frac{1}{2n}$，當 n 很大時，S_{2n} 與 S_{2n-1} 會很靠近，換言之 $\{S_{2n}\}$ 與 $\{S_{2n-1}\}$ 將會收斂到同一個數 l，因此 $\{S_n\}$ 會收斂到 l，即 $\sum_{n=1}^{\infty} \frac{(-1)^{n-1}}{n}$ 是收斂的。

歸納此例題的特性，可得如下的交錯級數判斷法。

定理 10.14　交錯級數判斷法

若 $\{a_n\}$ 是遞減數列，且 $\lim\limits_{n\to\infty} a_n=0$，則交錯級數 $\sum\limits_{n=1}^{\infty}(-1)^{n-1}a_n$ 收斂。

證明　此定理的證明，是將 $\sum\limits_{n=1}^{\infty}(-1)^{n-1}a_n$ 的對應前 n 項和數列 $\{S_n\}$，分成偶數列 $\{S_{2n}\}$ 與奇數列 $\{S_{2n-1}\}$，應用 $a_n>0$，$\{a_n\}$ 是遞減且 $\lim\limits_{n\to\infty}a_n=0$ 的性質，按照例題 2 的分析，即可得證。

例題 3　判斷 $\sum\limits_{n=1}^{\infty}(-1)^{n-1}\dfrac{n}{n^2+2}$ 的斂散性。

解　令 $\sum\limits_{n=1}^{\infty}(-1)^{n-1}a_n=\sum\limits_{n=1}^{\infty}(-1)^{n-1}\dfrac{n}{n^2+2}$，

有 $\{a_n\}=\left\{\dfrac{n}{n^2+2}\right\}$ 是遞減數列，且 $a_n=\dfrac{n}{n^2+2}>0$，

又 $\lim\limits_{n\to\infty}a_n=\lim\limits_{n\to\infty}\dfrac{n}{n^2+2}=0$，依據定理 10.14，

得知 $\sum\limits_{n=1}^{\infty}(-1)^{n-1}\dfrac{n}{n^2+2}$ 收斂。

例題 4　判斷 $\sum\limits_{n=2}^{\infty}(-1)^n(\ln n)^{-1}$ 的斂散性。

解　令 $\sum\limits_{n=2}^{\infty}(-1)^n a_n=\sum\limits_{n=2}^{\infty}(-1)^n(\ln n)^{-1}$，

有 $\{a_n\}=\left\{\dfrac{1}{\ln n}\right\}$ 是遞減數列，且 $a_n=\dfrac{1}{\ln n}>0$，

又 $\lim\limits_{n\to\infty}a_n=\lim\limits_{n\to\infty}\dfrac{1}{\ln n}=0$，依據定理 10.14，

得知 $\sum\limits_{n=2}^{\infty}(-1)^n(\ln n)^{-1}$ 收斂。

交錯級數 $\sum\limits_{n=1}^{\infty}(-1)^{n-1}a_n$ 與 $\sum\limits_{n=1}^{\infty}a_n$ 是否有密切的關係呢？下面將介紹它們的關係。

定義 10.10

(1) 若 $\sum_{n=1}^{\infty} |b_n|$ 收斂，則稱 $\sum_{n=1}^{\infty} b_n$ 是 **絕對收斂** (absolute convergence)。

(2) 若 $\sum_{n=1}^{\infty} |b_n|$ 發散，但是 $\sum_{n=1}^{\infty} b_n$ 收斂，則稱 $\sum_{n=1}^{\infty} b_n$ 是 **條件收斂** (conditional convergence)。

例題 5 證明 $\sum_{n=1}^{\infty} (-1)^{n-1} \dfrac{1}{n^2}$ 是絕對收斂。

解 由於 $\sum_{n=1}^{\infty} \left| \dfrac{(-1)^{n-1}}{n^2} \right| = \sum_{n=1}^{\infty} \dfrac{1}{n^2}$ 收斂（利用積分檢驗法），因此 $\sum_{n=1}^{\infty} \dfrac{(-1)^{n-1}}{n^2}$ 是絕對收斂，得證。

例題 6 證明 $\sum_{n=1}^{\infty} \dfrac{(-1)^{n-1}}{n}$ 是條件收斂。

解 由於 $\sum_{n=1}^{\infty} \left| \dfrac{(-1)^{n-1}}{n} \right| = \sum_{n=1}^{\infty} \dfrac{1}{n}$ 發散（利用積分檢驗法），又由交錯級數判斷法，可得 $\sum_{n=1}^{\infty} \dfrac{(-1)^{n-1}}{n}$ 收斂，因此 $\sum_{n=1}^{\infty} \dfrac{(-1)^{n-1}}{n}$ 是條件收斂，得證。

級數的收斂與絕對收斂有何關係呢？下面定理可以回答這個問題。

定理 10.15

若 $\sum |a_n|$ 收斂，則 $\sum a_n$ 收斂。

證明 令 $b_n = a_n + |a_n|$，則 $a_n = b_n - |a_n|$。

由於 $0 \leq b_n = a_n + |a_n| \leq 2|a_n|$，又 $\sum |a_n|$ 收斂，

得 $\sum 2|a_n|$ 收斂，依據一般比較判斷法則，知 $\sum b_n$ 收斂。

另一方面

$$\sum a_n = \sum (b_n - |a_n|)$$
$$= \sum b_n - \sum |a_n|$$

因為 $\sum b_n$ 與 $\sum |a_n|$ 皆收斂，所以 $\sum a_n$ 收斂，得證。

例題 7 判斷 $\sum_{n=1}^{\infty} \dfrac{\cos n}{n^2}$ 的斂散性。

解 因為 $\left|\dfrac{\cos n}{n^2}\right| \leq \dfrac{1}{n^2}$，又 $\sum \dfrac{1}{n^2}$ 收斂，依據一般比較判斷法則，知 $\sum \left|\dfrac{\cos n}{n^2}\right|$ 收斂，即 $\sum \dfrac{\cos n}{n^2}$ 是絕對收斂。

由定理 10.15，得知 $\sum \dfrac{\cos n}{n^2}$ 是收斂。

本節對收斂再細分為**絕對收斂**與**條件收斂**兩種，類似於連續函數分為可微分函數與不可微分函數兩類，這樣有助於對級數的深入瞭解。

習題 10.4

1. 判斷下列交錯級數是否收斂。

(1) $\sum_{n=1}^{\infty} \dfrac{(-1)^{n+1}}{\sqrt{n+1}}$

(2) $\sum_{n=1}^{\infty} (-1)^{n+1} \dfrac{1}{\ln(n+2)}$

(3) $\sum_{n=1}^{\infty} (-1)^{n+1} \dfrac{n}{\ln(n+1)}$

(4) $\sum_{n=1}^{\infty} (-1)^{n+1} \cos \dfrac{1}{n}$

(5) $\sum_{n=1}^{\infty} \dfrac{(-1)^{n+1} n}{n^2+1}$

(6) $\sum_{n=1}^{\infty} (-1)^{n+1} \dfrac{\ln(n+1)}{n}$

2. 判斷下列級數，哪些是絕對收斂？哪些是條件收斂？哪些是發散？

(1) $\sum_{n=1}^{\infty} (-1)^{n+1} \cos n$

(2) $\sum_{n=1}^{\infty} \cos n$

(3) $\sum_{n=1}^{\infty} (-1)^{n-1} \sin n$

(4) $\sum_{n=1}^{\infty} \dfrac{(-1)^{n-1}}{4n^{1.2}}$

(5) $\sum_{n=1}^{\infty} (-1)^{n-1} \dfrac{1}{n^{\frac{1}{4}}}$

(6) $\sum_{n=1}^{\infty} \dfrac{\cos n\pi}{n}$

(7) $\sum_{n=1}^{\infty} (-1)^{n-1} \dfrac{\sin n}{n\sqrt{n}}$

(8) $\sum_{n=1}^{\infty} (-1)^{n-1} \dfrac{1}{\sqrt{n(n+1)}}$

(9) $\sum_{n=1}^{\infty} \frac{(-1)^{n-1}}{\sqrt{n+1}+\sqrt{n+2}}$

3. $\frac{1}{1} - \frac{1}{2} + \frac{1}{3} - \frac{1}{4} + \cdots - \frac{1}{2n}$

$$= \frac{1}{1} + \frac{1}{2} + \frac{1}{3} + \cdots + \frac{1}{2n} - 2\left(\frac{1}{2} + \frac{1}{4} + \cdots + \frac{1}{2n}\right)$$

$$= \frac{1}{1} + \frac{1}{2} + \frac{1}{3} + \cdots + \frac{1}{2n} - (2)\left(\frac{1}{2}\right)\left(\frac{1}{1} + \frac{1}{2} + \frac{1}{3} + \cdots + \frac{1}{n}\right)$$

(1) 證明 $\frac{1}{1} - \frac{1}{2} + \frac{1}{3} - \frac{1}{4} + \cdots - \frac{1}{2n} = \frac{1}{n+1} + \frac{1}{n+2} + \frac{1}{n+3} + \cdots + \frac{1}{2n}$。

(2) 證明 $\lim_{n \to \infty} \left(\frac{1}{n+1} + \frac{1}{n+2} + \cdots + \frac{1}{2n}\right) = \int_0^1 \frac{1}{1+x} dx$。

(3) 證明 $\lim_{n \to \infty} \left(\frac{1}{1} - \frac{1}{2} + \frac{1}{3} - \frac{1}{4} + \cdots - \frac{1}{2n}\right) = \ln 2$。

10.5 冪級數

為了探討函數的性質，我們由淺入深，有了多項式函數，先了解多項式函數，再推廣到較複雜的三角函數、指數函數等，同樣地，無窮級數 $\sum_{n=1}^{\infty} a_n$ 的 a_n 是一函數 $f_n(x)$ 時，又是如何理解與應用呢？我們亦由多項式函數開始。

定義 10.11

(1) 形如 $\sum_{n=0}^{\infty} a_n x^n = a_0 + a_1 x + a_2 x^2 + \cdots$ 的級數，稱為 x 的**冪級數**。

(2) 形如 $\sum_{n=0}^{\infty} a_n (x-a)^n = a_0 + a_1 (x-a) + a_2 (x-a)^2 + \cdots$ 的級數，稱為 $(x-a)$ 形式的冪級數。

例題 1 決定下列級數是什麼的冪級數。

(1) $\sum_{n=0}^{\infty} 5x^n$ (2) $\sum_{n=0}^{\infty} \frac{2}{n+1} x^n$ (3) $\sum_{n=0}^{\infty} \frac{(x-2)^n}{n!}$

解 (1) $\sum_{n=0}^{\infty} 5x^n = 5 + 5x + 5x^2 + 5x^3 + \cdots$ 是 x 的冪級數。

(2) $\sum_{n=0}^{\infty} \frac{2}{n+1} x^n = \frac{2}{1} + \frac{2}{2} x + \frac{2}{3} x^2 + \cdots$ 是 x 的冪級數。

(3) $\sum_{n=0}^{\infty} \frac{(x-2)^n}{n!} = 1 + \frac{1}{1!}(x-2) + \frac{1}{2!}(x-2)^2 + \cdots$ 是 $(x-2)$ 形式的冪級數。

例題 2 決定 x 值，使得冪級數 $\sum_{n=0}^{\infty} 5x^n$ 收斂，且求其極限。

解 此冪級數 $\sum_{n=0}^{\infty} 5x^n = 5 + 5x + 5x^2 + \cdots$，是公比為 x 的等比級數，因此 $|x| < 1$ 時，$\sum_{n=0}^{\infty} 5x^n$ 收斂，且 $\sum_{n=0}^{\infty} 5x^n = \frac{5}{1-x}$。

對一般的冪級數 $\sum_{n=0}^{\infty} a_n x^n$，要如何決定 x 的範圍才收斂呢？我們有下面的定理。

定理 10.16

對冪級數 $\sum_{n=0}^{\infty} a_n x^n$ 或 $\sum_{n=0}^{\infty} a_n (x-a)^n$，令 $R = \lim_{n \to \infty} \left| \frac{a_n}{a_{n+1}} \right|$，則有下列結果：

(1) 若 $R = \infty$，則對任意實數 x，$\sum_{n=0}^{\infty} a_n x^n$ 與 $\sum_{n=0}^{\infty} a_n (x-a)^n$ 皆收斂。

(2) 若 $R = 0$，則 $\sum_{n=0}^{\infty} a_n x^n$ 只在 $x = 0$ 時收斂，且 $\sum_{n=0}^{\infty} a_n (x-a)^n$ 只在 $x = a$ 時收斂。

(3) 若 $0 < R < \infty$，則 $\sum_{n=0}^{\infty} a_n x^n$ 在 $|x| < R$ 時收斂，$\sum_{n=0}^{\infty} a_n (x-a)^n$ 在 $|x-a| < R$ 時收斂，且 $\sum_{n=0}^{\infty} a_n x^n$ 在 $|x| > R$ 時發散，$\sum_{n=0}^{\infty} a_n (x-a)^n$ 在 $|x-a| > R$ 時發散。

證明 利用判斷級數斂散性的比值判斷法，令

$$\lim_{n \to \infty} \left| \frac{a_{n+1}(x-a)^{n+1}}{a_n(x-a)^n} \right| = l$$

$l < 1$ 時，$\sum_{n=0}^{\infty} |a_n(x-a)^n|$ 收斂；且 $l > 1$ 時，$\sum_{n=0}^{\infty} |a_n(x-a)^n|$ 發散。另一方面

$$\lim_{n\to\infty}\left|\frac{a_{n+1}(x-a)^{n+1}}{a_n(x-a)^n}\right| = \lim_{n\to\infty}\left|\frac{a_{n+1}}{a_n}\right||x-a|$$

$$= \frac{1}{R}|x-a|$$

因此，得 $\frac{1}{R}|x-a| < 1$ 時，$\sum_{n=0}^{\infty}|a_n(x-a)^n|$ 收斂，且 $\frac{1}{R}|x-a| > 1$ 時，$\sum_{n=0}^{\infty}|a_n(x-a)^n|$ 發散，再利用絕對收斂與收斂的關係，即可得 (1)、(2)、(3) 的結果。

定義 10.12

(1) 定理 10.16 中所產生的 R，稱為**冪級數** $\sum_{n=0}^{\infty}a_n x^n$ 或 $\sum_{n=0}^{\infty}a_n(x-a)^n$ 的**收斂半徑** (radius of convergence)，且 $|x| < R$ 或 $|x-a| < R$ 稱為其**收斂區間** (interval of convergence)。

(2) 使得冪級數收斂的所有 x 所成的集合，稱為此冪級數的**收斂區域** (region of convergence)。

(3) 對 $\sum a_n x^n$ 而言，定理 10.16 的狀況 (1) 下，$\sum a_n x^n$ 的收斂區域為 $(-\infty, \infty)$。狀況 (2) 下，$\sum a_n x^n$ 的收斂區域為一點 $\{0\}$。狀況 (3) 下，$\sum a_n x^n$ 的收斂區域為 $(-R, R)$ 或 $[-R, R)$ 或 $(-R, R]$ 或 $[-R, R]$ 之中的一個。

(4) 對 $\sum a_n(x-a)^n$ 而言，定理 10.16 的狀況 (1) 下，$\sum a_n(x-a)^n$ 的收斂區域為 $(-\infty, \infty)$。狀況 (2) 下，$\sum a_n(x-a)^n$ 的收斂區域為一點 $\{a\}$。狀況 (3) 下，$\sum a_n(x-a)^n$ 的收斂區域為 $(a-R, a+R)$ 或 $[a-R, a+R)$ 或 $(a-R, a+R]$ 或 $[a-R, a+R]$ 之中的一個。

例題 3 求 $\sum_{n=0}^{\infty}\frac{(x-1)^n}{(n+1)!}$ 的收斂半徑與收斂區間。

解 收斂半徑 $R = \lim_{n\to\infty}\left|\frac{a_n}{a_{n+1}}\right| = \lim_{n\to\infty}\left|\frac{\frac{1}{n!}}{\frac{1}{(n+1)!}}\right|$

$= \lim_{n\to\infty}(n+1) = \infty$

所以收斂半徑 $R = \infty$，收斂區間為 $(-\infty, \infty)$。

例題 4 求 $\sum_{n=0}^{\infty} (n+1)!\,(x-2)^n$ 的收斂半徑與收斂區間。

解 收斂半徑 $R = \lim_{n \to \infty} \left| \dfrac{(n+1)!}{(n+2)!} \right| = \lim_{n \to \infty} \dfrac{1}{n+2} = 0$

所以收斂半徑 $R = 0$，收斂區間為一點 $\{2\}$。

例題 5 求 $\sum_{n=0}^{\infty} \dfrac{1}{3^n}(x-1)^n$ 的收斂半徑與收斂區域。

解 收斂半徑 $R = \lim_{n \to \infty} \left| \dfrac{\frac{1}{3^n}}{\frac{1}{3^{n+1}}} \right| = 3$，

收斂區域為 $(1-3, 1+3)$、$[1-3, 1+3)$、$(1-3, 1+3]$、$[1-3, 1+3]$ 之中的一個。

代入 $x = 1-3$ 時，

$$\sum_{n=0}^{\infty} \dfrac{1}{3^n}(x-1)^n = \sum_{n=0}^{\infty} \dfrac{1}{3^n}(-3)^n = \sum_{n=0}^{\infty} (-1)^n \text{ 發散}$$

代入 $x = 1+3$ 時，

$$\sum_{n=0}^{\infty} \dfrac{1}{3^n}(x-1)^n = \sum_{n=0}^{\infty} \dfrac{1}{3^n} 3^n = \sum_{n=0}^{\infty} 1 \text{ 發散}$$

因此級數的收斂區域為 $(1-3, 1+3) = (-2, 4)$。

例題 6 求 $\sum_{n=0}^{\infty} \dfrac{(x-2)^n}{n+1}$ 的收斂半徑與收斂區域。

解 收斂半徑 $R = \lim_{n \to \infty} \left| \dfrac{\frac{1}{n+1}}{\frac{1}{n+2}} \right| = 1$，

收斂區域為 $(2-1, 2+1)$、$[2-1, 2+1)$、$(2-1, 2+1]$、$[2-1, 2+1]$ 之中的一個。

代入 $x = 2-1$ 時，

$$\sum_{n=0}^{\infty} \frac{(x-2)^n}{n+1} = \sum_{n=0}^{\infty} \frac{(-1)^n}{n+1} = \frac{1}{1} - \frac{1}{2} + \frac{1}{3} - \frac{1}{4} + \cdots \text{ 收斂}$$

代入 $x = 2+1$ 時，

$$\sum_{n=0}^{\infty} \frac{(x-2)^n}{n+1} = \sum_{n=0}^{\infty} \frac{1}{n+1} \text{ 發散}$$

因此收斂區域為 $[2-1, 2+1) = [1, 3)$。

若 $P_k(x) = 1 + x + x^2 + x^3 + \cdots + x^k = \sum_{n=0}^{k} x^n$，則

$$P_k'(x) = 1 + 2x + 3x^2 + \cdots + kx^{k-1} = \sum_{n=0}^{k} (x^n)'$$

那麼已知 $\sum_{n=0}^{\infty} x^n = \frac{1}{1-x}$，$\forall x \in (-1, 1)$，是否可利用上面的方法得

$$\left(\frac{1}{1-x}\right)' = \sum_{n=0}^{\infty} (x^n)' = \sum_{n=1}^{\infty} nx^{n-1}, \forall x \in (-1, 1)$$

即無窮多項和的微分，可否先逐項微分再求其和呢？我們有下面的定理。

定理 10.17

若 $S(x) = \sum_{n=0}^{\infty} a_n x^n$，且收斂半徑為 $R > 0$，則

(1) $S'(x) = \sum_{n=1}^{\infty} n a_n x^{n-1}$，$\forall x \in (-R, R)$。

(2) $\int_0^x S(t) \, dt = \sum_{n=0}^{\infty} \int_0^x a_n t^n \, dt = \sum_{n=0}^{\infty} \frac{a_n}{n+1} x^{n+1}$，$\forall x \in (-R, R)$。

證明 由於 $S(x) = \sum_{n=0}^{\infty} a_n x^n$ 相當於多項式函數，因此會有類似多項式函數的性質，此定理的證明，必須用到高等微積分的性質，故省略。

例題 7 求 $\sum_{n=1}^{\infty} nx^{n-1}$ 與 $\sum_{n=0}^{\infty} \frac{1}{n+1} x^{n+1}$，對於 $|x| < 1$。

解 已知 $\sum_{n=0}^{\infty} x^n = \dfrac{1}{1-x}$，$x \in (-1, 1)$。

利用定理 10.17，有

$$\sum_{n=0}^{\infty} (x^n)' = \left(\dfrac{1}{1-x}\right)'$$

得

$$\sum_{n=1}^{\infty} nx^{n-1} = \dfrac{1}{(1-x)^2}, \quad x \in (-1, 1)$$

亦有 $\sum_{n=0}^{\infty} \dfrac{1}{n+1} x^{n+1} = \sum_{n=0}^{\infty} \int_0^x t^n \, dt = \int_0^x \sum_{n=0}^{\infty} t^n \, dt = \int_0^x \dfrac{1}{1-t} \, dt = -\ln(1-x)$

得

$$\sum_{n=0}^{\infty} \dfrac{1}{n+1} x^{n+1} = -\ln(1-x), \quad x \in (-1, 1)。$$

習題 10.5

1. 求下列級數的收斂半徑與收斂區域。

(1) $\sum_{n=0}^{\infty} n(x-1)^n$ (2) $\sum_{n=0}^{\infty} \dfrac{x^n}{(3n)!}$ (3) $\sum_{n=1}^{\infty} \dfrac{1}{n} x^n$

(4) $\sum_{n=1}^{\infty} \dfrac{(-1)^n x^n}{n(n+2)}$ (5) $\sum_{n=0}^{\infty} 3^n x^n$ (6) $\sum_{n=0}^{\infty} \dfrac{n}{10^n} (x+2)^n$

2. 將下列函數用冪級數表示之。

(1) $\dfrac{1}{1-x}$，$x \in (-1, 1)$ (2) $\dfrac{1}{1-3x}$，$x \in \left(-\dfrac{1}{3}, \dfrac{1}{3}\right)$

(3) $\dfrac{1}{1+x^2}$，$x \in (-1, 1)$ (4) $\dfrac{1}{1-x^2}$，$x \in (-1, 1)$

3. 求 $\sum_{n=1}^{\infty} \dfrac{n! \, x^{2n+1}}{1 \cdot 3 \cdot 5 \cdots (2n-1)}$ 的收斂半徑。

4. 求 $-1 + 2x - 3x^2 + 4x^3 - \cdots$ 的收斂半徑與收斂區域，並求

$-1 + 2\left(\dfrac{1}{3}\right) - 3\left(\dfrac{1}{3}\right)^2 + 4\left(\dfrac{1}{3}\right)^3 - 5\left(\dfrac{1}{3}\right)^4 + \cdots$ 之值。

10.6　泰勒級數

函數的種類很多，有多項式函數、三角函數、指數函數、對數函數等。最基本的函數，就是國中時期學到的多項式函數，多項式函數與其他的函數是否有關係呢？事實上，任何的函數皆可以說是由多項式函數建構出來的。

定理 10.18

若 $f(x)=\sum_{n=0}^{\infty} a_n(x-a)^n$，對於 $|x-a|<R$，R 為收斂半徑，則

$$a_n=\frac{f^{(n)}(a)}{n!}, \forall n=0, 1, 2, 3, \cdots。$$

證明　$f(x)=a_0+a_1(x-a)+a_2(x-a)^2+a_3(x-a)^3+\cdots$

代入 $x=a$，得 $a_0=f(a)$，依據定理 10.17，有

$$f^{(1)}(x)=a_1+2a_2(x-a)+3a_3(x-a)^2+\cdots$$

代入 $x=a$，得

$$a_1=f^{(1)}(a)$$

對 $f^{(1)}(x)$ 再次微分，依據定理 10.17，亦有

$$f^{(2)}(x)=2a_2+3!\,a_3(x-a)+4\cdot 3a_4(x-a)^2+\cdots$$

代入 $x=a$，得

$$a_2=\frac{f^{(2)}(a)}{2!}$$

同理，對 $f(x)$ 連續微分 n 次，可得

$$f^{(n)}(x)=n!\,a_n+\frac{(n+1)!}{1!}a_{n+1}(x-a)+\frac{(n+2)!}{2!}a_{n+2}(x-a)^2+\cdots$$

代入 $x=a$，得

$$a_n=\frac{f^{(n)}(a)}{n!}, n=0, 1, 2, \cdots$$

即 $a_n = \dfrac{f^{(n)}(a)}{n!}$，$\forall n = 0, 1, 2, 3, \cdots$，得證。

定義 10.13

(1) $\displaystyle\sum_{n=0}^{\infty} \dfrac{f^{(n)}(a)}{n!} (x-a)^n$ 稱為 f 在 $x = a$ 的**泰勒級數** (Taylor series)。

(2) 當 $a = 0$ 時，$\displaystyle\sum_{n=0}^{\infty} \dfrac{f^{(n)}(0)}{n!} x^n$ 亦稱為 f 的**馬克勞林級數** (Maclaurin series)。

例題 1 求 $\dfrac{1}{1-x}$ 的馬克勞林級數。

解 令 $f(x) = \dfrac{1}{1-x}$，則

$$f^{(1)}(x) = \dfrac{1}{(1-x)^2},\ f^{(2)}(x) = \dfrac{2}{(1-x)^3},\ f^{(3)}(x) = \dfrac{3!}{(1-x)^4},$$

$$f^{(4)}(x) = \dfrac{4!}{(1-x)^5},\ \cdots,\ f^{(n)}(x) = \dfrac{n!}{(1-x)^{n+1}}$$

代入 $x = 0$，得

$$f(0) = 1,\ f^{(1)}(0) = 1,\ f^{(2)}(0) = 2!,\ f^{(3)}(0) = 3!,\ \cdots,\ f^{(n)}(0) = n!$$

因此，$\dfrac{1}{1-x}$ 的馬克勞林級數為

$$1 + \dfrac{1}{1!}x + \dfrac{2!}{2!}x^2 + \dfrac{3!}{3!}x^3 + \cdots + \dfrac{n!}{n!}x^n + \cdots = \sum_{n=0}^{\infty} x^n$$

例題 2 求 $\dfrac{1}{1-x}$ 在 $x = 2$ 的泰勒級數。

解 令 $f(x) = \dfrac{1}{1-x}$，則

$$f^{(1)}(x) = \dfrac{1}{(1-x)^2},\ f^{(2)}(x) = \dfrac{2!}{(1-x)^3},\ \cdots,\ f^{(n)}(x) = \dfrac{n!}{(1-x)^{n+1}}$$

代入 $x=2$，得

$$f(2)=-1, f^{(1)}(2)=\frac{1}{(-1)^2}, f^{(2)}(2)=\frac{2!}{(-1)^3}, \cdots, f^{(n)}(2)=\frac{n!}{(-1)^{n+1}}$$

因此，$\frac{1}{1-x}$ 在 $x=2$ 的泰勒級數為

$$-1+\frac{1}{1!}(x-2)-\frac{2!}{2!}(x-2)^2+\frac{3!}{3!}(x-2)^3+\cdots+\frac{(-1)^{n+1}n!}{n!}(x-2)^n+\cdots$$

$$=\sum_{n=0}^{\infty}(-1)^{n+1}(x-2)^n$$

例題 3 求 $\sin x$ 的馬克勞林級數。

解 令 $f(x)=\sin x$，在此，先利用 $(\sin x)'=\cos x$，且 $(\cos x)'=-\sin x$ 性質，有

$$f^{(1)}(x)=\cos x, f^{(2)}(x)=-\sin x, f^{(3)}(x)=-\cos x, f^{(4)}(x)=\sin x, \cdots$$

代入 $x=0$，得

$$f(0)=0, f^{(1)}(0)=1, f^{(2)}(0)=0, f^{(3)}(0)=-1, f^{(4)}(0)=0, \cdots$$

因此，$\sin x$ 的馬克勞林級數為

$$0+\frac{1}{1!}x+\frac{0}{2!}x^2+\frac{-1}{3!}x^3+\frac{0}{4!}x^4+\frac{1}{5!}x^5+\frac{0}{6!}x^6+\cdots$$

$$=\sum_{n=0}^{\infty}\frac{(-1)^n}{(2n+1)!}x^{2n+1}$$

例題 4 求 $\frac{1}{1!}x-\frac{1}{3!}x^3+\frac{1}{5!}x^5-\cdots$ 的收斂半徑與收斂區域。

解 因為 $\frac{1}{1!}x-\frac{1}{3!}x^3+\frac{1}{5!}x^5-\cdots=\sum_{n=0}^{\infty}\frac{(-1)^n}{(2n+1)!}x^{2n+1}$，故收斂半徑為

$$R=\lim_{n\to\infty}\left|\frac{a_n}{a_{n+1}}\right|=\lim_{n\to\infty}\left|\frac{\frac{(-1)^n}{(2n+1)!}}{\frac{(-1)^{n+1}}{(2n+3)!}}\right|=\lim_{n\to\infty}\left|\frac{(2n+3)!}{(2n+1)!}\right|$$

$$=\lim_{n\to\infty}(2n+3)(2n+2)=\infty$$

且收斂區域為 $(-\infty, \infty)$。

已知 $\sin x$ 的馬克勞林級數為 $\sum_{n=0}^{\infty} \frac{(-1)^n}{(2n+1)!} x^{2n+1}$，且此冪級數的收斂半徑為 ∞，即 x 代入任意實數值，級數皆收斂，那麼是否 $\sin x = \frac{1}{1!}x - \frac{1}{3!}x^3 + \frac{1}{5!}x^5 - \cdots$ 呢？下面將討論這個問題。

定義 10.14

若 f 在 $x=a$ 的前 n 階導數均存在，則定義 f 在 $x=a$ 的 **n 階泰勒多項式** (n-th Taylor polynomial) $P_n(x)$ 為

$$P_n(x) = f(a) + \frac{f^{(1)}(a)}{1!}(x-a) + \frac{f^{(2)}(a)}{2!}(x-a)^2 + \cdots + \frac{f^{(n)}(a)}{n!}(x-a)^n$$

例題 5 求 $\sin x$ 在 $x=0$ 的 6 階泰勒多項式。

解 令 $f(x) = \sin x$，則

$$f^{(1)}(x) = \cos x, \quad f^{(2)}(x) = -\sin x, \quad f^{(3)}(x) = -\cos x,$$
$$f^{(4)}(x) = \sin x, \quad f^{(5)}(x) = \cos x, \quad f^{(6)}(x) = -\sin x$$

代入 $x=0$，得

$$f(0) = 0, \quad f^{(1)}(0) = 1, \quad f^{(2)}(0) = 0, \quad f^{(3)}(0) = -1,$$
$$f^{(4)}(0) = 0, \quad f^{(5)}(0) = 1, \quad f^{(6)}(0) = 0$$

因此，$\sin x$ 的 6 階泰勒多項式 $P_6(x)$ 為

$$P_6(x) = f(0) + \frac{f^{(1)}(0)}{1!}(x-0) + \frac{f^{(2)}(0)}{2!}(x-0)^2 + \frac{f^{(3)}(0)}{3!}(x-0)^3$$
$$+ \frac{f^{(4)}(0)}{4!}(x-0)^4 + \frac{f^{(5)}(0)}{5!}(x-0)^5 + \frac{f^{(6)}(0)}{6!}(x-0)^6$$
$$= \frac{1}{1!}x - \frac{1}{3!}x^3 + \frac{1}{5!}x^5$$

例題 6 求 $f(x) = \ln x$ 在 $x = 1$ 的 5 階泰勒多項式。

解 計算前 5 階導數。

$$f(x) = \ln x, \qquad f(1) = \ln 1 = 0$$

$$f^{(1)}(x) = \frac{1}{x}, \qquad f^{(1)}(1) = 1$$

$$f^{(2)}(x) = \frac{-1}{x^2}, \qquad f^{(2)}(1) = -1$$

$$f^{(3)}(x) = \frac{2}{x^3}, \qquad f^{(3)}(1) = 2!$$

$$f^{(4)}(x) = \frac{-3!}{x^4}, \qquad f^{(4)}(1) = -3!$$

$$f^{(5)}(x) = \frac{4!}{x^5}, \qquad f^{(5)}(1) = 4!$$

因此，$\ln x$ 的 5 階泰勒多項式 $P_5(x)$ 為

$$P_5(x) = f(1) + \frac{f^{(1)}(1)}{1!}(x-1) + \frac{f^{(2)}(1)}{2!}(x-1)^2 + \frac{f^{(3)}(1)}{3!}(x-1)^3$$

$$+ \frac{f^{(4)}(1)}{4!}(x-1)^4 + \frac{f^{(5)}(1)}{5!}(x-1)^5$$

$$= \frac{1}{1!}(x-1) + \frac{-1}{2!}(x-1)^2 + \frac{2!}{3!}(x-1)^3 + \frac{-3!}{4!}(x-1)^4 + \frac{4!}{5!}(x-1)^5$$

仔細觀察 n 階泰勒多項式 $P_n(x)$ 與泰勒級數 $\sum_{n=0}^{\infty} \frac{f^{(n)}(a)}{n!}(x-a)^n$，發現

$$P_n(x) = \sum_{n=0}^{n} \frac{f^{(i)}(a)}{i!}(x-a)^i$$

是泰勒級數的前 $(n+1)$ 項和；換言之，當 $n \to \infty$ 時，n 階泰勒多項式就是泰勒級數，因此，若要考慮泰勒級數是否等於 $f(x)$，可以實際計算 $f(x)$ 與 $P_n(x)$ 的誤差，利用此一誤差，可說明泰勒級數是否等於 $f(x)$。

定義 10.15

若 $P_n(x)$ 表示 $f(x)$ 的 n 階泰勒多項式，令

$$R_n(x) = f(x) - P_n(x)$$

則稱 $R_n(x)$ 是 $f(x)$ 的 n 階**餘項** (remainder)。

定理 10.19

已知 l 是常數，若函數 f 在區間 $(a-l, a+l)$ 的第 $n+1$ 階導數存在，則有下列結果：

(1) $f(x) = \sum_{i=0}^{n} \dfrac{f^{(i)}(a)}{i!}(x-a)^i + \dfrac{f^{(n+1)}(c)}{(n+1)!}(x-a)^{n+1}$, $\forall x \in (a-l, a+l)$

$\quad = P_n(x) + R_n(x)$

其中，$R_n(x) = \dfrac{f^{(n+1)}(c)}{(n+1)!}(x-a)^{n+1}$，$c$ 是介於 a 與 x 之間的某數。

(2) $f(x) = \sum_{i=0}^{\infty} \dfrac{f^{(i)}(a)}{i!}(x-a)^i$ 的充分且必要條件是

$$\lim_{n \to \infty} R_n(x) = 0$$

證明 泰勒定理是均值定理的推廣，均值定理為 $f(x) - f(a) = f^{(1)}(c)(x-a)$，即

$$f(x) = f(a) + \dfrac{f^{(1)}(c)}{1!}(x-a)$$

其中 c 是介於 x 與 a 之間的某數，泰勒定理證明的方法，類似於均值定理證明的方法，在此省略。

例題 7 求 $f(x) = \cos x$ 的馬克勞林級數，並證明此級數等於 $\cos x$。

解

$$f(x)=\cos x, \qquad f(0)=1$$
$$f^{(1)}(x)=-\sin x, \qquad f^{(1)}(0)=0$$
$$f^{(2)}(x)=-\cos x, \qquad f^{(2)}(0)=-1$$
$$f^{(3)}(x)=\sin x, \qquad f^{(3)}(0)=0$$
$$f^{(4)}(x)=\cos x, \qquad f^{(4)}(0)=1$$

因此，$\cos x$ 的馬克勞林級數為

$$\sum_{i=0}^{\infty}\frac{f^{(i)}(0)}{i!}x^{i}=1-\frac{1}{2!}x^{2}+\frac{1}{4!}x^{4}-\frac{1}{6!}x^{6}+\cdots$$

$$=\sum_{n=0}^{\infty}\frac{(-1)^{n}}{(2n)!}x^{2n}$$

另一方面，由泰勒定理，得

$$\cos x=\sum_{i=0}^{n}\frac{f^{(i)}(0)}{i!}x^{i}+\frac{f^{(n+1)}(c)}{(n+1)!}x^{n+1}$$

$$=1-\frac{1}{2!}x^{2}+\frac{1}{4!}x^{4}-\cdots+\frac{f^{(n)}(0)}{n!}x^{n}+R_{n}(x)$$

其中 $R_{n}(x)=\dfrac{f^{(n+1)}(c)}{(n+1)!}x^{n+1}$，$c$ 是介於 x 與 0 之間的某數。

又
$$\lim_{n\to\infty}|R_{n}(x)|=\lim_{n\to\infty}\frac{|f^{(n+1)}(c)|}{(n+1)!}|x|^{n+1}$$

$$\leq\lim_{n\to\infty}\frac{|x|^{n+1}}{(n+1)!}\quad(\because |f^{(n+1)}(c)|=|\cos c|\text{ 或 }|\sin c|)$$

$$=0，\forall x\in(-\infty,\infty)$$

所以

$$\cos x=1-\frac{1}{2!}x^{2}+\frac{1}{4!}x^{4}-\frac{1}{6!}x^{6}+\cdots$$

$$=\sum_{n=0}^{\infty}\frac{(-1)^{n}}{(2n)!}x^{2n}，\forall x\in(-\infty,\infty)$$

例題 8 證明 $e^{x}=1+\dfrac{x}{1!}+\dfrac{x^{2}}{2!}+\dfrac{x^{3}}{3!}+\cdots，\forall x\in(-\infty,\infty)$。

解 令 $f(x) = e^x$，由於 e^x 的任意階導數存在，因此

$$f(x) = \sum_{i=0}^{n} \frac{f^{(i)}(0)}{i!} x^i + \frac{f^{(n+1)}(c)}{(n+1)!} x^{n+1}$$

其中 c 是介於 x 與 0 之間的某數，且

$$\lim_{n \to \infty} |R_n(x)| = \lim_{n \to \infty} \left| \frac{f^{(n+1)}(c)}{(n+1)!} x^{n+1} \right|$$

$$= \lim_{n \to \infty} \frac{e^c}{(n+1)!} |x|^{n+1}$$

$$= 0 \text{，} \forall x \in (-\infty, \infty)$$

依據泰勒定理，得

$$f(x) = \sum_{i=0}^{\infty} \frac{f^{(i)}(0)}{i!} x^i = \sum_{i=0}^{\infty} \frac{e^0}{i!} x^i$$

$$= 1 + \frac{x}{1!} + \frac{x^2}{2!} + \frac{x^3}{3!} + \cdots \text{，} \forall x \in (-\infty, \infty)$$

即 $e^x = 1 + \dfrac{x}{1!} + \dfrac{x^2}{2!} + \dfrac{x^3}{3!} + \cdots$，$\forall x \in (-\infty, \infty)$，得證。

例題 9 求 $f(x) = (1+x)^3$ 的馬克勞林級數。

解 計算 $f^{(n)}(0)$，$n = 0, 1, 2, \cdots$，得

$$\begin{aligned}
f(x) &= (1+x)^3, & f(0) &= 1 \\
f^{(1)}(x) &= 3(1+x)^2, & f^{(1)}(0) &= 3 \\
f^{(2)}(x) &= 6(1+x), & f^{(2)}(0) &= 6 \\
f^{(3)}(x) &= 6, & f^{(3)}(0) &= 6 \\
f^{(4)}(x) &= 0, & f^{(4)}(0) &= 0 \\
&\vdots & &\vdots \\
f^{(n)}(x) &= 0, & f^{(n)}(0) &= 0 \text{，} \forall n \geq 4
\end{aligned}$$

因此 $(1+x)^3$ 的馬克勞林級數為

$$\sum_{n=0}^{\infty} \frac{f^{(n)}(0)}{n!} x^n = 1 + \frac{3}{1!} x + \frac{6}{2!} x^2 + \frac{6}{3!} x^3$$
$$= 1 + 3x + 3x^2 + x^3 = (1+x)^3$$

事實上，任意多項式函數的馬克勞林級數就是原來的多項式函數。

例題 10 求 $f(x) = \ln(1+x)$ 的馬克勞林級數。

解 計算 $f^{(n)}(0)$，$n = 0, 1, 2, \cdots$，得

$$f(x) = \ln(1+x), \qquad f(0) = \ln 1 = 0$$
$$f^{(1)}(x) = \frac{1}{1+x}, \qquad f^{(1)}(0) = 1$$
$$f^{(2)}(x) = \frac{-1}{(1+x)^2}, \qquad f^{(2)}(0) = -1$$
$$f^{(3)}(x) = \frac{2!}{(1+x)^3}, \qquad f^{(3)}(0) = 2!$$
$$\vdots \qquad\qquad \vdots$$
$$f^{(n)}(x) = \frac{(-1)^{n-1}(n-1)!}{(1+x)^n}, \quad f^{(n)}(0) = (-1)^{n-1}(n-1)!, \forall\, n = 1, 2, \cdots$$

因此，$\ln(1+x)$ 的馬克勞林級數為

$$\sum_{n=0}^{\infty} \frac{f^{(n)}(0)}{n!} x^n = \sum_{n=1}^{\infty} \frac{(-1)^{n-1}(n-1)!}{n!} x^n = \sum_{n=1}^{\infty} \frac{(-1)^{n-1}}{n} x^n$$
$$= x - \frac{1}{2} x^2 + \frac{1}{3} x^3 - \frac{1}{4} x^4 + \cdots$$

例題 11 證明 $\ln(1+x) = x - \frac{1}{2} x^2 + \frac{1}{3} x^3 - \frac{1}{4} x^4 + \cdots$，對於 $|x| < 1$。

解 令 $f(x) = \ln(1+x)$，由於 $\ln(1+x)$ 的任意階導數存在，因此

$$f(x) = \sum_{i=0}^{n} \frac{1}{i!} f^{(i)}(0) x^i + \frac{f^{(n+1)}(c)}{(n+1)!} x^{n+1}$$

其中 c 是介於 0 與 x 之間的某數，承例題 10，得

$$f(x)=\sum_{i=1}^{n}\frac{(-1)^{i-1}}{i}x^i+\frac{(-1)^n}{(n+1)(1+c)^{n+1}}x^{n+1}$$

且

$$\lim_{n\to\infty}|R_n(x)|=\lim_{n\to\infty}\left|\frac{f^{(n+1)}(c)}{(n+1)!}x^{n+1}\right|$$

$$=\lim_{n\to\infty}\left|\frac{(-1)^n x^{n+1}}{(n+1)(1+c)^{n+1}}\right|$$

$$=\lim_{n\to\infty}\frac{|x|^{n+1}}{(n+1)(1+c)^{n+1}}$$

當 $x\in[0,1)$ 時，

$$\lim_{n\to\infty}|R_n(x)|=\lim_{n\to\infty}\frac{|x|^{n+1}}{(n+1)(1+c)^{n+1}}$$

$$\leq\lim_{n\to\infty}\frac{|x|^{n+1}}{n+1}=0$$

當 $x\in(-1,0)$ 時，需利用較複雜的方法處理，請參考 Fitzpatrick 所著 *Advanced Calculus*, 1996 年版，177～179 頁，亦可得

$$\lim_{n\to\infty}|R_n(x)|=0$$

因此，得 $f(x)=\sum_{i=1}^{\infty}\frac{(-1)^{i-1}}{i}x^i$, $\forall\,|x|<1$，

即 $\ln(1+x)=x-\frac{1}{2}x^2+\frac{1}{3}x^3-\cdots$, $\forall\,|x|<1$，得證。

習題 10.6

1. 求下列函數在 $x=a$ 的泰勒級數。
   (1) $f(x)=\sqrt{x+1}$, $a=0$
   (2) $f(x)=\cos x$, $a=\frac{\pi}{6}$
   (3) $f(x)=4x^3+2x-1$, $a=1$
   (4) $f(x)=e^{2x}$, $a=0$
2. 求下列函數的馬克勞林級數。
   (1) $f(x)=e^{-x}$
   (2) $f(x)=xe^{-x}$

(3) $f(x) = \sin 2x$ (4) $f(x) = \dfrac{1}{2-x}$

(5) $f(x) = 5^x$

3. 求下列函數在 $x = a$ 的 4 階泰勒多項式。

(1) $f(x) = 5x^4 - 2x^2 + 1$, $a = 1$

(2) $f(x) = (x+1)^3$, $a = 0$

(3) $f(x) = \dfrac{1}{4+x^2}$, $a = 1$

(4) $f(x) = (x-1)^3$, $a = 1$

4. 求 $\dfrac{1}{1!}x - \dfrac{1}{3!}x^3 + \dfrac{x^5}{5!} - \dfrac{x^7}{7!} + \cdots$ 的和。

5. 求 $1 - \dfrac{1}{2} + \dfrac{1}{3} - \dfrac{1}{4} + \dfrac{1}{5} - \dfrac{1}{6} + \cdots$ 的和。

附　錄

附錄 1　三角函數及其導函數

　　三角函數的定義為直角三角形之邊長的比值。六個三角函數分別以 sin x、cos x、tan x、cot x、sec x 及 csc x 表示，其中 x 表示直角三角形的正銳角。表 A1 列出六個三角函數的定義域及值域，其函數圖形在圖 A1。

表 A1

三角函數	定義域	值域
$y = \sin x$	$x \in \mathbb{R}$	$y \in [-1, 1]$
$y = \cos x$	$x \in \mathbb{R}$	$y \in [-1, 1]$
$y = \tan x$	$\{x \mid x \in \mathbb{R},\ x \neq \dfrac{2n+1}{2}\pi,\ n \in \mathbb{Z}\}$	$y \in \mathbb{R}$
$y = \cot x$	$\{x \mid x \in \mathbb{R},\ x \neq n\pi,\ n \in \mathbb{Z}\}$	$y \in \mathbb{R}$
$y = \sec x$	$\{x \mid x \in \mathbb{R},\ x \neq \dfrac{2n+1}{2}\pi,\ n \in \mathbb{Z}\}$	$y \in (-\infty, -1] \cup [1, \infty)$
$y = \csc x$	$\{x \mid x \in \mathbb{R},\ x \neq n\pi,\ n \in \mathbb{Z}\}$	$y \in (-\infty, -1] \cup [1, \infty)$

三角函數的圖形

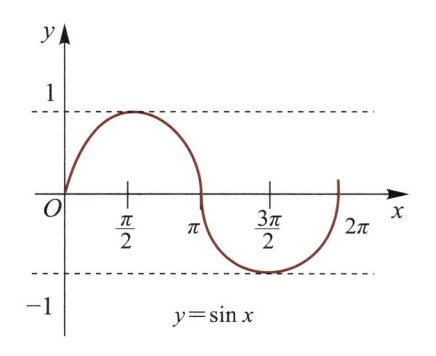

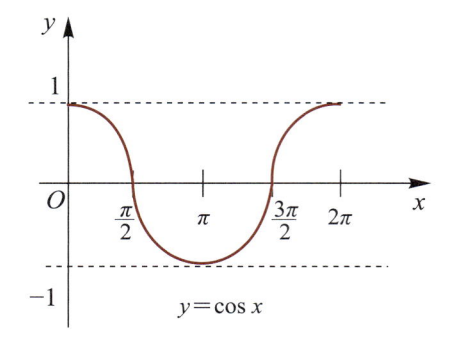

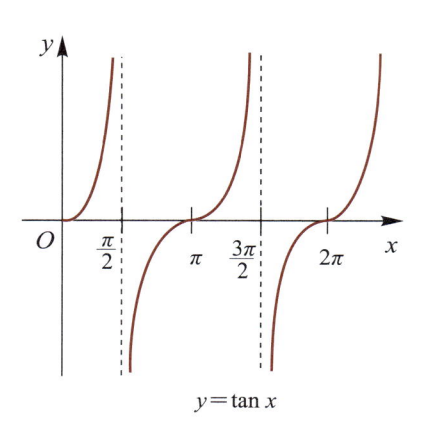

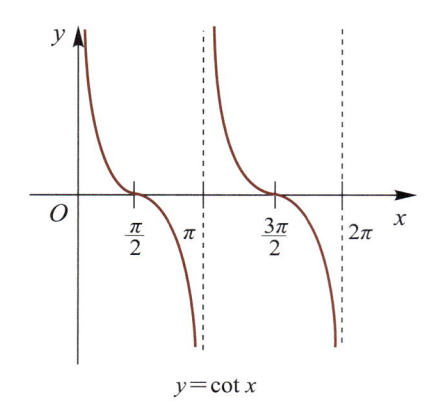

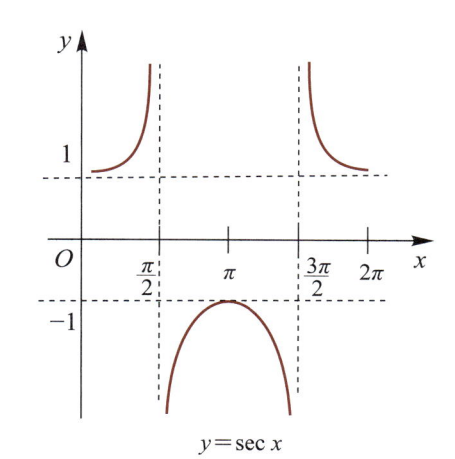

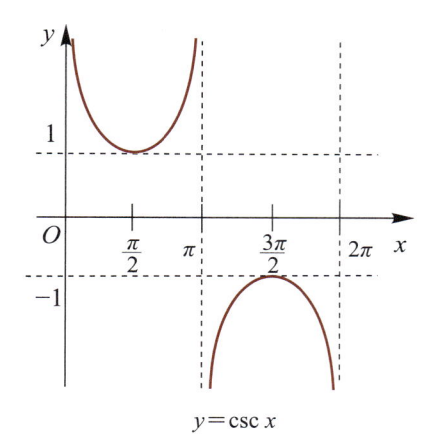

圖 A1

三角函數間的關係式：

$$\tan x = \frac{\sin x}{\cos x} \qquad \cot x = \frac{\cos x}{\sin x}$$

$$\sec x = \frac{1}{\cos x} \qquad \csc x = \frac{1}{\sin x}$$

常用三角函數的恆等式：

$$\sin^2 x + \cos^2 x = 1$$
$$\sec^2 x = \tan^2 x + 1$$
$$\csc^2 x = \cot^2 x + 1$$

在介紹三角函數的導函數前，先介紹兩個重要的極限結果。此結果將應用在三角函數的導函數之推導過程。

定理 1　三角函數的極限

$$(1)\ \lim_{x \to 0} \frac{\sin x}{x} = 1 \ ,\ (2)\ \lim_{x \to 0} \frac{\cos x - 1}{x} = 0$$

證明　(1) 因為 $\cos x < \dfrac{\sin x}{x} < 1$（請參考 Stewart 所著 *Calculus*, 2006 年出版，214～215 頁）。

其中 $\lim\limits_{x \to 0} \cos x = 1$，$\lim\limits_{x \to 0} 1 = 1$，根據夾擠定理 (p. 25)，故 $\lim\limits_{x \to 0} \dfrac{\sin x}{x} = 1$。

亦可藉由羅比達定理證明得之。

$$\lim_{x \to 0} \frac{\sin x}{x} = \lim_{x \to 0} \frac{\cos x}{1} = 1$$

(2) 在 (1) 成立的情況下，

$$\lim_{x \to 0} \frac{\cos x - 1}{x} = \lim_{x \to 0} \frac{\cos x - 1}{x} \left(\frac{\cos x + 1}{\cos x + 1} \right) = \lim_{x \to 0} \frac{\cos^2 x - 1}{x(\cos x + 1)}$$

$$= -\lim_{x \to 0} \left(\frac{\sin x}{x} \cdot \frac{\sin x}{\cos x + 1} \right)$$

$$= -\lim_{x\to 0}\frac{\sin x}{x}\lim_{x\to 0}\frac{\sin x}{\cos x+1}=(-1)\cdot 0=0$$

亦可藉由羅比達定理證明得之。

$$\lim_{x\to 0}\frac{\cos x-1}{x}=\lim_{x\to 0}\frac{-\sin x}{1}=0$$

例題 1 求下列極限值。

(1) $\lim_{x\to 0}\dfrac{\sin 2x}{2x}$ (2) $\lim_{x\to 0}\dfrac{1-\cos x}{\sin x}$ (3) $\lim_{x\to 0}\dfrac{\cos^2 2x-1}{\sin 3x}$

解 (1) 令 $t=2x$，當 $x\to 0$，則 $t\to 0$。得

$$\lim_{x\to 0}\frac{\sin 2x}{2x}=\lim_{t\to 0}\frac{\sin t}{t}=1$$

(2) $\lim_{x\to 0}\dfrac{1-\cos x}{\sin x}=\lim_{x\to 0}\dfrac{\dfrac{-(\cos x-1)}{x}}{\dfrac{\sin x}{x}}=-\dfrac{\lim_{x\to 0}\dfrac{(\cos x-1)}{x}}{\lim_{x\to 0}\dfrac{\sin x}{x}}=\dfrac{0}{1}=0$

(3) $\lim_{x\to 0}\dfrac{\cos^2 2x-1}{\sin 3x}=\lim_{x\to 0}\dfrac{(\cos 2x-1)(\cos 2x+1)}{\sin 3x}$

$$=\frac{2}{3}\lim_{x\to 0}\frac{\dfrac{(\cos 2x-1)}{2x}(\cos 2x+1)}{\dfrac{\sin 3x}{3x}}$$

令 $t=2x$，當 $x\to 0$，則 $t\to 0$。令 $u=3x$，當 $x\to 0$，則 $u\to 0$。
故上式可寫成

$$\frac{2}{3}\left(\frac{\lim_{t\to 0}\dfrac{\cos t-1}{t}}{\lim_{u\to 0}\dfrac{\sin u}{u}}\right)\lim_{x\to 0}(\cos 2x+1)=\frac{2}{3}\left(\frac{0}{1}\right)2=0$$

將定理 1 的結果應用在下列三角函數的導函數之推導過程。

定理 2　三角函數的導函數

1. $\dfrac{d}{dx}\sin x = \cos x$
2. $\dfrac{d}{dx}\cos x = -\sin x$
3. $\dfrac{d}{dx}\tan x = \sec^2 x$
4. $\dfrac{d}{dx}\cot x = -\csc^2 x$
5. $\dfrac{d}{dx}\sec x = \sec x \tan x$
6. $\dfrac{d}{dx}\csc x = -\csc x \cot x$

證明　(1) 欲求 $f(x)=\sin x$ 之導函數。根據導函數的定義，

$$\begin{aligned}
f'(x) &= \lim_{h\to 0}\frac{f(x+h)-f(x)}{h} = \lim_{h\to 0}\frac{\sin(x+h)-\sin x}{h} \\
&= \lim_{h\to 0}\frac{\sin x \cos h + \cos x \sin h - \sin x}{h} \\
&= \lim_{h\to 0}\frac{\sin x(\cos h - 1) + \cos x \sin h}{h} \\
&= \sin x \lim_{h\to 0}\left(\frac{\cos h - 1}{h}\right) + \cos x \lim_{h\to 0}\left(\frac{\sin h}{h}\right) \\
&= \sin x (0) + \cos x (1) = \cos x
\end{aligned}$$

(2) $f(x)=\cos x$，根據導函數的定義，

$$\begin{aligned}
f'(x) &= \lim_{h\to 0}\frac{f(x+h)-f(x)}{h} = \lim_{h\to 0}\frac{\cos(x+h)-\cos x}{h} \\
&= \lim_{h\to 0}\frac{\cos x \cos h - \sin x \sin h - \cos x}{h} \\
&= \lim_{h\to 0}\frac{\cos x (\cos h - 1) - \sin x \sin h}{h} \\
&= \cos x \lim_{h\to 0}\left(\frac{\cos h - 1}{h}\right) - \sin x \lim_{h\to 0}\left(\frac{\sin h}{h}\right) \\
&= \cos x (0) - \sin x (1) = -\sin x
\end{aligned}$$

(3) 若 $f(x)=\tan x$，其導函數為

$$\begin{aligned}
f'(x) &= \frac{d}{dx}\tan x = \frac{d}{dx}\left(\frac{\sin x}{\cos x}\right) = \frac{\cos x \cos x - \sin x (-\sin x)}{\cos^2 x} \\
&= \frac{\cos^2 x + \sin^2 x}{\cos^2 x} = \frac{1}{\cos^2 x} = \sec^2 x
\end{aligned}$$

(4) ～ (6) 其餘三角函數的導數皆可利用下列關係式推導得之，

$$\cot x = \frac{\cos x}{\sin x} \ , \ \sec x = \frac{1}{\cos x} \ , \ \csc x = \frac{1}{\sin x}$$

例題 2 若 $y = e^x \sin x$，求 y'。

解 $y' = e^x \dfrac{d}{dx} \sin x + \sin x \dfrac{d}{dx}(e^x) = e^x(\cos x + \sin x)$

例題 3 求下列函數之 y'。

(1) $y = \dfrac{\sin x + \cos x}{\tan x}$ (2) $y = \tan(\cos x^2)$ (3) $y = \dfrac{\sec 2x - 1}{\tan 3x}$

解 (1) $y' = \dfrac{(\sin x + \cos x)' \tan x - (\sin x + \cos x)(\tan x)'}{\tan^2 x}$

$= \dfrac{(\cos x - \sin x)\tan x - (\sin x + \cos x)\sec^2 x}{\tan^2 x}$

(2) 利用連鎖法則，令 $y = \tan u$，$u = \cos v$，$v = x^2$。$\dfrac{dy}{du} = \sec^2 u$，$\dfrac{du}{dv} = -\sin v$，$\dfrac{dv}{dx} = 2x$。

$$y' = \frac{dy}{dx} = \frac{dy}{du} \cdot \frac{du}{dv} \cdot \frac{dv}{dx}$$
$$= \sec^2(\cos x^2) \cdot -\sin x^2 \cdot 2x$$
$$= -2x \sec^2(\cos x^2) \sin x^2$$

(3) $y' = \dfrac{(\sec 2x - 1)' \tan 3x - (\sec 2x - 1)(\tan 3x)'}{(\tan 3x)^2}$

$= \dfrac{2\sec 2x \tan 2x \tan 3x - (\sec 2x - 1)(3\sec^2 3x)}{(\tan 3x)^2}$

$= \dfrac{2\sec 2x \tan 2x \tan 3x - 3\sec 2x \sec^2 3x + 3\sec^2 3x}{\tan^2 3x}$

根據定理 2，得知 $\sin x$ 的反導函數為 $-\cos x$，$\cos x$ 的反導函數為 $\sin x$，故可

得不定積分形式 $\int \sin x \, dx = -\cos x + C$，$\int \cos x \, dx = \sin x + C$。在求三角函數的不定積分時，可藉由這些結果求解。

附錄 1 習題

1～4 題，求下列極限值。

1. $\lim\limits_{x \to 0} \dfrac{\tan x}{x}$

2. $\lim\limits_{x \to 2} \dfrac{\sin(x-2)}{x^2+2x-8}$

3. $\lim\limits_{x \to 0} \dfrac{\cos^2 x - 1}{x}$

4. $\lim\limits_{x \to 0} \dfrac{\sin^2 4x}{1-\cos^2 3x}$

5～10 題，求下列函數之微分。

5. $f(x) = \tan(2x) + \sin(x^{-1})$

6. $f(x) = \ln(x^2 - 8)\cos(x)$

7. $f(x) = \dfrac{\cos^2(3x) - \sec(x^2)}{\sin(2x)}$

8. $f(x) = \sec^2(\tan x^2)$

9. $f(x) = \ln^2[\csc(e^x)]$

10. $f(x) = \log_{10}[\sec(x^2)]$

11～16 題，求下列不定積分。

11. $\int \cos x + \sin x \, dx$

12. $\int \sec x \tan x \, dx$

13. $\int x \sec^2(x^2) \, dx$

14. $\int \dfrac{\csc \sqrt{x} \, \cot \sqrt{x}}{\sqrt{x}} \, dx$

15. $\int \dfrac{\cos x}{\sin^3 x} \, dx$

16. $\int e^x \tan e^x \, dx$

附錄 2　反三角函數及其導函數

因為三角函數為週期性變化，非一對一函數，故其反函數無法定義。但若將定義域加以限制，則可定義其反函數。在限定的定義域範圍，定義六個三角反函數如表 A2 所示，其反函數圖形在圖 A2。

表 A2

反三角函數	定義域	值 域
$y=\sin^{-1} x$	$x \in [-1, 1]$	$y \in \left[-\dfrac{\pi}{2}, \dfrac{\pi}{2}\right]$
$y=\cos^{-1} x$	$x \in [-1, 1]$	$y \in [0, \pi]$
$y=\tan^{-1} x$	$x \in \mathbb{R}$	$y \in \left(-\dfrac{\pi}{2}, \dfrac{\pi}{2}\right)$
$y=\cot^{-1} x$	$x \in \mathbb{R}$	$y \in (0, \pi)$
$y=\sec^{-1} x$	$x \in (-\infty, -1] \cup [1, \infty)$	$y \in \left[0, \dfrac{\pi}{2}\right) \cup \left(\dfrac{\pi}{2}, \pi\right]$
$y=\csc^{-1} x$	$x \in (-\infty, -1] \cup [1, \infty)$	$y \in \left(0, \dfrac{\pi}{2}\right] \cup \left[-\dfrac{\pi}{2}, 0\right)$

反三角函數的圖形

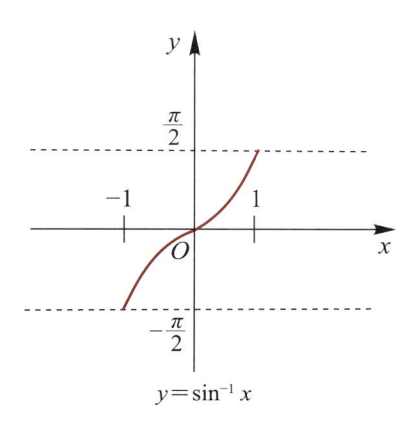

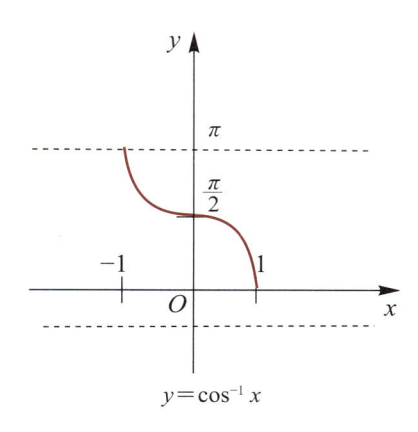

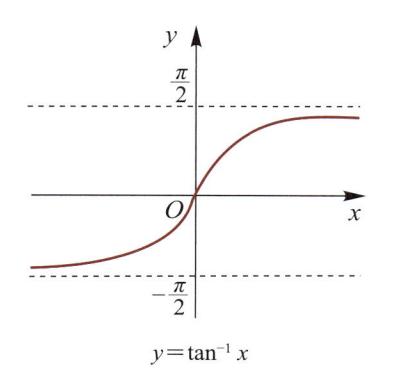

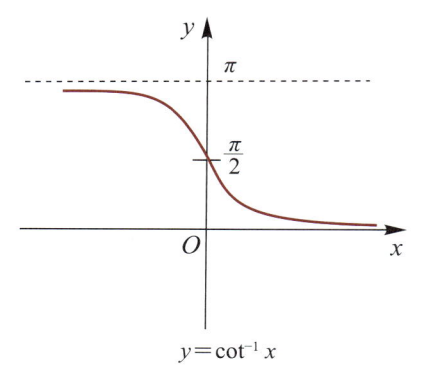

圖 A2

$y = \sec^{-1} x$ $y = \csc^{-1} x$

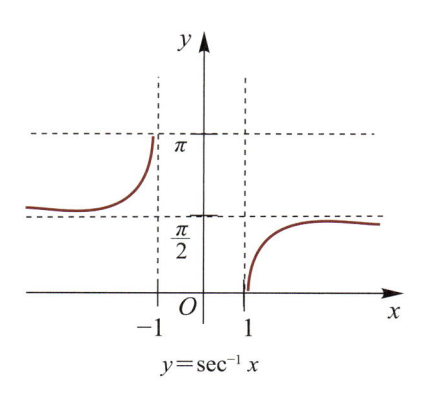

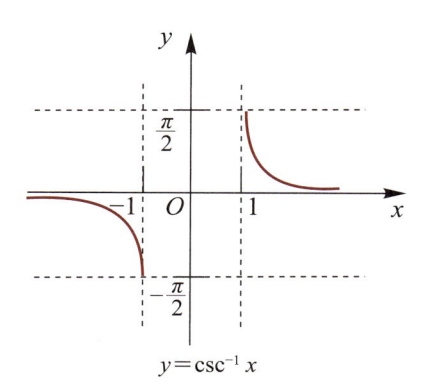

圖 A2（續）

例題 1 求 (1) $\sin^{-1}\left(\dfrac{1}{2}\right)$ (2) $\cos^{-1}\left(\dfrac{\sqrt{2}}{2}\right)$ (3) $\tan^{-1} 1$

解 (1) $y = \sin^{-1}\left(\dfrac{1}{2}\right) \Rightarrow \sin y = \sin\left(\sin^{-1}\left(\dfrac{1}{2}\right)\right) = \dfrac{1}{2} \Rightarrow y = \dfrac{\pi}{6}$

(2) $y = \cos^{-1}\left(\dfrac{\sqrt{2}}{2}\right) \Rightarrow \cos y = \cos\left(\cos^{-1}\left(\dfrac{\sqrt{2}}{2}\right)\right) = \dfrac{\sqrt{2}}{2} \Rightarrow y = \dfrac{\pi}{4}$

(3) $y = \tan^{-1} 1 \Rightarrow \tan y = \tan(\tan^{-1} 1) = 1 \Rightarrow y = \dfrac{\pi}{4}$

例題 2 試證 $\sin(\cos^{-1} x) = \sqrt{1-x^2}$。

解 令 $y = \cos^{-1} x \Rightarrow \cos y = x$，可藉由右圖表示之
$\sin y = \sqrt{1 - \cos^2 y} = \sqrt{1 - x^2}$

故 $\sin(\cos^{-1} x) = \sqrt{1-x^2}$ 得證。

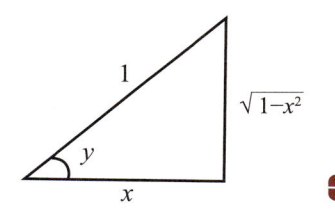

定理 3　反三角函數的導函數

(1) $\dfrac{d}{dx} \sin^{-1} x = \dfrac{1}{\sqrt{1-x^2}}$，$|x| < 1$　(2) $\dfrac{d}{dx} \cos^{-1} x = \dfrac{-1}{\sqrt{1-x^2}}$，$|x| < 1$

(3) $\dfrac{d}{dx} \tan^{-1} x = \dfrac{1}{1+x^2}$，$x \in \mathbb{R}$　(4) $\dfrac{d}{dx} \cot^{-1} x = \dfrac{-1}{1+x^2}$，$x \in \mathbb{R}$

(5) $\dfrac{d}{dx} \sec^{-1} x = \dfrac{1}{x\sqrt{x^2-1}}$，$|x| > 1$　(6) $\dfrac{d}{dx} \csc^{-1} x = \dfrac{-1}{x\sqrt{x^2-1}}$，$|x| > 1$

證明 (1) 令 $y = \sin^{-1} x \Rightarrow \sin y = x$，可藉由右圖表示之

$$\frac{d}{dx}\sin y = \frac{d}{dx}x = 1 \Rightarrow y'\cos y = 1$$

$$\Rightarrow y' = \frac{1}{\cos y}$$

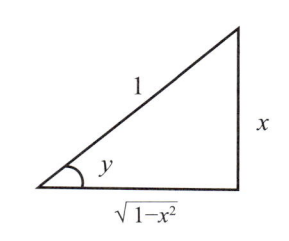

$\cos y = \sqrt{1-x^2}$，故 $y' = \dfrac{d}{dx}\sin^{-1} x = \dfrac{1}{\sqrt{1-x^2}}$ 得證。

(2) 令 $y = \cos^{-1} x \Rightarrow \cos y = x$，可藉由右圖表示之

$$\frac{d}{dx}\cos y = \frac{d}{dx}x = 1 \Rightarrow y'(-\sin y) = 1$$

$$\Rightarrow y' = \frac{-1}{\sin y}$$

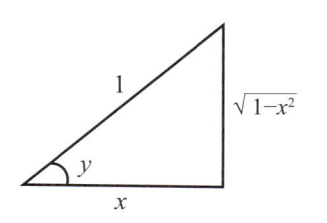

$\sin y = \sqrt{1-x^2}$，故 $y' = \dfrac{d}{dx}\cos^{-1} x = \dfrac{-1}{\sqrt{1-x^2}}$ 得證。

(3) 令 $y = \tan^{-1} x \Rightarrow \tan y = x$，可藉由右圖表示之

$$\frac{d}{dx}\tan y = \frac{d}{dx}x = 1 \Rightarrow y'\sec^2 y = 1$$

$$\Rightarrow y' = \frac{1}{\sec^2 y}$$

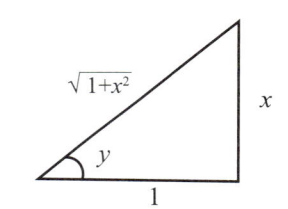

$\sec y = \sqrt{1+x^2}$，故 $y' = \dfrac{d}{dx}\tan^{-1} x = \dfrac{1}{1+x^2}$ 得證。

(4) 令 $y = \cot^{-1} x \Rightarrow \cot y = x$，可藉由右圖表示之

$$\frac{d}{dx}\cot y = \frac{d}{dx}x = 1 \Rightarrow -y'\csc^2 y = 1$$

$$\Rightarrow y' = \frac{-1}{\csc^2 y}$$

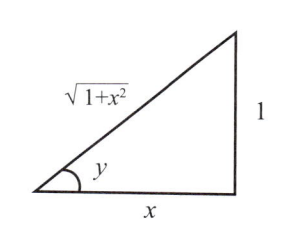

$\csc y = \sqrt{1+x^2}$，故 $y' = \dfrac{d}{dx}\cot^{-1} x = \dfrac{-1}{1+x^2}$ 得證。

(5) 令 $y = \sec^{-1} x \Rightarrow \sec y = x$，可藉由右圖表示之

$$\frac{d}{dx}\sec y = \frac{d}{dx}x = 1 \Rightarrow y'\sec y \tan y = 1$$

$$\Rightarrow y' = \frac{1}{\sec y \tan y}$$

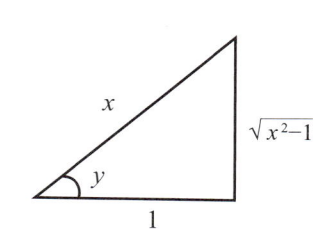

$\sec y = x$，$\tan y = \sqrt{x^2-1}$

故 $y' = \dfrac{d}{dx}\sec^{-1} x = \dfrac{1}{x\sqrt{x^2-1}}$ 得證。

(6) 令 $y = \csc^{-1} x \Rightarrow \csc y = x$,可藉由右圖表示之

$$\frac{d}{dx} \csc y = \frac{d}{dx} x = 1 \Rightarrow y'(-\csc y \cot y) = 1$$

$$\Rightarrow y' = \frac{-1}{\csc y \cot y}$$

$\csc y = x$,$\cot y = \sqrt{x^2 - 1}$

故 $y' = \frac{d}{dx} \csc^{-1} x = \frac{-1}{x\sqrt{x^2 - 1}}$ 得證。

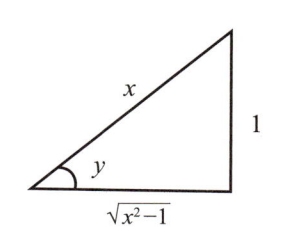

例題 3 若 $y = \sin^{-1}(5x + 2)$,求 $\frac{dy}{dx}$。

解 利用連鎖法則

$$\frac{dy}{dx} = \frac{d}{dx} \sin^{-1}(5x+2) = \frac{1}{\sqrt{1-(5x+2)^2}} \frac{d}{dx}(5x+2)$$

$$= \frac{5}{\sqrt{1-(5x+2)^2}}$$

例題 4 若 $y = \tan^{-1}(x^2)$,求 $\frac{d^2 y}{dx^2}$。

解 $\frac{dy}{dx} = \frac{d}{dx}[\tan^{-1}(x^2)] = \frac{1}{1+(x^2)^2} \frac{d}{dx}(x^2) = 2x(1+x^4)^{-1}$

$$\frac{d^2 y}{dx^2} = \frac{d^2}{dx^2}[\tan^{-1}(x^2)] = \frac{d}{dx}\left[\frac{d}{dx}\tan^{-1}(x^2)\right]$$

$$= \frac{d}{dx}[2x(1+x^4)^{-1}]$$

$$= 2[(1+x^4)^{-1} + x(-1)(1+x^4)^{-2}(4x^3)]$$

$$= \frac{2 - 6x^4}{(1+x^4)^2}$$

例題 5 若 $y = [\sec^{-1}(3x+1)]^2$,求 $\frac{dy}{dx}$。

解 $\dfrac{dy}{dx} = \dfrac{d}{dx}[\sec^{-1}(3x+1)]^2 = 2\sec^{-1}(3x+1) \dfrac{d}{dx}[\sec^{-1}(3x+1)]$

$= 2\sec^{-1}(3x+1) \dfrac{1}{(3x+1)\sqrt{(3x+1)^2-1}} \dfrac{d}{dx}(3x+1)$

$= \dfrac{6\sec^{-1}(3x+1)}{(3x+1)\sqrt{(3x+1)^2-1}}$

$\dfrac{1}{\sqrt{1-x^2}}$ 的反導函數為 $\sin^{-1} x$，可得不定積分形式

$$\int \dfrac{1}{\sqrt{1-x^2}} dx = \sin^{-1} x + C，-1 < x < 1$$

$\dfrac{1}{1+x^2}$ 的反導函數為 $\tan^{-1} x$，可得不定積分形式

$$\int \dfrac{1}{1+x^2} dx = \tan^{-1} x + C$$

在進行有理函數的積分時，可藉由這些結果求解。

附錄 2 習題

1～4 題，試求下列數值。

1. $\cos^{-1}\left(\dfrac{1}{2}\right)$
2. $\tan^{-1}(\sqrt{3})$
3. $\cos^{-1}\left(\dfrac{\sqrt{2}}{2}\right)$
4. $\cot^{-1}(1)$

5～9 題，求下列函數之微分。

5. $f(x) = \sin^{-1} x^2 + \cos^{-1}(3x+2)$
6. $f(x) = \ln^2(\tan^{-1}\sqrt{x})$
7. $f(x) = \sec^{-1}(\ln 3x) \tan^{-1}(e^{2x})$

8. $f(x) = \cos^{-1}\left(\dfrac{\ln x + x^2}{x-1}\right)$

9. $f(x) = \dfrac{\cos^{-1}(\ln \sqrt{x})}{\csc^{-1}(x^3+2x+5)}$

10～14 題，求下列不定積分。

10. $\displaystyle\int \dfrac{1}{\sqrt{1-4x^2}}\, dx$

11. $\displaystyle\int \dfrac{1}{1+9x^2}\, dx$

12. $\displaystyle\int \dfrac{e^x}{1+e^{2x}}\, dx$

13. $\displaystyle\int \dfrac{1}{x^2-4x+5}\, dx$

14. $\displaystyle\int \dfrac{1}{x\sqrt{9x^2-4}}\, dx$

附錄 3　三角函數的幾何意義

表 A3　相關不定積分公式表

1. $\displaystyle\int \sin x\, dx = -\cos x + C$	2. $\displaystyle\int \cos x\, dx = \sin x + C$
3. $\displaystyle\int \sec^2 x\, dx = \tan x + C$	4. $\displaystyle\int \csc^2 x\, dx = -\cot x + C$
5. $\displaystyle\int \sec x \tan x\, dx = \sec x + C$	6. $\displaystyle\int \csc x \cot x\, dx = -\csc x + C$
7. $\displaystyle\int \sinh x\, dx = \cosh x + C$	8. $\displaystyle\int \cosh x\, dx = \sinh x + C$
9. $\displaystyle\int \tan x\, dx = -\ln|\cos x| + C$	10. $\displaystyle\int \cot x\, dx = \ln|\sin x| + C$
11. $\displaystyle\int \dfrac{1}{x^2+a^2}\, dx = \dfrac{1}{a}\tan^{-1}\left(\dfrac{x}{a}\right) + C$	12. $\displaystyle\int \dfrac{1}{\sqrt{a^2-x^2}}\, dx = \sin^{-1}\left(\dfrac{x}{a}\right) + C$

圖 A3

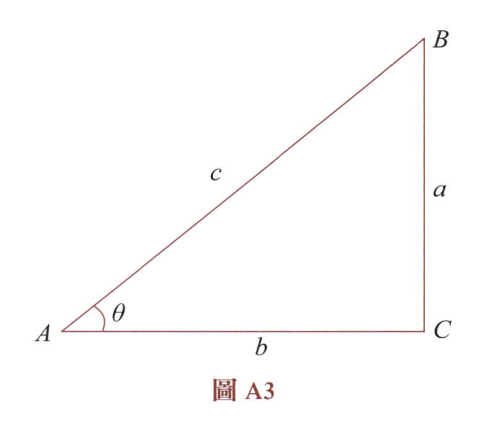

如圖 A3 所示，△ABC 中，∠C 為直角，其對應邊為「c」，∠A 及 ∠B 的對應邊長分別為「a」及「b」，θ 代表 ∠A 之度量，表 A4 是三角函數的定義公式（定義域與值域），表中 S 代表一切有向角的集合，$\mathbb{R}$ 代表一切實數的集合。而表 A5 為常用三角函數的恆等式，在三角函數積分過程中常被用到。

表 A4　三角函數公式

三角函數	公　式	定義域	值　域
$\sin \theta$（正弦）	$\dfrac{a}{c} = \dfrac{對邊}{斜邊}$	S	$\{x \mid -1 \leq x \leq 1\}$
$\cos \theta$（餘弦）	$\dfrac{b}{c} = \dfrac{鄰邊}{斜邊}$	S	$\{x \mid -1 \leq x \leq 1\}$
$\tan \theta$（正切）	$\dfrac{a}{b} = \dfrac{對邊}{鄰邊} = \dfrac{\sin \theta}{\cos \theta}$	$\left\{\theta \mid \theta \in S,\ \theta \neq 2n\pi \pm \dfrac{\pi}{2},\ n \in \mathbb{Z}\right\}$	$\mathbb{R}$
$\cot \theta$（餘切）	$\dfrac{\cos \theta}{\sin \theta}$	$\{\theta \mid \theta \in S,\ \theta \neq n\pi,\ n \in \mathbb{Z}\}$	$\mathbb{R}$
$\sec \theta$（正割）	$\dfrac{1}{\cos \theta}$	$\left\{\theta \mid \theta \in S,\ \theta \neq 2n\pi \pm \dfrac{\pi}{2},\ n \in \mathbb{Z}\right\}$	$\{x \mid \lvert x \rvert \geq 1\}$
$\csc \theta$（餘割）	$\dfrac{1}{\sin \theta}$	$\{\theta \mid \theta \in S,\ \theta \neq n\pi,\ n \in \mathbb{Z}\}$	$\{x \mid \lvert x \rvert \geq 1\}$

表 A5　三角函數的恆等式

1. $\sin^2\theta + \cos^2\theta = 1$	2. $1 + \tan^2\theta = \sec^2\theta$
3. $1 + \cot^2\theta = \csc^2\theta$	4. $\sin(\alpha \pm \beta) = \sin\alpha\cos\beta \pm \cos\alpha\sin\beta$
5. $\cos(\alpha \pm \beta) = \cos\alpha\cos\beta \mp \sin\alpha\sin\beta$	6. $\tan(\alpha \pm \beta) = \dfrac{\tan\alpha \pm \tan\beta}{1 \mp \tan\alpha\tan\beta}$
7. $\sin 2\theta = 2\sin\theta\cos\theta$	8. $\tan 2\theta = \dfrac{2\tan\theta}{1 - \tan^2\theta}$
9. $\cos 2\theta = \cos^2\theta - \sin^2\theta = 1 - 2\sin^2\theta = 2\cos^2\theta - 1$	
10. $\sin\dfrac{\theta}{2} = \pm\sqrt{\dfrac{1-\cos\theta}{2}}$	11. $\cos\dfrac{\theta}{2} = \pm\sqrt{\dfrac{1+\cos\theta}{2}}$
12. $\sin\alpha\cos\beta = \dfrac{1}{2}[\sin(\alpha+\beta) + \sin(\alpha-\beta)]$	
13. $\cos\alpha\sin\beta = \dfrac{1}{2}[\sin(\alpha+\beta) - \sin(\alpha-\beta)]$	
14. $\cos\alpha\cos\beta = \dfrac{1}{2}[\cos(\alpha+\beta) + \cos(\alpha-\beta)]$	
15. $\sin\alpha\sin\beta = -\dfrac{1}{2}[\cos(\alpha+\beta) - \cos(\alpha-\beta)]$	

直角三角形

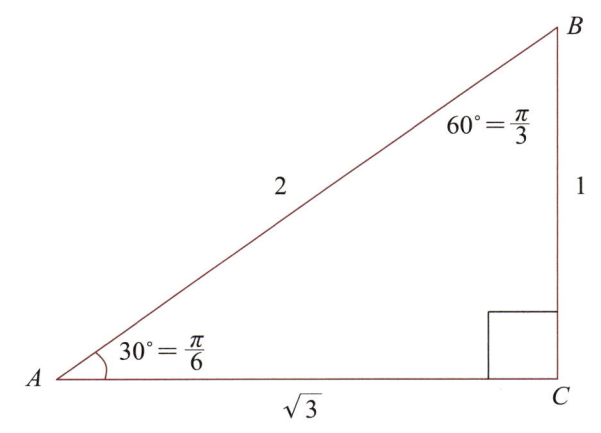

圖 A4　直角三角形 (30°，60°，90°) 的圖形及邊長比例

圖 A4 中可以很快地發現 $\cos\dfrac{\pi}{6} = \dfrac{\sqrt{3}}{2}$。不過，為了更清楚三角函數值的計算，以下將綜整特別角度的三角函數值，以便求三角函數的定積分值。

三角形函數與單位圓

所謂的**單位圓**是圓心在原點而半徑為 1 的圓，方程式為 $x^2 + y^2 = 1$（圖 A5），若由單位圓的 (1, 0) 起沿圓周移動 θ 弳度，則 x 座標為 $\cos \theta$，而 y 座標為 $\sin \theta$（圖 A6）。

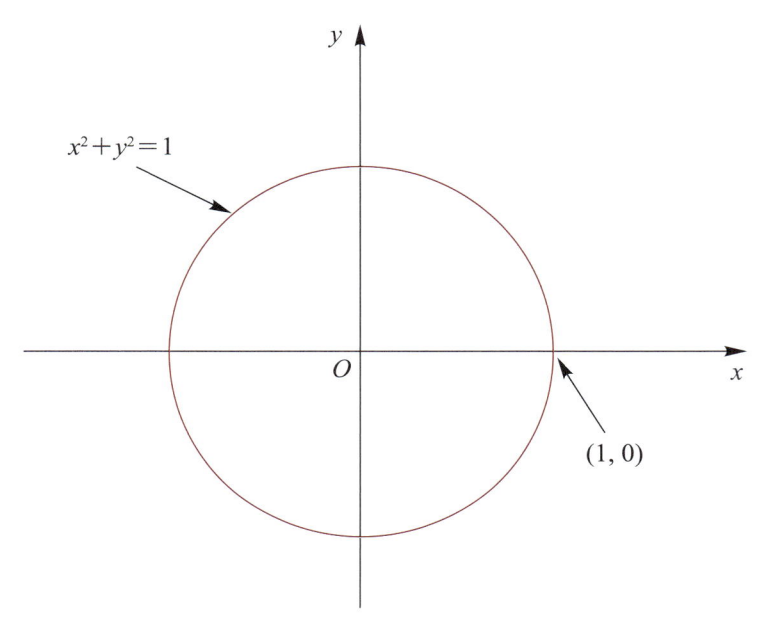

圖 A5　三角形函數的單位圓

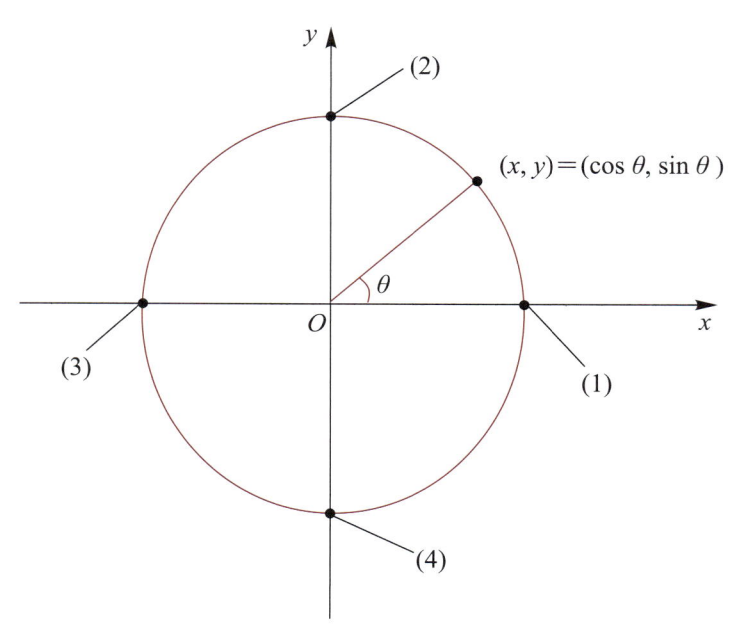

圖 A6　三角形函數單位圓上對應的值

三角函數單位圓上的值

根據圖 A6，$x = \cos\theta$，且 $y = \sin\theta$；因此，常用的四個值即可歸納如表 A6。

表 A6 單位圓上 $x = \cos\theta$，$y = \sin\theta$ 的四個值

編　號	x	y
(1)	1	0
(2)	0	1
(3)	−1	0
(4)	0	−1

圖 A6 的 θ 是變動的，亦可用其他的符號表示；延續圖 A6，再進一步繪製成圖 A7，可以得到 $\cos\theta$ 及 $\sin\theta$ 幾個重要角度的值，歸納如表 A7。

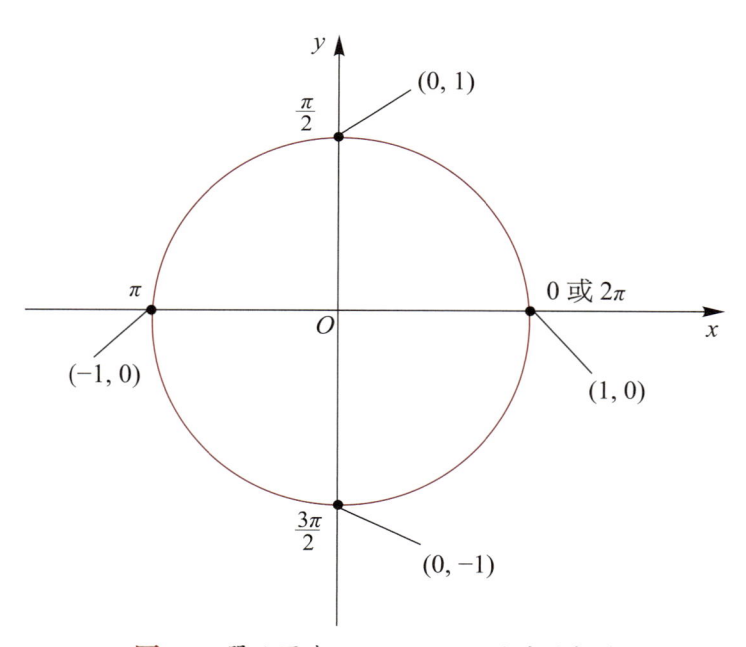

圖 A7 單位圓中 $\cos\theta$ 及 $\sin\theta$ 的重要數值

表 A7 $\cos\theta$ 及 $\sin\theta$ 的幾個重要的值

θ	0	$\dfrac{\pi}{2}$	π	$\dfrac{3\pi}{2}$	2π
$\cos\theta$	1	0	−1	0	1
$\sin\theta$	0	1	0	−1	0

以下根據單位圓的象限，分別整理出 $\cos\theta$ 及 $\sin\theta$ 相關四個象限重要角度的值，見表 A8、表 A9、表 A10 及表 A11，並舉第一象限中 $\left(\cos\dfrac{\pi}{3}, \sin\dfrac{\pi}{3}\right)$ 及第二象限中 $\left(\cos\dfrac{2\pi}{3}, \sin\dfrac{2\pi}{3}\right)$ 的案例作說明（圖 A8）。

表 A8　單位圓中 $\cos\theta$ 及 $\sin\theta$ 第一象限（Ⅰ）重要角度的值

θ	$\dfrac{\pi}{6}$	$\dfrac{\pi}{4}$	$\dfrac{\pi}{3}$
$\cos\theta$	$\dfrac{\sqrt{3}}{2}$	$\dfrac{\sqrt{2}}{2}$	$\dfrac{1}{2}$
$\sin\theta$	$\dfrac{1}{2}$	$\dfrac{\sqrt{2}}{2}$	$\dfrac{\sqrt{3}}{2}$

表 A9　單位圓中 $\cos\theta$ 及 $\sin\theta$ 第二象限（Ⅱ）重要角度的值

θ	$\dfrac{2\pi}{3}$	$\dfrac{3\pi}{4}$	$\dfrac{5\pi}{6}$
$\cos\theta$	$-\dfrac{1}{2}$	$-\dfrac{\sqrt{2}}{2}$	$-\dfrac{\sqrt{3}}{2}$
$\sin\theta$	$\dfrac{\sqrt{3}}{2}$	$\dfrac{\sqrt{2}}{2}$	$\dfrac{1}{2}$

表 A10　單位圓中 $\cos\theta$ 及 $\sin\theta$ 第三象限（Ⅲ）重要角度的值

θ	$\dfrac{7\pi}{6}$	$\dfrac{5\pi}{4}$	$\dfrac{4\pi}{3}$
$\cos\theta$	$-\dfrac{\sqrt{3}}{2}$	$-\dfrac{\sqrt{2}}{2}$	$-\dfrac{1}{2}$
$\sin\theta$	$-\dfrac{1}{2}$	$-\dfrac{\sqrt{2}}{2}$	$-\dfrac{\sqrt{3}}{2}$

表 A11 單位圓中 $\cos\theta$ 及 $\sin\theta$ 第四象限 (IV) 重要角度的值

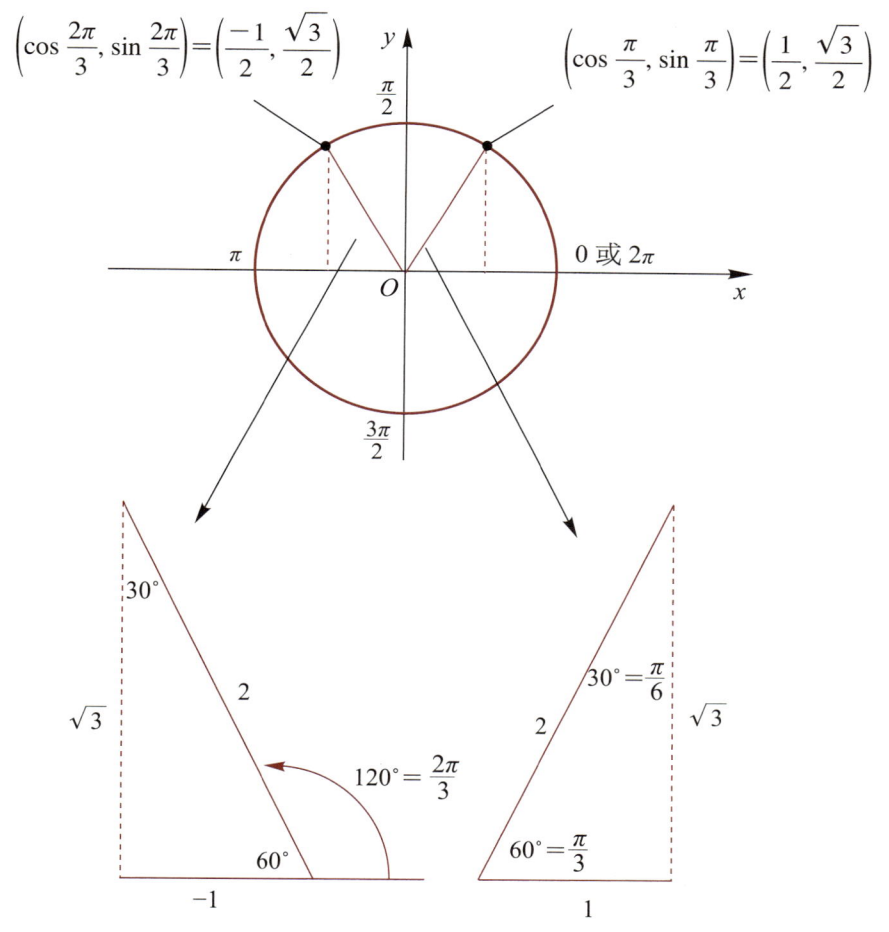

θ	$\dfrac{5\pi}{3}$	$\dfrac{7\pi}{4}$	$\dfrac{11\pi}{6}$
$\cos\theta$	$\dfrac{1}{2}$	$\dfrac{\sqrt{2}}{2}$	$\dfrac{\sqrt{3}}{2}$
$\sin\theta$	$-\dfrac{\sqrt{3}}{2}$	$-\dfrac{\sqrt{2}}{2}$	$-\dfrac{1}{2}$

圖 A8 第一象限中 $\left(\cos\dfrac{\pi}{3}, \sin\dfrac{\pi}{3}\right)$ 及第二象限中 $\left(\cos\dfrac{2\pi}{3}, \sin\dfrac{2\pi}{3}\right)$ 求值圖解

附錄 4　三角積分法

三角積分法基本上有下列 6 種型式：

1. $\int \sin^n x \, dx$
2. $\int \tan^n x \, dx$
3. $\int \sec^n x \, dx$
4. $\int \sin^n x \cos^m x \, dx$
5. $\int \tan^n x \sec^m x \, dx$
6. $\int \sin ax \cos bx \, dx$, $\int \cos ax \cos bx \, dx$, $\int \sin ax \sin bx \, dx$

由於型式 4、5 及 6 的公式需進一步處理，茲將處理原則彙整於表 A12。以下介紹 6 種型式的處理題目。

型 1：$\int \sin^n x \, dx$

首先，將型 1 的公式拆解成如下：

$$\int \sin^n x \, dx = \int \sin^{n-1} x \sin x \, dx$$

並設定 u 及 dv 如下表：

$u = \sin^{n-1} x$	$dv = \sin x \, dx$
$du = (n-1)\sin^{n-2} x \cos x \, dx$	$v = -\cos x$

原式經由分部積分改寫成如下：

$$\int \sin^n x \, dx = -\sin^{n-1} x \cos x + (n-1) \int \cos x \sin^{n-2} x \cos x \, dx$$

$$= -\sin^{n-1} x \cos x + (n-1) \int \sin^{n-2} x (1 - \sin^2 x) \, dx$$

$$= -\sin^{n-1} x \cos x + (n-1) \int \sin^{n-2} x \, dx - (n-1) \int \sin^n x \, dx$$

上式兩邊同加 $(n-1) \int \sin^n x \, dx$，得

表 A12　三角積分法型式 4、5 及 6 的處理原則

型　式	狀　況	處理原則
4. $\int \sin^n x \cos^m x \, dx$	若 n、m 均為偶數	利用半角公式：$\sin^2 x = \frac{1}{2}(1-\cos 2x)$、$\cos^2 x = \frac{1}{2}(1+\cos 2x)$ 化為 $\cos$ 的多項式函數後，再利用 $\int \cos^n x \, dx$ 求積分。
	若 m 為奇數	改寫成 $\int \sin^n x \cos^{m-1} x \cos x \, dx = \int \sin^n x \cos^{m-1} x \, d\sin x$，利用 $\cos^2 x = 1-\sin^2 x$，將被積分函數換為 $\sin x$ 的多項式函數，即可積分。
	若 n 為奇數	改寫成 $\int \sin^{n-1} x \cos^m x \sin x \, dx = -\int \sin^{n-1} x \cos^m x \, d\cos x$，利用 $\sin^2 x = 1-\cos^2 x$，將被積分函數換為 $\cos x$ 的多項式函數，即可積分。
5. $\int \tan^n x \sec^m x \, dx$	若 m 為偶數	改寫成 $\int \tan^n x \sec^{m-2} x \sec^2 x \, dx = \int \tan^n x \sec^{m-2} x \, d\tan x$，利用 $\sec^2 x = 1+\tan^2 x$，將被積分函數換為 $\tan x$ 的多項式函數，即可積分。
	若 n 為奇數	改寫成 $\int \tan^{n-1} x \sec^{m-1} x \sec x \tan x \, dx = \int \tan^{n-1} x \sec^{m-1} x \, d\sec x$，利用 $\tan^2 x = \sec^2 x - 1$，將被積分函數轉換為 $\sec x$ 的多項式函數，即可積分。
6. (a) $\int \sin ax \cos bx \, dx$ (b) $\int \cos ax \cos bx \, dx$ (c) $\int \sin ax \sin bx \, dx$	利用積化和差公式	(a) $\sin \alpha \cos \beta = \frac{1}{2}[\sin(\alpha+\beta)+\sin(\alpha-\beta)]$ (b) $\cos \alpha \cos \beta = \frac{1}{2}[\cos(\alpha+\beta)+\cos(\alpha-\beta)]$ (c) $\sin \alpha \sin \beta = -\frac{1}{2}[\cos(\alpha+\beta)-\cos(\alpha-\beta)]$ 將被積分函數型態改變後，即可利用 $\int \sin nx \, dx = -\frac{1}{n}\cos nx + C$ 或 $\int \cos nx \, dx = \frac{1}{n}\sin nx + C$ 求其積分。

$$n \int \sin^n x \, dx = -\sin^{n-1} x \cos x + (n-1) \int \sin^{n-2} x \, dx$$

$$\int \sin^n x \, dx = -\frac{1}{n} \sin^{n-1} x \cos x + \frac{(n-1)}{n} \int \sin^{n-2} x \, dx \tag{A.1}$$

可以利用類似方法導出 $\int \cos^n x \, dx$，這部分留給讀者自行嘗試。

例題 1 求 $\int \sin^3 x \, dx$。

解
$$\int \sin^3 x \, dx = \int \sin x \sin^2 x \, dx = \int \sin x (1 - \cos^2 x) \, dx$$
$$= \int \sin x \, dx - \int \sin x \cos^2 x \, dx$$
$$= -\cos x + \frac{1}{3} \cos^3 x + C$$

另解：應用式 (A.1)

$$\int \sin^n x \, dx = -\frac{1}{n} \sin^{n-1} x \cos x + \frac{(n-1)}{n} \int \sin^{n-2} x \, dx$$

$$\int \sin^3 x \, dx = -\frac{1}{3} \sin^2 x \cos x + \frac{2}{3} \int \sin x \, dx$$

$$= -\frac{1}{3} [(1 - \cos^2 x)(\cos x)] - \frac{2}{3} \cos x + C$$

$$= -\frac{1}{3} (\cos x - \cos^3 x) - \frac{2}{3} \cos x + C$$

$$= -\cos x + \frac{1}{3} \cos^3 x + C$$

例題 2 求 $\int \sin^5 x \, dx$。

解 應用式 (A.1)

$$\int \sin^5 x \, dx = -\frac{1}{5} \sin^4 x \cos x + \frac{4}{5} \int \sin^3 x \, dx$$

$$= -\frac{1}{5} \sin^4 x \cos x + \frac{4}{5} \left(-\frac{1}{3} \sin^2 x \cos x + \frac{2}{3} \int \sin x \, dx \right)$$

$$= -\frac{1}{5} \sin^4 x \cos x - \frac{4}{15} \sin^2 x \cos x + \frac{8}{15} \int \sin x \, dx$$

$$= -\frac{1}{5} \sin^4 x \cos x - \frac{4}{15} \sin^2 x \cos x - \frac{8}{15} \cos x + C$$

型 2：$\int \tan^n x \, dx$

將原式改寫成如下：

$$\int \tan^n x \, dx = \int \tan^{n-2} x \tan^2 x \, dx = \int \tan^{n-2} x (\sec^2 x - 1) \, dx$$

$$= \int \tan^{n-2} x \sec^2 x \, dx - \int \tan^{n-2} x \, dx$$

$$= \int \tan^{n-2} x \, d \tan x - \int \tan^{n-2} x \, dx$$

$$= \frac{\tan^{n-1} x}{n-1} - \int \tan^{n-2} x \, dx. \tag{A.2}$$

可以利用類似方法導出 $\int \cot^n x \, dx$，這部分留給讀者自行嘗試。

例題 3 求 $\int \tan^3 x \, dx$。

解
$$\int \tan^3 x \, dx = \int \tan x \tan^2 x \, dx = \int \tan x (\sec^2 x - 1) \, dx$$

$$= \int \tan x \sec^2 x \, dx - \int \tan x \, dx$$

$$= \frac{\tan^2 x}{2} - \ln |\sec x| + C$$

另解：應用式 (A.2)

$$\int \tan^3 x\, dx = \frac{\tan^2 x}{2} - \int \tan x\, dx$$
$$= \frac{\tan^2 x}{2} - \ln|\sec x| + C$$

例題 4 求 $\int \tan^4 x\, dx$。

解 應用式 (A.2)

$$\int \tan^4 x\, dx = \frac{\tan^3 x}{3} - \int \tan^2 x\, dx$$
$$= \frac{\tan^3 x}{3} - \left(\tan x - \int \tan^0 x\, dx\right) + C$$
$$= \frac{\tan^3 x}{3} - \tan x + x + C$$

另解：

$$\int \tan^4 x\, dx = \int \tan^2 x\, (\sec^2 x - 1)\, dx$$
$$= \int \tan^2 x \sec^2 x\, dx - \int \tan^2 x\, dx$$
$$= \int \tan^2 x\, (d\tan x) - \int \tan^2 x\, dx$$
$$= \int \tan^2 x\, (d\tan x) - \int (\sec^2 x - 1)\, dx$$
$$= \frac{\tan^3 x}{3} - \tan x + x + C$$

型 3： $\int \sec^n x\, dx$

利用分部積分法，將原式處理成如下：

$$\int \sec^n x\, dx = \int \sec^{n-2} x \sec^2 x\, dx$$

$u = \sec^{n-2} x$	$dv = \sec^2 x\, dx$
$du = (n-2)\sec^{n-3} x \sec x \tan x\, dx$ $= (n-2)\sec^{n-2} x \tan x\, dx$	$v = \tan x$

$$\int \sec^n x\, dx = \sec^{n-2} x \tan x - (n-2)\int \tan x \sec^{n-2} x \tan x\, dx$$

$$= \sec^{n-2} x \tan x - (n-2)\int \sec^{n-2} x \tan^2 x\, dx$$

$$= \sec^{n-2} x \tan x - (n-2)\int \sec^{n-2} x\, (\sec^2 x - 1)\, dx$$

$$= \sec^{n-2} x \tan x - (n-2)\int \sec^n x\, dx + (n-2)\int \sec^{n-2} x\, dx$$

上式兩邊同加 $(n-2)\int \sec^n x\, dx$，得

$$(n-1)\int \sec^n x\, dx = \sec^{n-2} x \tan x + (n-2)\int \sec^{n-2} x\, dx$$

$$\int \sec^n x\, dx = \frac{1}{n-1}\sec^{n-2} x \tan x + \frac{n-2}{n-1}\int \sec^{n-2} x\, dx \tag{A.3}$$

可以利用類似方法導出 $\int \csc^n x\, dx$，這部分留給讀者自行嘗試。

例題 5 求 $\int \sec^3 x\, dx$。

解 雖然可以用式 (A.3) 來解原式，不過在此還是利用分部積分法，將原式處理成如下：

$u = \sec x$	$dv = \sec^2 x\, dx$
$du = \sec x \tan x\, dx$	$v = \tan x$

$$\int \sec^3 x \, dx = \sec x \tan x - \int \sec x \tan^2 x \, dx$$

$$= \sec x \tan x - \int \sec x (\sec^2 x - 1) \, dx$$

$$= \sec x \tan x - \int \sec^3 x \, dx + \int \sec x \, dx$$

$$= \sec x \tan x - \frac{1}{2} \sec x \tan x + \frac{1}{2} \int \sec x \, dx \text{（套用式 (A.3)）}$$

$$= \frac{1}{2} \sec x \tan x + \frac{1}{2} \ln |\sec x + \tan x| + C$$

$$= \frac{1}{2} (\sec x \tan x + \ln |\sec x + \tan x|) + C$$

例題 6 求 $\int \sec^5 x \, dx$。

解 套用式 (A.3)

$$\int \sec^n x \, dx = \frac{1}{n-1} \sec^{n-2} x \tan x + \frac{n-2}{n-1} \int \sec^{n-2} x \, dx$$

$$\int \sec^5 x \, dx = \frac{1}{4} \sec^3 x \tan x + \frac{3}{4} \int \sec^3 x \, dx$$

$$= \frac{1}{4} \sec^3 x \tan x + \frac{3}{4} \left(\frac{1}{2} \sec x \tan x + \frac{1}{2} \int \sec x \, dx \right)$$

$$= \frac{1}{4} \sec^3 x \tan x + \frac{3}{8} \sec x \tan x + \frac{3}{8} \ln |\sec x + \tan x| + C$$

型 4：$\int \sin^n x \cos^m x \, dx$

型 4 可分為以下 3 種狀況。

1. 若 n、m 均為偶數，應用半角公式（表 A12）：

$\sin^2 x = \dfrac{1}{2}(1-\cos 2x)$	$\cos^2 x = \dfrac{1}{2}(1+\cos 2x)$
化為 cos 的多項式函數後，再利用 $\int \cos^n x\, dx$ 公式求解。	

2. 若 m 為奇數。

3. 若 n 為奇數。

第 2 種和第 3 種狀況已在表 A12 做說明，現列舉實際例題：

例題 7 求 $\int \sin^2 x \cos^3 x\, dx$（$m$ 為奇數）。

解
$$\int \sin^2 x \cos^3 x\, dx = \int \sin^2 x \cos^2 x \cos x\, dx$$
$$= \int \sin^2 x \cos^2 x\, d\sin x$$
$$= \int \sin^2 x\,(1-\sin^2 x)\, d\sin x$$
$$= \int (\sin^2 x - \sin^4 x)\, d\sin x$$
$$= \frac{\sin^3 x}{3} - \frac{\sin^5 x}{5} + C$$

例題 8 求 $\int \sin^5 x \cos^2 x\, dx$（$n$ 為奇數）。

解
$$\int \sin^5 x \cos^2 x\, dx = \int \sin^4 x \cos^2 x \sin x\, dx$$
$$= -\int \sin^4 x \cos^2 x\, d\cos x$$
$$= -\int (1-\cos^2 x)^2 \cos^2 x\, d\cos x$$
$$= -\int (1 - 2\cos^2 x + \cos^4 x)\cos^2 x\, d\cos x$$

$$= -\int \cos^2 x - 2\cos^4 x + \cos^6 x \, d\cos x$$

$$= -\frac{\cos^3 x}{3} + \frac{2\cos^5 x}{5} - \frac{\cos^7 x}{7} + C$$

型 5：$\int \tan^n x \sec^m x \, dx$

型 5 可分為以下 2 種狀況。

1. 若 m 為偶數（見表 A12 的說明）。
2. 若 n 為奇數（見表 A12 的說明）。

例題 9 求 $\int \tan^6 x \sec^4 x \, dx$（$m$ 為偶數）。

解
$$\int \tan^6 x \sec^4 x \, dx = \int \tan^6 x \sec^2 x \sec^2 x \, dx$$

$$= \int \tan^6 x \, (1 + \tan^2 x) \sec^2 x \, dx$$

利用變數代換：$u = \tan x$，$du = \sec^2 x \, dx$，得

$$\int \tan^6 x \, (1 + \tan^2 x) \sec^2 x \, dx = \int u^6 (1 + u^2) \, du = \int (u^6 + u^8) \, du$$

$$= \frac{u^7}{7} + \frac{u^9}{9} + C$$

$$= \frac{\tan^7 x}{7} + \frac{\tan^9 x}{9} + C$$

例題 10 求 $\int \tan^5 x \sec^7 x \, dx$（$n$ 為奇數）。

解
$$\int \tan^5 x \sec^7 x \, dx = \int \tan^4 x \sec^6 x \sec x \tan x \, dx$$

$$= \int (\sec^2 x - 1)^2 \sec^6 x \sec x \tan x \, dx$$

利用變數代換：$u = \sec x$，$du = \sec x \tan x \, dx$，得

$$\int (\sec^2 x - 1)^2 \sec^6 x \sec x \tan x \, dx = \int (u^2 - 1)^2 u^6 \, du = \int (u^{10} - 2u^8 + u^6) \, du$$

$$= \frac{u^{11}}{11} - \frac{2u^9}{9} + \frac{u^7}{7} + C$$

$$= \frac{\sec^{11} x}{11} - \frac{2 \sec^9 x}{9} + \frac{\sec^7 x}{7} + C$$

型 6：$\int \sin ax \cos bx \, dx$、$\int \cos ax \cos bx \, dx$、$\int \sin ax \sin bx \, dx$

例題 11 求 $\int \sin 4x \cos 5x \, dx$。

解
$$\int \sin 4x \cos 5x \, dx = \int \frac{1}{2} [\sin(-x) + \sin 9x] \, dx$$

$$= \frac{1}{2} \int -\sin x + \sin 9x \, dx$$

$$= \frac{1}{2} \left(\cos x - \frac{1}{9} \cos 9x \right) + C$$

例題 12 求 $\int \cos 5x \cos 2x \, dx$。

解
$$\int \cos 5x \cos 2x \, dx = \int \frac{1}{2} [\cos(5x + 2x) + \cos(5x - 2x)] \, dx$$

$$= \frac{1}{2} \int \cos 7x + \cos 3x \, dx$$

$$= \frac{1}{2} \left(\frac{1}{7} \sin 7x + \frac{1}{3} \sin 3x \right) + C$$

$$= \frac{1}{14} \sin 7x + \frac{1}{6} \sin 3x + C$$

附錄 4 習題

請利用三角積分法，求下列各積分的值或式子。

1. $\int \cos^n x \, dx$
2. $\int \cot^n x \, dx$
3. $\int \csc^n x \, dx$
4. $\int \sin^4 x \, dx$
5. $\int_0^{\frac{\pi}{2}} \cos^5 \theta \, d\theta$
6. $\int \tan^5 \left(\frac{\theta}{2}\right) d\theta$
7. $\int \cot^5 x \csc^3 x \, dx$
8. $\int \sin x \sin 2x \sin 3x \, dx$
9. $\int \cos 3x \cos 2x \, dx$

附錄 5　三角代換法

　　三角代換法主要的型式有 3 種，詳見表 A13 相關型式、代換公式及應用公式的說明。

表 A13　三角代換法中的 3 種型式

型式	代換公式	應用公式
1. $\sqrt{a^2-x^2}$	$x = a \sin\theta,\ -\dfrac{\pi}{2} \leq \theta \leq \dfrac{\pi}{2}$	$1 - \sin^2\theta = \cos^2\theta$
2. $\sqrt{a^2+x^2}$	$x = a \tan\theta,\ -\dfrac{\pi}{2} < \theta < \dfrac{\pi}{2}$	$1 + \tan^2\theta = \sec^2\theta$
3. $\sqrt{x^2-a^2}$	$x = a \sec\theta,\ 0 \leq \theta < \dfrac{\pi}{2}$ 或 $\dfrac{\pi}{2} < \theta \leq \pi$	$\sec^2\theta - 1 = \tan^2\theta$

型 1：$\sqrt{a^2-x^2}$

　　在處理型 1 的問題時，令 $x = a \sin\theta$，則 $dx = a \cos\theta \, d\theta$，且

$$\sqrt{a^2-x^2} = \sqrt{a^2 - a^2\sin^2\theta} = a\sqrt{1-\sin^2\theta} = a\sqrt{\cos^2\theta} = a\cos\theta \tag{A.4}$$

例題 ① 求 $\int \dfrac{\sqrt{9-x^2}}{x^2}\, dx$。

解 前置動作：

令 $x = 3 \sin\theta$，則 $dx = 3\cos\theta\, d\theta$，且

$$\sqrt{9-x^2} = \sqrt{9-9\sin^2\theta} = \sqrt{9\cos^2\theta} = 3\cos\theta$$

代入原式，得

$$\int \dfrac{\sqrt{9-x^2}}{x^2}\, dx = \int \dfrac{3\cos\theta}{9\sin^2\theta}\, 3\cos\theta\, d\theta = \int \dfrac{9\cos^2\theta}{9\sin^2\theta}\, d\theta$$

$$= \int \dfrac{\cos^2\theta}{\sin^2\theta}\, d\theta = \int \cot^2\theta\, d\theta = \int (\csc^2\theta - 1)\, d\theta$$

$$= -\cot\theta - \theta + C$$

還原變數 x，因為 $x = 3\sin\theta$，所以 $\sin\theta = \dfrac{x}{3}$，進而繪圖如下：

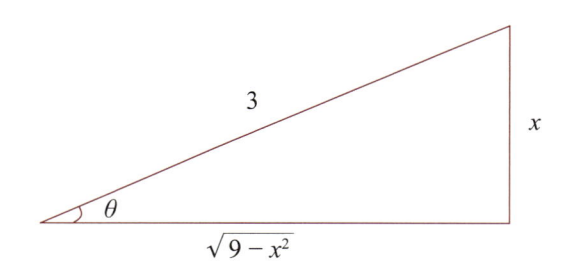

因此，$\cot\theta = \dfrac{\sqrt{9-x^2}}{x}$

另外，$\sin\theta = \dfrac{x}{3}$，$\theta = \sin^{-1}\left(\dfrac{x}{3}\right)$，進而可得：

$$\int \dfrac{\sqrt{9-x^2}}{x^2}\, dx = -\cot\theta - \theta + C = -\dfrac{\sqrt{9-x^2}}{x} - \sin^{-1}\left(\dfrac{x}{3}\right) + C$$

型 2：$\sqrt{a^2+x^2}$

在處理型 2 的問題時，令 $x = a\tan\theta$，則 $dx = a\sec^2\theta\, d\theta$，且

$$\sqrt{a^2+x^2} = \sqrt{a^2\tan^2\theta + a^2} = a\sqrt{\tan^2\theta + 1} = a\sqrt{\sec^2\theta} = a\sec\theta \tag{A.5}$$

例題 2 求 $\int \dfrac{1}{\sqrt{16+x^2}} \, dx$。

解 前置動作：

令 $x = 4 \tan \theta$，則 $dx = 4 \sec^2 \theta \, d\theta$，且

$$\sqrt{4^2+x^2} = \sqrt{16+16\tan^2 \theta} = \sqrt{4^2(1+\tan^2 \theta)} = \sqrt{4^2 \sec^2 \theta} = 4 \sec \theta$$

代入原式，得

$$\int \dfrac{1}{\sqrt{16+x^2}} \, dx = \int \dfrac{1}{4 \sec \theta} 4 \sec^2 \theta \, d\theta = \int \sec \theta \, d\theta$$
$$= \ln |\sec \theta + \tan \theta| + C$$

還原變數 x，因為 $x = 4 \tan \theta$，所以 $\tan \theta = \dfrac{x}{4}$，進而繪圖如下：

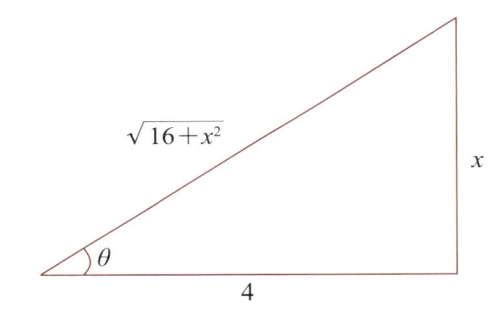

因此，$\sec \theta = \dfrac{\sqrt{16+x^2}}{4}$，進而可得：

$$\int \dfrac{1}{\sqrt{16+x^2}} \, dx = \ln |\sec \theta + \tan \theta| + C$$
$$= \ln \left| \dfrac{x+\sqrt{16+x^2}}{4} \right| + C$$

型 3：$\sqrt{x^2-a^2}$

例題 3 求 $\displaystyle\int \frac{1}{\sqrt{x^2-a^2}}\,dx$。

解 前置動作：

令 $x = a\sec\theta$，則 $dx = a\sec\theta\tan\theta\,d\theta$，且

$$\sqrt{x^2-a^2} = \sqrt{a^2(\sec^2\theta-1)} = \sqrt{a^2\tan^2\theta} = a\tan\theta$$

代入原式，得

$$\int \frac{1}{\sqrt{x^2-a^2}}\,dx = \int \frac{a\sec\theta\tan\theta}{a\tan\theta}\,d\theta = \int \sec\theta\,d\theta$$

$$= \ln|\sec\theta+\tan\theta|+C$$

還原變數 x，因為 $x = a\sec\theta$，所以 $\sec\theta = \dfrac{x}{a}$，進而繪圖如下：

因此，$\tan\theta = \dfrac{\sqrt{x^2-a^2}}{a}$，故

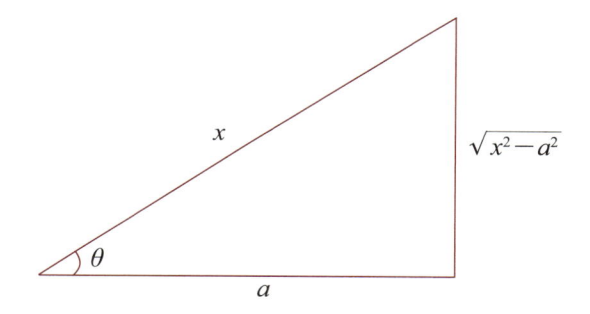

$$\int \frac{1}{\sqrt{x^2-a^2}}\,dx = \ln\left|\frac{x}{a}+\frac{\sqrt{x^2-a^2}}{a}\right|+C$$

$$= \ln\left|\frac{x+\sqrt{x^2-a^2}}{a}\right|+C$$

$$= \ln|x+\sqrt{x^2-a^2}|+C$$

附錄 5 習題

請利用三角代換法，求下列各積分。

1. $\int \dfrac{x+2}{\sqrt{4-x^2}}\,dx$

2. $\int \sqrt{2+x^2}\,dx$

3. $\int \dfrac{1}{x\sqrt{x^4-1}}\,dx$

4. $\int \dfrac{1}{(16-x^2)^2}\,dx$

5. $\int \dfrac{1}{\sqrt{4x^2-25}}\,dx$